Karlheinz P. Weber

SYSTEM DYNAMICS

Untersuchung eines kybernetisch-systemtheoretischen Modellansatzes unter besonderer Berücksichtigung von wachstumstheoretischen Modellen

Rita G. Fischer Verlag

CIP-Kurztitelaufnahme der Deutschen Bibliothek

Weber, Karlheinz P.:
SYSTEM DYNAMICS: Untersuchung eines kybernetisch-systemtheoretischen Modellansatzes unter bes. Berücksichtigung von wachstumstheoretischen Modellen / von Karlheinz P. Weber. — Frankfurt am Main: R.G. Fischer, 1979.
ISBN 3-88323-066-9

© 1979 by Rita G. Fischer Verlag,
Alt-Fechenheim 75, D-6000 Frankfurt 61
Alle Rechte vorbehalten
Herstellung: copy shop vervielfältigungs GmbH, Darmstadt
Printed in Germany
ISBN 3-88323-066-9

Meinen Eltern

INHALTSVERZEICHNIS

	Seite
Einleitung	1
1. Wachstumstheorie aus neoklassischer und J.W. Forrester's Sicht	5
1.1 System Dynamics	6
1.1.1 Die Entstehung	6
1.1.2 Das Konzept	6
1.1.3 Die Struktur	7
1.2 Neoklassische Wachstumstheorie	9
1.2.1 Die Entstehung	9
1.2.2 Gegenstand und Problemstellung	9
1.2.3 Annahmen des Modells	10
1.2.4 Das Modell	13
1.2.5 System dynamics Graph	19
1.3 Forresters Weltmodell	21
1.3.1 Entstehung und erste Stellungnahmen	21
1.3.2 Gegenstand und Problemstellung	22
1.3.3 Annahmen des Modells	25
1.3.4 Das Modell	32
1.4 Kritik oder Würdigung des Weltmodells	39
1.4.1 Die entscheidende Annahme der Variablen Obergrenze für die Bevölkerung	39
1.4.2 Das Forrester-Modell als Prognoseinstrument	42
1.4.3 Technokratismus im Weltmodell	47

Seite

1.5 Gegenüberstellung von Forresters Weltmodell und dem neoklassischen Wachstumsmodell 49
    1.5.1 Ökonomischer versus ökologischer Ansatz 49
    1.5.2 Gleichgewicht auf den Teilmärkten als Ausgangspunkt 51
    1.5.3 Konträre Zielsetzungen der Ansätze 52
    1.5.4 Der Einfluß der Anpassungsschwierigkeiten 53
    1.5.5 Zusammenhang zwischen neoklassischer Produktionsfunktion und dem materiellen Lebensstandard 54
    1.5.6 Subsystem Kapital - Bevölkerung 56

1.6 Simulation beider Modelle 58
    1.6.1 Das neoklassische Modell ohne technischen Fortschritt mit exogener Wachstumsrate der Bevölkerung 58
    1.6.2 Das Forrester Submodell Kapital - Bevölkerung mit exogener Bevölkerungswachstumsrate 61
    1.6.3 Das Forrester Submodell Kapital - Bevölkerung mit endogener Bevölkerung 63
    1.6.4 Das neoklassische Modell ohne technischen Fortschritt mit endogener Bevölkerungswachstumsrate 67
    1.6.5 Weitere Erkenntnisse aus der Simulation von Subsystemen des Weltmodells 70

Seite

2. Darstellung, Kritik und Modifikation von
system dynamics 73

  2.1 Systemtheorie 73

    2.1.1 Zielsetzung und Aufgabenstellung der Allgemeinen Systemtheorie 73

    2.1.2 Begriffe der Allgemeinen Systemtheorie 79

    2.1.3 Input-Output-Systeme 89

    2.1.4 Die Beziehung System zum Modell 104

    2.1.5 Einordnung von system dynamics in die Allgemeine Systemtheorie 114

    2.1.6 Forresters System- und Modellverständnis 117

  2.2 Kybernetik und Regelungstheorie 123

    2.2.1 Abgrenzung der Kybernetik zur Systemtheorie 123

    2.2.2 Grundbegriffe der Regelungstechnik 124

    2.2.3 Modelle des Regelkreises 128

    2.2.4 Realisation der Regelkreise in system dynamics 132

  2.3 Beschreibung und Modifikation von system dynamics 139

    2.3.1 Level-, rate-, auxiliary-Konzept 139

    2.3.2 Spezielle Hilfslevels 146

    2.3.3 Verzögerungen in system dynamics 150

    2.3.4 Besonderheiten einer Simulationssprache für system dynamics 158

	Seite
2.4 Aspekte der Anwendung und Erweiterung von system dynamics	162
2.4.1 Ökonometrie und system dynamics	162
2.4.2 Operation research und system dynamics	166
3. Graphischer Dialog zur Konstruktion und Auswertung eines system dynamics Modells	170
3.1 Graphischer Dialog	170
3.1.1 Charakteristik und allgemeine Vorteile des graphischen Dialogs	170
3.1.2 Graphical Dialog Subroutine Package (GDSP)	173
3.1.3 Aufgabenstellung und Probleme des graphischen Dialogs bei der Modellkonstruktion und -auswertung	174
3.2 Modellbau mit GIPSYD (Graphical Interactive Programming of System Dynamics)	177
3.2.1 Menuaufbau, GDSP-Prozeduren, Information und Stop	177
3.2.2 Aufbau eines dynamischen menu	179
3.2.3 Konstruktion von levels, auxiliaries, rates und Parametern	184
3.2.4 Konstruktion von Abhängigkeiten, von Gleichungen und Namensveränderungen	192
3.2.5 Verschieben - Löschen - Lesen und Schreiben auf externe Dateien	202
3.2.6 Erstellung des mathematischen Modells und des Simulationsprogramms	208

	Seite
3.3 Programmteil Modellauswertung	214
3.3.1 Modellkatalog	214
3.3.2 Parametervariation und Simulation	215
3.3.3 Variation der graphischen und numerischen Ausgabe	220

Anhang

1.1	Submodell zu Forresters Weltmodell	226
1.2	Neoklassisches Wachstumsmodell	227
1.3	Erweiterung des neoklassischen Modells mit arbeitsvermehrendem Technischen Fortschritt bei exogener Bevölkerungswachstumsrate	228
1.4	Das neoklassische Modell mit arbeitsvermehrendem Technischen Fortschritt und endogener Bevölkerung	230
1.5	Submodell Kapital - Bevölkerung - Rohstoffe	232
1.6	Submodell Kapital - Bevölkerung - Verschmutzung	233
1.7	Weltmodell ohne Rohstoffe und Verschmutzung	234
1.8	Weltmodell ohne Lebensqualität und ohne Verschmutzung	235
1.9	Weltmodell ohne Verschmutzung	236
1.10	Originalmodell	237
2.1	Programm zu 1.4	238
2.2	Programm zu 1.10	244
3.1	Segmentbeschreibung zu GIPSYD für die Parameterauswahl und die Ausgabevariation	251
3.2	INFO Teil II GIPSYD	252

Literaturverzeichnis   254

EINLEITUNG

Aufgabe der Wirtschaftswissenschaften ist die Beschreibung und Erklärung ökonomischer Erscheinungen und Probleme. In den letzten Jahren hat die Kritik an der Ökonomie zugenommen, da aktuelle wirtschaftliche Phänomene nicht erklärt werden können. Dies mag einerseits auf die zunehmende Komplexität und Interdependenz ökonomischer Systeme zurückzuführen sein, andererseits ist eine Überprüfung der entsprechenden Modelle erforderlich.
Als Hilfsmittel dazu bietet sich die kybernetische Systemtheorie an. Sie könnte neue Impulse geben und es ist verwunderlich, daß der kybernetische Systemansatz in der Ökonomie auf heftige Kritik und Ablehnung stößt, während er sich in den naturwissenschaftlichen Fächern als sehr fruchtbar erwiesen hat.
Zwar scheinen die Kybernetik und die Systemtheorie eine Modewissenschaft geworden zu sein, was die Flut der einschlägigen Literatur beweist, doch erscheint die Idee, die Einzelwissenschaften zu einer neuen Einheit zusammenzuführen, oftmals auf das Vorstellen bereits vorhandener Modelle als kybernetische bzw. systemtheoretische Modelle beschränkt. Die Darstellung bekannter Sachverhalte, die mit neuen Termini angeboten werden, kann kaum der Forderung nach der Erstellung eines interdisziplinären Ansatzes zur Auffindung allgemeingültiger Gesetzmäßigkeiten genügen. Daß die Anwendung des kybernetischen Systemansatzes in der Betriebswirtschaftslehre eine weitaus größere Innovation darstellt als in der Volkswirtschaftslehre, ist m.E. darauf zurückzuführen, daß in der Makrotheorie Modelle schon lange in Form von

linearen Differentialgleichungssystemen dargestellt
werden, während die vorhandenen Modelle der Betriebswirtschaftslehre größtenteils statischer Natur sind.

Die vorliegende Arbeit beschäftigt sich mit den Möglichkeiten, sowie mit den Vor- und Nachteilen der
Simulationsmethode s y s t e m d y n a m i c s ,
unter besonderer Berücksichtigung von Makromodellen.

Im Hauptteil 1 wird das von J.W. Forrester entwickel-
te Weltmodell einem Wachstumsmodell gegenübergestellt.
Dazu werden nach einer kurzen Erläuterung von system
dynamics der Gegenstand, die Problemstellung und ein
Modell der neoklassischen Wachstumstheorie beschrieben. Dieses Modell wird dann in einen system dynamics
Ansatz eingebaut, um einen besseren Vergleich zu dem
anschließend vorgestellten Weltmodell zu ermöglichen.
Es werden ferner beide Modelle kritisiert und ihre
Gemeinsamkeiten und Unterschiede aufgezeigt.
Schließlich sind durch Simulation die Ergebnisse beider Ansätze zu vergleichen. Deshalb werden beide Modelle zuerst so vereinfacht, daß die Simulationsver-
läufe identisch sind. Durch stückweise Erweiterungen
sollen dann nicht nur die Gegensätze, sondern auch
deren Ursachen ersichtlich werden.

Die Darstellung des kybernetisch-systemtheoretischen
Ansatzes von system dynamics ist Gegenstand von Hauptteil 2. Um system dynamics in die Allgemeine Systemtheorie einordnen zu können, werden zwei mögliche
Ansätze für Systembetrachtungen dargestellt. Das i.d.R.
nur verbal erläuterte 'Elementen'-Konzept, bei dem
Systeme aus Elementen und deren Beziehungen bestehen,

wird durch einen dynamischen, umweltbezogenen Strukturbegriff erweitert. Bei der Darstellung des Input-Output-Ansatzes wird der Zustandsraum miteingeführt, um die gleichen Gesichtspunkte beider Ansätze zu verdeutlichen und eine Einordnung von system dynamics zu ermöglichen. Zuvor jedoch wird die Beziehung System - Modell diskutiert, um abschließend Forresters System- und Modellverständnis zu kritisieren.
System dynamics baut aus vermaschten komplexen Regelkreisen Systeme auf, deshalb werden die in der Regelungstechnik gebräuchlichen Regelkreismodelle und deren Realisation im system dynamics Graph und -Modell dargestellt. Anschließend werden die Elemente von system dynamics beschrieben, diskutiert und modifiziert, so daß ein Ansatz entsteht, mit dem mathematische Modelle konstruiert und simuliert werden können. Vorschläge zur kooperativen Benutzung der Ökonometrie und operation research mit system dynamics beschließen Kapitel 2.

Hauptteil 3 beschreibt einen neuen Ansatz des Modellbaus mit GIPSYD (Graphical Interactive Programming of System Dynamics).
GIPSYD ist ein software Paket, das den Modellbauer befähigt, auf schnelle Weise im Dialogbetrieb mit einem Computer ein system dynamics Programm zu erstellen. Der Benutzer muß lediglich durch poking auf dem Bildschirm aus einer Menge von Funktionen die gewünschten auswählen, und durch GIPSYD wird Schritt für Schritt ein system dynamics Graph entwickelt. Eine nicht zulässige Reihung von Funktionen wird teilweise moniert, teilweise auch dadurch verhindert, daß einzelne Funk-

tionen temporär nicht zur Auswahlmenge gehören. Nach
Fertigstellung des Graphen fordert das Programm im
Dialog noch benötigte Informationen - falls zum Beispiel
isolierte Teile im Graph vorhanden wären -
und stellt einen Vorschlag für die mathematischen
Gleichungen auf, die wahlweise vom Modellbauer verändert
werden können. Das aufgestellte Gleichungssystem
wird in ein simuliertes DYNAMO-Programm eingebaut und
ein Simulationslauf durchgeführt. Die Ergebnisausgabe
kann graphisch oder numerisch erfolgen, wobei auch
nur eine Teilmenge der Variablen ausgewählt werden
kann. Struktur, Parameter und Anfangswerte sind leicht
zu verändern, so daß in kurzer Zeit Sensitivitätsanalysen
und Modelländerungen durchgeführt werden können.

1. WACHSTUMSTHEORIE AUS NEOKLASSISCHER UND J.W. FORRESTER'S SICHT

Der kybernetische systemtheoretische Ansatz von Forrester und die Methode zur Darstellung und Simulation sozioökonomischer und technischer Systeme durch system dynamics, sind durch die aufsehenerregenden Veröffentlichungen von J.W. Forresters 'World Dynamics' (1971) und von Dennis H. Meadows u.a. 'The Limits to Growth' (1972) bekannt geworden. Beide Arbeiten trugen auch dazu bei, daß die Begeisterung für das Wirtschaftswachstum ins Gegenteil umgeschlagen ist. Während die Nachkriegszeit ab Mitte der 50er Jahre der Wachstumstheorie neue Impulse gab und der Wachstumsfetischismus der ökonomischen Theorie einen stürmischen Aufschwung ermöglichte, wird nun die Kritik an der herrschenden Wachstumstheorie immer stärker. Da die Neoklassik bei den ökonomischen Theorien vorherrschend ist, soll sie hier Forresters ökologischer Wachstumstheorie gegenübergestellt werden.
Diese beiden Ansätze stehen im Vordergrund der gegenwärtigen Diskussion.

1.1 SYSTEM DYNAMICS

1.1.1 DIE ENTSTEHUNG

Entwickelt wurde system dynamics von J.W. Forrester
Ende der 50er Jahre. Forrester arbeitete seit 1939 am
Massachusetts Institute of Technology (MIT) an Problemen des Servomechanismus und der Digital-Computertechnologie. Nachdem er 1956 den Lehrstuhl für Industrial
Management am MIT übernahm, beschäftigte er sich mit
dem Verhalten sozialer Systeme. Es war für ihn naheliegend, sein technisches Wissen auf die Sozialwissenschaften anzuwenden. So erschien 1961 das Buch 'Industrial
Dynamics', der frühere Name für system dynamics, 1968
'Principles of Systems', ein Lehrbuch, 1969 'Urban
Dynamics' und 1971 'World Dynamics'.

1.1.2 DAS KONZEPT

System dynamics ist eine auf dem reguluntstechnischen
Blockdiagrammdenken aufbauende spezielle Modellierungsart, die als Kernpunkt das Stabilitätsverhalten jeglicher ökonomischer, aber auch ökologischer Systeme untersucht. (Vgl. Niedereichholz 1972, 101 f.). Grundlegend ist die Auffassung, daß dynamische soziale Systeme
mit ihren Verzögerungen und Verstärkungen als Netze vermaschter Rückkopplungsschleifen interpretiert werden
können. Da die komplexen Systeme nicht mehr überschaubar sind, werden diese in Subsysteme unterteilt, wobei
jedes dieser Subsysteme wieder als eine Einheit, als
ein System, betrachtet werden kann. Die Abgrenzung

der Systeme hängt von der Zielsetzung und den Informationen des Betrachters ab. Die einzelnen Rückkopplungsschleifen werden als negativ (positiv) bezeichnet, falls bei den Ursache-Wirkungs-Beziehungen die Rückwirkung auf die die Änderung verursachende Variable der Änderung entgegengerichtet (gleichgerichtet) ist. Ein exponentieller Wachstumsprozeß ergibt eine positive Rückkopplungsschleife.[1]

1.1.3 DIE STRUKTUR

Ein system dynamics Modell wird mathematisch durch ein nicht-lineares Differenzengleichungssystem wiedergegeben. Bei den Variablen unterscheidet man Zustandsgrößen des Systems (level), die diese levels verändernden Raten (rate) und die Hilfsgrößen zur Bestimmung von rates (auxiliary).
Graphisch wird ein Modell durch folgende Symbole beschrieben:

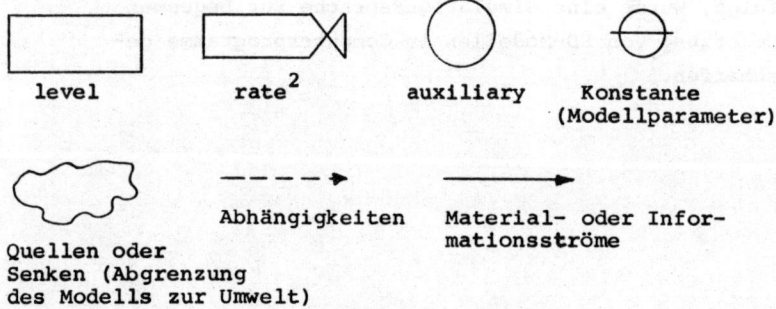

Abb. 1

---
1 Eine ausführliche Darstellung erfolgt in Hauptteil 2.
2 Unter rate versteht man hier Flußgrößen, die die Bestandsveränderung der levels angeben.

Beispiel für einen exponentiellen Wachstumsprozeß:

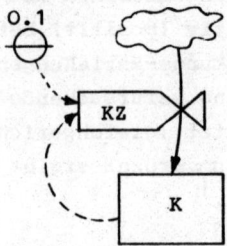

Abb. 2

Der level K (Kapital) erhöht sich jede Periode um KZ (Kapitalzuwachs). Dieser Kapitalzuwachs hängt vom level selbst und von dem konstanten Modellparameter 0.1 ab.

$$KZ_t = 0.1 * K_{t-1} \quad (\frac{\Delta K}{\Delta t} : = rate)$$

$$K_t = K_{t-1} + KZ_t \quad (level)$$

Da die Berechnung des Systemverhaltens numerisch erfolgt, wurde eine Simulationssprache zur bequemen Umsetzung von SD-Modellen in Computerprogramme geschaffen.[1]

---

[1] Pugh entwickelte die Simulationssprache DYNAMO eigens für system dynamics.

1.2 NEOKLASSISCHE WACHSTUMSTHEORIE

1.2.1 DIE ENTSTEHUNG

Obgleich die heutige Wachstumstheorie vor allem an der Problemstellung der Klassiker anknüpft, kann sie nicht als eine konsequente Fortführung der klassischen Lehre angesehen werden (vgl. Bombach 1965, 76). Denn während die Entwicklungen der Klassiker beim Begriff des stationären Zustands bzw. des Gleichgewichts endeten, bauten die modernen Wachstumstheoretiker - beeinflußt durch die technischen Entwicklungen - den Gleichgewichtsbegriff aus. Er wurde zum dynamischen Gleichgewicht, und man sprach vom "gleichgewichtigen"[1] - exponentiellen - Wachstum.
Die veränderte Erfahrungswelt der Nachkriegszeit hat der modernen Wachstumstheorie durch die Wohlstandssteigerungen, durch die Vermehrung der Produktionsfaktoren und die Erhöhung ihrer Produktivität zum Durchbruch verholfen (vgl. Bombach 1965, 76).

1.2.2 GEGENSTAND UND PROBLEMSTELLUNG

Die Neoklassik will das langfristige Wachstum von Volkswirtschaften erklären. Dabei werden Konjunkturwechsel nicht berücksichtigt, denn nach Vogt geht es in der Neoklassik "um die reine Theorie des wirtschaftlichen Wachstums, um eine Theorie also, die nicht unmittelbar anwendbar ist. Den ökonomischen Gehalt muß man verstehen, nur dann ist es möglich, die Relativität der Theorie zu beurteilen." (Vogt 1968, VIII).

---

1 d.h. ungestört.

Man erhebt nicht den Anspruch, durch die Theoreme Aussagen über empirische Abläufe geben zu können. Die Neoklassik befaßt sich mit den Fragen der Existenz, Stabilität und Eindeutigkeit von Expansionspfaden der Wirtschaft.
Im Gleichgewichtszustand soll die Wirtschaft ohne Strukturwandel mit exponentieller Rate wachsen. Ohne Strukturwandel bedeutet, daß langfristig immer der gleiche Anteil der Produktion zur Kapitalbildung aufgewendet wird, so daß der Kapitalstock mit gleicher Arte wie das Sozialprodukt wächst. Diese Wachstumsraten werden auf dem Expansionspfad ausschließlich durch die Inputfaktoren Arbeit und technischer Fortschritt bestimmt.
"Der Schlüssel zu endogenen Wachstumsimpulsen liegt ... allein in der Kapitalgüterproduktion" (Vogt 1968, 70), denn die Bruttoinvestition I_t erhöht einerseits den Kapitalstock, andererseits das technische Niveau.

1.2.3 ANNAHMEN DES MODELLS

Bei den nicht-monetären Modellen, die die Nachfrage vernachlässigen und lediglich die Angebotsseite betrachten, gehen folgende Voraussetzungen ein (vgl. dazu auch Krelle/Gabisch 1972, 46 f.):

(1) Es existiert eine Produktionsfunktion $Y = F(N,K,T)$, d.h. das Sozialprodukt ist eine Funktion der Produktionsfaktoren N Arbeit, K Kapital und T Technischer Fortschritt. Keine anderen Variablen beeinflussen das Sozialprodukt. Diese Produktionsfunktion, die vorgegeben wird, unterliegt folgenden Annahmen:

a) Sie ist linear homogen in bezug auf Kapital und Arbeit

$$\lambda Y = F(\lambda N, \lambda K, T) \quad \text{so ist}$$

$$F(N,K,T) = f(\frac{N}{K}, T)$$

b) Sie ist stetig und differenzierbar.
c) Die Produktionsfaktoren sind substituierbar und beliebig teilbar.
d) Die Grenzprodukte der Produktionsfunktion sind positiv und die Ertragszuwächse nehmen ab.

$$\frac{\partial Y}{\partial N} > 0 \qquad \frac{\partial Y}{\partial K} > 0$$

$$\frac{\partial^2 Y}{\partial N^2} < 0 \qquad \frac{\partial^2 Y}{\partial K^2} < 0$$

(2) Es gilt die Grenzproduktivitätstheorie (l = Lohnsatz)

$$l = \frac{\partial Y}{\partial N}$$

(3) Die Lohnquote q ergibt sich aus der Division der Lohnsumme l·N durch das Sozialprodukt Y.

(4) Alle Ersparnisse werden investiert.

(5) Die Investitionsfunktion ist von sehr einfacher Form, indem nur konstante Gesamt-Sparquoten S_t = const. oder konstante Sparquoten des Kapitals S_K und der Arbeit S_N angenommen werden. Durch S_K und S_N, die exogen vorgegeben werden, wird die Bedarfsstruktur ausgedrückt.

(6) Die Arbeit wächst mit konstanter exogener Rate V. Der Anfangsbestand N_0 ist vorgegeben.

(7) Der Unternehmensbereich wird als einheitlicher Sektor (Ein-Sektor-Modell) betrachtet und der Altersaufbau des Kapitalstock soll unberücksichtigt bleiben. Dabei soll die Lebensdauer des Kapitals endlich sein. Es nimmt durch die Abschreibungsquote δ, die exogen vorgegeben wird, ab und um die jährlichen Investitionen zu.

(8) Der Technische Fortschritt ist teilweise autonom (γ) und teilweise von der Wachstumsrate des Kapitals (β) abhängig. Dabei wird sich der Technische Fortschritt nur in der Leistungsfähigkeit der Arbeit niederschlagen.[1]

(9) Es handelt sich um eine Wettbewerbswirtschaft mit Mengenanpassungsverhalten, Gleichgewicht auf allen Märkten und dem Ziel der Unternehmer, ihren Gewinn zu maximieren.

(10) Zur Vereinfachung des Modells betrachtet man eine geschlossene Volkswirtschaft ohne staatliche Aktivität.

Als Datenkranz müssen folgende Parameter definiert werden: S_K, S_N, N_O, V, δ, γ, β, und die Funktion F.

---

[1] Dies bedeutet:
Harrod-neutraler technischer Fortschritt. Ein Modell mit der Wahl zwischen arbeitsvermehrenden und kapitalvermehrenden technischem Fortschritt wird bei Vogts Theorie des wirtschaftlichen Wachstums gezeigt. In dieser Arbeit ist es nicht notwendig, weiter darauf einzugehen, da nur die Gleichgewichtslösung und ihre Stabilität im Vergleich zu Forrester interessieren und auf dem Expansionspfad nur Harrod-neutraler technischer Fortschritt existieren kann.

1.2.4 DAS MODELL

(1.1) $\quad Y_t = F(T_t * N_t, K_t) = f\left(\dfrac{T_t * N_t}{K_t}\right) \quad$ Produktionsfunktion

(1.2) $\quad l_t = \dfrac{\partial Y_t}{\partial N_t} \quad$ Lohnsatz

(1.3) $\quad q_t = l_t \cdot N_t / Y_t \quad$ Lohnquote

(1.4) $\quad I_t = S_t \cdot Y_t \quad$ Investition

(1.5) $\quad S_t = S_K(1-q_t) + S_N \cdot q_t \quad$ Sparquote

(1.6) $\quad N_t = N_0 \cdot e^{vt} \quad$ Arbeit

(1.7) $\quad K_t = \displaystyle\int_0^t I_\tau \cdot e^{-\delta(t-\tau)} d\tau \quad$ Kapital

(1.8) $\quad T_t = e^{\gamma t} \cdot e^{\beta \int_0^t \frac{I_\tau}{K_\tau} d\tau} \quad$ Technischer Fortschritt mit $\gamma > 0$; $0 < \beta < 1$.

Die Gleichungen (1.6)-(1.8) stellen die Lösungen zu den Gleichungen (1.6')-(1.8') in Wachstumsratenschreibweise dar.[1]

(1.6') $\quad \hat{N} = v$

(1.7') $\quad \hat{K} = s \cdot \dfrac{Y}{K} - \delta$

(1.8') $\quad \hat{T} = \gamma * \beta \hat{K}$

---

[1] Im folgenden werden Wachstumsraten immer durch ^ auf dem betreffenden Symbol gekennzeichnet.

In Differenzengleichungsschreibweise ergibt sich aus
(1.6')-(1.8'):

(1.6") $\quad N_t - N_{t-1} = V \cdot N_{t-1}$

(1.7") $\quad K_t - K_{t-1} = S_{t-1} \cdot Y_{t-1} - \delta \cdot K_{t-1}$

(1.8") $\quad T_t - T_{t-1} = (\gamma + \beta \frac{K_t - K_{t-1}}{K_{t-1}}) T_{t-1}$

Dieses Modell führt zum dynamischen Gleichgewichtsgedanken, der besagt, daß sich die Bestände der Produktionsfaktoren auf ihren Gleichgewichtspfaden bewegen.

$$X(t) = X(0) \exp(\hat{X} \cdot t)$$

Es gilt also im Gleichgewicht:

$$\hat{K} = \hat{Y} = \hat{N} + \hat{T}_N$$

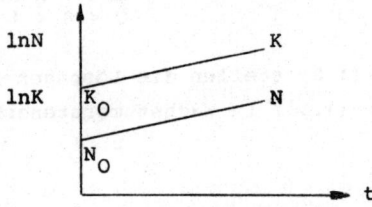

Abb. 3

Nun besteht die Möglichkeit, daß sich der Anfangsbestand des Kapitals K_0 nicht auf dem Gleichgewichtspfad befindet, z.B. durch eine Änderung der Ersparnis ein neuer Gleichgewichtspfad erreicht werden soll, und es erhebt sich die Frage, ob sich die Bestände der Produktionsfaktoren anpassen, ob also das Gleichgewicht stabil ist. Da die Arbeit exogen vorgegeben wird, muß die Entwicklung des Kapitals untersucht werden. Falls gilt:

$K_O < K_O'$ [1]   (K_O' : Anfangsbestand des Kapitals auf dem Gleichgewichtspfad)

muß $\hat{K}$ größer als das gleichgewichtige Wachstum sein

$$\hat{K} > \hat{K}' = \hat{T}_N + \hat{N} \quad [2]$$

Es muß bei zu geringem (großen) Anfangsbestand das Kapital durch größere (kleinere) Wachstumsraten dem Gleichgewichtspfad angepaßt werden.

Da aber $\quad \hat{K} = s \cdot \dfrac{Y}{K} - \delta$

und δ exogen vorgegeben und konstant ist, müßte bei Stabilität die Sparquote (und) oder die Kapitalproduktivität Y/K größer als im Gleichgewicht sein.

1. Behauptung: $\quad \dfrac{Y}{K} > \dfrac{Y'}{K'}$

da $K < K'$ und $\dfrac{\partial^2 Y}{\partial K^2} < 0$, $\dfrac{\partial Y}{\partial K} > 0$;

hieraus folgt:

$$\dfrac{Y}{K} > \dfrac{Y'}{K'} \quad ,$$

denn: steigt das Kapital um 1 %, so steigt das Volkseinkommen um weniger als 1 %.

---

[1] Der ' soll im weiteren die Werte auf dem Gleichgewichtspfad bedeuten.

[2] Die Auswirkung von $\hat{K}$ auf $\hat{T}_N$ wurde nicht berücksichtigt, da durch

$$\hat{T}_N = \alpha + \beta\hat{K} \text{ mit } \beta < 1$$

die Gegenwirkung von $\hat{T}_N$ kleiner als die Wirkung von $\hat{K}$ ist.

Graphisch sieht das folgendermaßen aus:
Durch die abnehmenden Ertragszuwächse der Produktionsfunktion

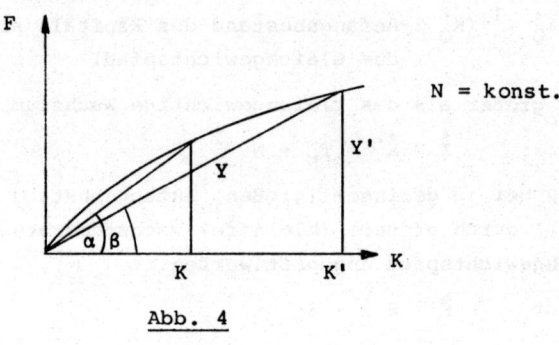

Abb. 4

$$\frac{Y}{K} = t_g\alpha > t_g\beta = \frac{Y'}{K'} \quad (da\ 0° < \beta < \alpha < 90°)$$

2. Behauptung: $S \geq S'$

$$S = S_K(1-q) + S_N q \qquad 0 \leq S_N < S_K \leq 1$$

Da S_K, S_N konstant sind, müßte sich bei der 2. Behauptung q verändern.

$$q = 1 \cdot \frac{N_t}{Y_t}$$

Ist nun die Substitutionselastizität

$$\sigma = \frac{\frac{r}{l} \partial(\frac{N}{K})}{\frac{N}{K} \partial(\frac{r}{l})}$$

die die prozentuale Änderung des Produktionseinsatzverhältnisses bei einer minimal prozentigen Erhöhung des Faktorpreisverhältnisses angibt, gleich 1, so bedeutet das:

Das Produktionseinsatzverhältnis ändert sich prozentual wie das Faktorpreisverhältnis. Anders ausgedrückt, bleibt $\frac{N \cdot l}{K \cdot r}$ konstant, die Lohnsumme bleibt im Verhältnis zum Profit konstant, $\frac{N \cdot l}{Y} / \frac{K \cdot r}{Y}$ konst., die Lohnquote q bleibt konstant.

Da $\hat{K} > \hat{T}_N + \hat{N}$ und

$$\hat{q} = (1 - \frac{N}{Y} \frac{\partial Y}{\partial N}) \frac{1-\sigma}{\sigma} (\hat{K} - \hat{T}_N - \hat{N}) \quad 1$$

folgt daraus für $\sigma < 1$: $\hat{q} > 0$.

Da $S = S_K(1-q) + S_N \cdot q$ und

$1 \geq S_K > S_N \geq 0$

folgt daraus $\hat{S} < 0$.

Hieraus folgt $S > S'$

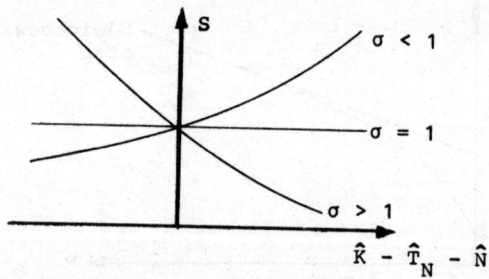

Abb. 5

---

1 $\hat{q} = \hat{l} + \hat{N} - \hat{Y}$

$\hat{q} = \hat{T}_N - \hat{K} + \frac{N}{l} \cdot \frac{\partial l}{\partial N}(\hat{T}_N + \hat{N} - \hat{K}) + \hat{N} - \frac{N}{Y} \frac{\partial Y}{\partial N}(\hat{T}_N + \hat{N} - \hat{K})$

$\hat{q} = (1 + \frac{N}{l} \frac{\partial l}{\partial N} - \frac{N}{Y} \frac{\partial Y}{\partial N}) (\hat{T}_N + \hat{N} - \hat{K})$

$\hat{q} = (1 - \frac{N}{Y} \frac{\partial Y}{\partial N}) \frac{1-\sigma}{\sigma} (\hat{K} - \hat{T}_N - \hat{N})$

da $\sigma = \dfrac{1 - N/Y \; \partial Y/\partial N}{-N/l \; \cdot \; \partial l/\partial N}$

Ökonomisch kann man die Stabilität folgendermaßen erklären:
Für den Gleichgewichtspfad der Arbeit N ist der Kapitalbestand K zu gering. Da das Volkseinkommen Y von Arbeit und vom Kapital abhängt, liegt der Pfad von Y für N zu hoch und für K zu niedrig, so daß die Kapitalproduktivität ($\frac{Y}{K}$) und die Ersparnis höher als im Gleichgewicht sein muß.
Deshalb ist die Wachstumsrate des Kapitals entsprechend höher. Bei der Anpassung erhöht sich so das Kapital übermäßig und dadurch wird der Volkseinkommenspfad auch übermäßig erhöht. Dadurch ist der Abstand von K und Y vom Gleichgewichtspfad niedriger als vorher, die Kapitalproduktivität fällt ebenso wie die Sparquote (durch Erhöhung der Lohnquote), und dadurch wird die Anpassung immer langsamer erfolgen, bis das gesamte System im Gleichgewicht ist.

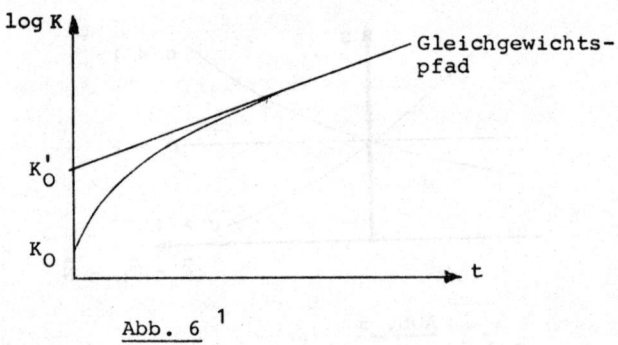

Abb. 6 [1]

---

[1] Vgl. W.Vogt: Theorie des wirtschaftlichen Wachstums, Berlin, Frankfurt 1968, S.112.

1.2.5 SYSTEM DYNAMICS GRAPH

Durch den system dynamics Graph soll das Modell veranschaulicht werden. Dabei wird bei den Wachstumsraten von Arbeit und Kapital zwischen Zugangs- und Abgangsraten unterschieden. Ferner werden die Zugangs- und Abgangsraten der Arbeit und die Abgangsrate des Kapitals von exogenen Parametern abhängig gemacht, während die Zugangsrate des Kapitals identisch mit der Ersparnis ist. Bei den Abhängigkeiten bedeuten (+) positive Regelkreise und (-) negative. So wird die Lohnquote q durch Erhöhung der Lohnrate l und der Arbeit N vergrößert, während sie durch ein größeres Volkseinkommen Y gesenkt wird. Hier ist die Vermaschung von Regelkreisen klar ersichtlich, da das Volkseinkommen Y wiederum positiv von der Arbeit und die Lohnrate von Y und N abhängt. Über die Beziehung zwischen Lohnrate und Volkseinkommen kann keine richtungsweisende Aussage getroffen werden, da die Lohnrate von der Zusammensetzung der Produktionsfaktoren abhängt.

- 20 -

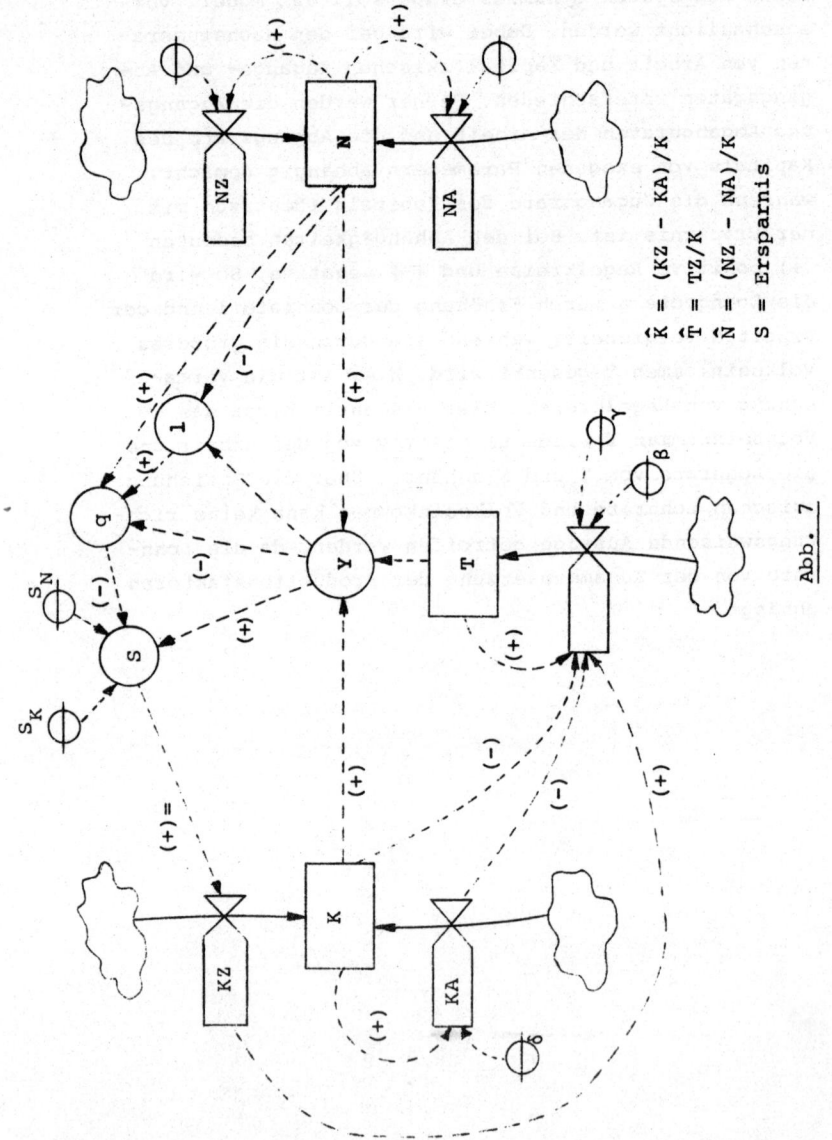

Abb. 7

1.3 FORRESTERS WELTMODELL

1.3.1 ENTSTEHUNG UND ERSTE STELLUNGNAHMEN

Ende Juni 1970 beschäftigte sich die Konferenz des Club of Rome mit der Suche nach Methoden für ein Modell zur Erörterung der Weltsituation. Da die verschiedensten Wissenschaftsdisziplinen darin integriert werden sollten, lud Jay W. Forrester, Mitglied des Club of Rome, zu einem Symposium zur Untersuchung der Möglichkeit ein, die von ihm entwickelte system dynamics-Methode zum Bau eines Weltmodells zu verwenden. Auf dem Rückflug in die USA skizzierte er das erste Weltmodell. Einige Wochen später war Forresters zweites Weltmodell fertig, und nachdem die Stiftung Volkswagenwerk ein umfassendes Werk finanzierte, erschien 1972 von Dennis H. Meadows, einem Schüler Forresters, u.a. "Grenzen des Wachstums". Darin wurde Forresters Modell II auf rund 120 Variablen erweitert, und trotz 'genauerer' Daten ergab sich eine ähnliche Verhaltensweise des Modells wie bei Forrester.
Da "Grenzen des Wachstums" auf den Besteller-Listen eine der obersten Stellen einnahm und da die Ergebnisse unkritisch von Wissenschaftlern, Politikern und Journalisten übernommen wurden, entfachte sich ein grosser Meinungsstreit zwischen den Wissenschaftlern. Totale Ablehnung und Jubel über das "wichtigste gesellschaftspolitische Dokument seit dem Erscheinen des 'Kommunistischen Manifests' von Karl Marx"[1] konnte man

---

[1] Werbung des deutschen Verlags.

den Beiträgen zu diesem Thema entnehmen.
So ist S. Harbordt erschüttert über "den Glauben an
die Autorität der Wissenschaft im allgemeinen und
über die Überzeugungskraft von Computern im besonderen" (Harbordt 1972, 421), und Gottfried Bombach vertritt die Meinung, daß der stationäre Zustand in der
Spieltheorie als Nullsummenspiel bezeichnet wird:
der Gewinn des einen ist gleich dem Verlust des anderen. Und dies bedeutet Konflikt, Klassenkampf. Da
Klassenkampf nicht zulässig ist, kann das Modell kein
getreues Abbild der Realität sein (vgl. Bombach 1972,
16).
Bei den meisten Argumenten kann man sich des Eindrucks
nicht erwehren, daß ihre Verfechter die Modelle nicht
kennen. Dies ist teilweise dadurch zu entschuldigen,
daß die Gleichungen zum Modell III lange nicht veröffentlicht wurden.

1.3.2 GEGENSTAND UND PROBLEMSTELLUNG

Gegenstand des Forschungsprojektes Forresters ist die
drohende Gefahr einer Überbevölkerung der Erde. Von
den einst so wirkungsvollen Mitteln wie Bevölkerungsverschiebung, Expansion durch wirtschaftliches Wachstum oder neue technische Entwicklungen, ist keine Hilfe
mehr zu erwarten. Weitere Probleme wie Umweltverschmutzung, ungleicher Lebensstandard und Rohstoffknappheit
verschlimmern die Lage. Was ist Ursache, was Wirkung?
Wo liegen die Grenzen des Wachstums? Wann werden sie
erreicht? Um diese Fragen beantworten zu können - oder
der Meinung zu sein, sie beantworten zu können - erstellte

Forrester sein Weltmodell. Der kybernetische Ansatz ergibt die Möglichkeit, daß die Probleme nicht mehr isoliert bzw. mit 'ceteris-paribus'-Klauseln betrachtet werden müssen, sondern miteinander verflochten in komplexen Systemen beschrieben werden können. Dies ist notwendig, da die Probleme voneinander nicht unabhängig sind. "Es liegt in der Natur unserer Sprache und damit der Art und Weise unserer Wirklichkeitsbetrachtung, einen Situationsbericht in der Form einer in Kategorien geordneten Aufzählung von Problemen zu erstatten. Diese Eigenart unserer Betrachtungs- und Denkweise verführt uns immer wieder dazu, Schwierigkeiten ... als klar definierte und voneinander abgegrenzte Probleme zu sehen." (Pestel 1973, 9).

Wie bei allen Differenzengleichungssystemen mußten im Weltmodell die Anfangsbedingungen gegeben sein. In "World Dynamics" waren dies die Werte im Jahre 1900 für Bevölkerung, Kapital, Verschmutzung und Rohstoffe wobei Kapital auf 0,25 Kapitaleinheiten pro Kopf, die Verschmutzung auf 1/8 Verschmutzungseinheiten pro Person und die Rohstoffe auf die Größe, zu der die Bevölkerung von 1970 beim Verbrauchstempo von 1970 250 Jahre bis zur vollständigen Erschöpfung benötigen würde, normiert werden.

Im zweiten Schritt bestimmte Forrester die Werte für die Bevölkerung, Kapital und Verschmutzung für das Jahr 1970. Dabei sollten pro Person eine Kapitaleinheit und eine Verschmutzungseinheit vorhanden sein.

Nach Erstellung der Modellstruktur durch 43 Gleichungen mit den Subsystemen Bevölkerung, Kapital, Rohstoffe und Verschmutzung, gab es Schwierigkeiten bei der Form und der quantitativen Spezifizierung einzelner Beziehungen. Denn bei der Simulation reicht es nicht wie in der neoklassischen Wachstumstheorie aus, allgemeine Angaben über die Funktionen anzugeben, z.B. monoton steigend mit abnehmendem Grenzertrag, sondern der Graph der Funktion muß bestimmt werden. Durch die bequeme Verwendung von tabellarischen Funktionen lassen sich die Schwierigkeiten umgehen, die Form und die numerischen Parameterwerte der einzelnen Gleichungen zu bestimmen. Obwohl auf die von der Ökonometrie her bekannten Parameterschätzungen verzichtet wird (Harbordt 1972, 415), läßt dies dem Modell den Hauch der empirischen Forschung anhaften, trotz der Tatsache, daß diese Funktionen nur nach Plausibilitätsüberlegungen eingesetzt wurden. Da diese 'Table functions' immer multiplikativ in das Modell eingehen, ist ihr Funktionswert für die Werte der unabhängigen Variablen (Definitionsbereich) von 1970 gleich eins.[1] Die weiteren Werte der tabellarischen Funktionen wurden dann so normiert, daß mit den **Anfangswerten** des Modells von 1900 die festgelegten Werte für das Jahr 1970 im Simulationslauf erreicht wurden. Wird nun der Zeitzähler von 70 auf 200 Jahre erhöht, so erhält man durch die stückweisen linearen table functions eine nichtlineare Extrapolation. Dies sollte bei der Beurteilung des **Modells** nicht vergessen werden.

---

[1] Z.B.: Der Geburtenzugang BZ [= 0.04 * B * BDM1] soll im Jahre 1970 gleich 4 % der Bevölkerung sein. Deshalb muß die table function BDM1, die die Abhängigkeit des Geburtenzugangs von der Bevölkerungsdichte ausdrückt, für die Bevölkerungsdichte von 1970 gleich eins sein.

1.3.3 ANNAHMEN DES MODELLS

Dem Modell liegen folgende grundlegende Variable zugrunde:
- Bevölkerung B
- Kapital K
- Rohstoffe R
- Verschmutzung V
- Kapitalanteil in der Landwirtschaft KIOL
- Nahrungsmittel/Kopf NK
- Materieller Lebensstandard L
- Lebensqualität QL [1]

Während es sich bei den Variablen B, K, R, V, KIOL um aggregierte Größen (levels) handelt, werden die Variablen NK, L, QL als auxiliaries behandelt. Ihre Werte der Vorperiode gehen nicht additiv zur Berechnung der neuen Größen ein.

(2.1) $B_t = f_1(B_{t-1}, NK_{t-1}, V_{t-1}, L_{t-1})$ [2]

$$\text{mit } \frac{\partial f_1}{\partial B_t} < 0, \quad \frac{\partial f_1}{\partial NK_t} > 0, \quad \frac{\partial f_1}{\partial V_t} < 0 \text{ für alle } t$$

$$\text{und } \frac{\partial f_1}{\partial L_t} \gtreqless 0$$

Die Bevölkerung verändert sich durch zwei Rückkopplungsschleifen. Durch die **Geburtenzahl** wird die Bevölkerung **erhöht** (positive Rückkopplung), durch die Sterbezahl verringert (negative Rückkopplung). Für 1970 wird eine durchschnittliche Geburtenrate auf der Welt von 4 %, für die Sterberate von 2,8 % der Bevölkerung angenommen.

---

[1] Im Modell von Meadows wurde auf die Lebensqualität verzichtet, da sie nach seiner Meinung nicht quantifizierbar ist.

[2] Im folgenden wird immer mit der ceteris-paribus-Klausel argumentiert.

Doch ein dauerndes exponentielles Wachstum ist nicht möglich. Es bestehen natürliche Schranken. So bringt die Vermehrung der Bevölkerung selbst eine Verringerung der Geburtenrate und eine Erhöhung der Sterberate mit sich. Bei 10 Milliarden Menschen sind die Auswirkungen so stark, daß die Geburtenzahl gleich der Sterbezahl wird, also die Bevölkerung konstant bleibt, wenn man nur die Auswirkungen des Bevölkerungsdrucks berücksichtigt.[1]
Begründet wird dies durch den erheblich gestiegenen Ballungsgrad, der soziale und internationale Spannungen verschärft, zu Epidemien führt und psychologisch bedingte Hemmungen, weitere Kinder in die Welt zu setzen, zur Folge hat.

Da die Theorie von Malthus über den Zusammenhang von Bevölkerungszahl und Ernährung übernommen wurde, bringt eine Steigerung der Nahrungsmittel pro Kopf einen Bevölkerungszuwachs. Wie in Annahme (2.5) noch gezeigt wird, werden aber durch den Bevölkerungszuwachs die Nahrungsmittel pro Kopf wieder fallen. Bei einem hohen Grad der Umweltverschmutzung wird diese auch zu einem bedeutenden Faktor zur Regulierung der Bevölkerungszahl. Ein höherer Verschmutzungsgrad reduziert die Bevölkerung. Über die Auswirkungen einer partiellen Erhöhung des materiellen Lebensstandards können keine allgemeinen Aussagen getroffen werden. Der höhere Lebensstandard (z.B. verbessertes Gesundheitswesen) verkleinert sowohl

---

1 Dabei existiert keine Verschmutzung. Lebensstandard und Nahrungsmittel wären die Bestände von 1970. Bei dem Verschmutzungsgrad von 1970 und den weiteren obigen Maßgrößen würde sich der Bevölkerungsstand auf 8 Milliarden einpendeln.

die Sterbezahl als auch - im Gegensatz zu Malthus - die Geburtenzahl. Ist der Lebensstandard sehr niedrig, so dominiert die Wirkung der Sterbezahl die der Geburtenzahl ($\frac{\partial f_1}{\partial L} < 0$).

(2.2) $\quad K_t = f_2(K_{t-1}, B_{t-1}, L_{t-1})$ mit

$$\frac{\partial f_2}{\partial K_t} \gtrless 0 \;,\; \frac{\partial f_2}{\partial B_t} > 0 \;,\; \frac{\partial f_2}{\partial L_t} > 0 \text{ für alle } t$$

Kapital wird bei Forrester in Kapitaleinheiten gemessen. Somit muß es als aggregierte Größe betrachtet werden, und E. Pestel erklärt in seinen Erläuterungen zur deutschen Übersetzung von 'World Dynamics', daß durch den Begriff Kapital vorhandene Fabriken, Schulen, Wohngebäude, Straßen, Universitäten, Forschungsanstalten, Verkehrsmittel, Maschinen, landwirtschaftliche Geräte, Talsperren, Bewässerungsanlagen repräsentiert werden, aber darüber hinaus auch potentielles Kapital in Form von ausgebildeten Menschen oder Forschungsergebnissen. (Vgl. Forrester 1971, 43).
Durch diese Interpretation wird auch der Technische Fortschritt ins Modell eingebracht. Es existiert aber kein autonomer Technischer Fortschritt, und er kann vom Kapital nicht getrennt werden. Der Altersaufbau des Kapitals bleibt unberücksichtigt. Seine Lebensdauer sei endlich. Durch die exogen vorgegebene Abschreibungsquote nimmt das Kapital ab, durch die Investition zu.

Ist der Lebensstandard sehr niedrig, so wird fast das gesamte Einkommen für Konsumzwecke verbraucht. Je höher

der Lebensstandard, umso mehr wird investiert. Bei sehr
hohem Lebensstandard nimmt jedoch nach Meinung Forresters
die Zuwachsrate der Investitionen ab, da kein Antrieb zur
Erhöhung des Lebensstandards vorhanden ist. Der Kapitalzuwachs hängt nun nicht nur von dem Lebensstandard, sondern auch von der Kapitalinvestierung im Jahre 1970 und
der Bevölkerungszahl ab. Dahinter steckt die Idee, daß
die Bevölkerung das Kapital bereitstellen muß. Eine Bevölkerungszunahme hat jedoch auch einen negativen Effekt,
denn durch sie wird der Lebensstandard gesenkt. Ebenso
besteht für das Kapital selbst eine positive - durch die
Veränderung des Lebensstandards - wie auch eine negative
Regelkreisschleife - durch die Abhängigkeit der Kapitalabnutzung vom Kapital. Es kann keine allgemeine Aussage
darüber getroffen werden, welche Schleife dominant ist.
Ist das Kapital sehr hoch, so ist die Kapitalabnutzung
größer als die zusätzliche Investition durch die Auswirkungen des Lebensstandards. Bei niedrigem Kapital
ist es umgekehrt.

(2.3) $\quad R_t = f_3(B_{t-1}, L_{t-1}) \quad$ mit

$$\frac{\partial f_3}{\partial B_t} < 0 \; , \; \frac{\partial f_3}{\partial L_t} < 0 \quad \text{für alle t}$$

Die natürlichen Rohstoffe, unter denen die nicht ersetz-
baren erfaßt werden, reichen vom Jahre 1900 aus 250
Jahre. Die aggregierte Größe R hat auf das Modell nur
die Auswirkung, daß bei geringen Rohstoffbeständen der
Abbauwirkungsgrad sinkt und somit auch der materielle
Lebensstandard. Durch steigende Bevölkerung und durch
steigenden Lebensstandard nimmt der Rohstoffverbrauch
zu, und dadurch vermindern sich die natürlichen Rohstoffe
schneller.

(2.4) $\quad V_t = f_4(B_{t-1}, K_{t-1}, V_{t-1})$ mit

$$\frac{\partial f_4}{\partial K_t} > 0, \quad \frac{\partial f_4}{\partial V_t} \lessgtr 0, \quad \frac{\partial f_4}{\partial B_t} \lessgtr 0 \text{ für alle } t$$

Hohe Bevölkerung und ein hohes Kapital-pro-Kopf-Verhältnis verschlimmern die Verschmutzung. Diese nimmt durch einen Absorptionsprozeß ab. Je höher der Verschmutzungsgrad, desto größer die Absorptionsrate, aber desto größer auch die Absorptionszeit, die zum Abbau eines bestimmten Anteils der vorhandenen Verschmutzung notwendig ist. Für das Jahr 1970 beträgt die Verschmutzungsabsorption 63 %.

(2.5) $\quad KIOL_t = f_5(KIOL_{t-1}, NK_{t-1}, L_{t-1})$ mit

$$\frac{\partial f_5}{\partial (KIOL)_t} > 0, \quad \frac{\partial f_5}{\partial NK_t} < 0, \quad \frac{\partial f_5}{\partial L_t} > 0 \text{ für alle } t$$

Der Anteil des Kapitals in der Landwirtschaft ist gleich dem Anteil der Vorperiode. Mit einer Anpassungszeit von 15 Jahren wirken sich die Nahrungsmittel pro Kopf und der materielle Lebensstandard aus. Sind die Nahrungsmittel/Kopf schon sehr hoch, so ist kein so großer Anteil des Kapitals in der Landwirtschaft. Ist der materielle Lebensstandard schon sehr hoch, so werden materielle Güter durch Nahrungsmittel substituiert, und dies geschieht durch Erhöhung des landwirtschaftlichen Kapitalanteils.

(2.6) $\quad NK_t = f_6(B_t, K_t, V_t, KIOL_t)$ mit

$$\frac{\partial f_6}{\partial B_t} < 0, \quad \frac{\partial f_6}{\partial K_t} > 0, \quad \frac{\partial f_6}{\partial V_t} < 0, \quad \frac{\partial f_6}{\partial KIOL_t} > 0$$

für alle t

Ausgangspunkt für das Jahr 1970 ist eine Nahrungsmitteleinheit pro Bevölkerungseinheit. NK ist dimensionslos. Wie in Annahme (2.1) schon kurz angesprochen, wird durch Erhöhung der Bevölkerung der Nahrungsmittelanteil pro Kopf gesenkt. Einer größeren Bevölkerungsanzahl stehen zwar gleich viel Nahrungsmittel zur Verfügung, doch die Nahrungsmittel pro Kopf werden weniger. Eine hohe Verschmutzung verringert die Nahrungsmittelproduktion, während ein hoher Kapitaleinsatz in der Landwirtschaft das Nahrungsmittelangebot pro Kopf vergrößert. Dieser hohe Kapitaleinsatz kann sowohl durch hohes Kapital als auch durch einen hohen Anteil des Kapitals in der Landwirtschaft erreicht werden.

(2.7) $L_t = f_7(K_t, B_t, R_t, KIOL_t)$ mit

$$\frac{\partial f_7}{\partial K_t} > 0, \quad \frac{\partial f_7}{\partial B_t} < 0, \quad \frac{\partial f_7}{\partial R_t} > 0, \quad \frac{\partial f_7}{\partial KIOL_t} < 0$$

für alle t

Je größer das Kapital-pro-Kopf-Verhältnis K/B ist, um so größer ist der materielle Lebensstandard. Dieses Kapital wird durch hohe Rohstoffkosten geschmälert, wobei bei geringen Rohstoffvorkommen die Rohstoffkosten sehr hoch werden. Dadurch wird der materielle Lebensstandard gesenkt. Ein Teil dieses Kapitals wird auch in der Landwirtschaft eingesetzt. Dieser Anteil kann den materiellen Gütern nicht zugute kommen.

(2.8) $QL_t = f_8(V_t, NK_t, L_t, B_t)$ mit

$$\frac{\partial f_8}{\partial V_t} < 0, \quad \frac{\partial f_8}{\partial N_t} > 0, \quad \frac{\partial f_8}{\partial L_t} > 0, \quad \frac{\partial f_8}{\partial B_t} < 0 \text{ für alle t}$$

Eine hohe Lebensqualität ist nur bei hohen Nahrungsmitteln/Kopf, hohem Lebensstandard, niedriger Verschmutzung und niedriger Bevölkerung möglich.

Als Datenkranz müssen folgende Parameter definiert werden:

Anfangswerte für:

Bevölkerung	B_{1900}	= 1.65 Mrd.
Rohstoffe	R_{1900}	= 900 Mrd.
Kapital	K_{1900}	= 0.4 Mrd.
Verschmutzung	V_{1900}	= 0.2 Mrd.
Kapitalanteil in der Landwirtschaft	$KIOL_{1900}$	= 0.2 Mrd.

Raten für das Jahr 1970:

Geburtenrate	= 0.04
Sterberate	= 0.028
Investitionsquote	= 0.05
Abschreibungsquote	= 0.025
Landgröße = LA	= 135 Mill.km^2
Anpassungszeit beim Kapitalanteil in der Landwirtschaft	= 15 Jahre
Normierungsgröße für den Kapitalanteil in der Landwirtschaft	= 0.3

Die Werte für 1970:

Bevölkerung	B	= 3.6 Mrd.
Kapital	K	= 3.6 Mrd.
Verschmutzung	V	= 3.6 Mrd.
Lebensqualität	QL	= 1
Nahrungsmittel/Kopf	NK	= 1
effektiver Kapitalanteil/Person		= 1

Die table functions:

BDM1, BDM2, BDM3, BDM4, NM1, NM2, NM4, NM7, VM1, VM2, VM3, VM4, LM1, LM2, QLM4, LM5, LM6, AD, KM3, KM8, QLM7, RKM.

1.3.4 DAS MODELL

(1) Hilfsvariablen

Bevölkerungsdichte: $BD_t = B_t/(LA*PDN) =$
$$= B_t/(135 \cdot 10^6 \cdot 26 \cdot 5) ,$$

wobei LA die Landgröße in km^2 und PDN die Bevölkerungsdichte 1970 in Personen/km^2 angibt.

Verschmutzungsgrad: $VG_t = V_t/3.6 \cdot 10^9$,

so daß der Verschmutzungsgrad 1970 gleich eins ist.

Verbleibende Rohstoffreserven: $RR = \dfrac{R}{900 \cdot 10^9}$

(2) Bevölkerung B mit Geburtenzahl BZ und Sterbezahl BA

$$B_t = B_{t-1}^{1)} + DT \cdot (BZ_{t-1}^{2)} - BA_{t-1}^{2)})$$

$$BZ_{t-1} = 0.04 \cdot BDM1_{t-1} \cdot NM1_{t-1} \cdot VM1_{t-1} \cdot LM1_{t-1}$$

$$BA_{t-1} = 0.028 \cdot BDM2_{t-1} \cdot NM2_{t-1} \cdot VM2_{t-1} \cdot LM2_{t-1}$$

mit den table functions

$BDM1_{t-1} = g_5(BD_{t-1})$ mit

$$\dfrac{dg_5}{dBD} < 0 \text{ für } \{BD \in R,\ BD \ne 0,1,2,3,4,5\}\ ^{3)}$$

$NM1_{t-1} = g_8(NK_{t-1})$ mit

$$\dfrac{dg_8}{dNK} > 0 \text{ für } \{NK \in \mathbb{R},\ NK \ne 0,1,2,3,4\}$$

---

1) DT gibt das Zeitinkrement an. Je kleiner das Zeitinkrement ist, um so mehr passen sich die Differenzengleichungen Differentialgleichungen an. Bei Forrester beträgt DT gleich 0.2 Jahre.

2) Rates werden im folgenden nur mit dem Zeitwert t-1 indiziert. Dies soll die Veränderung vom Zeitpunkt t-1 bis t ausdrücken.

3) Diese Argumentwerte müssen ausgeschlossen werden, da die stückweise lineare Funktion an diesen Stellen zwar stetig aber nicht differenzierbar ist. Diese Funktionen sind aber für den gesamten Definitionsbereich monoton steigend bzw. fallend.

$$VM1_{t-1} = g_2(VG_{t-1}) \quad \text{mit}$$

$$\frac{dg_2}{dVG} < 0 \quad \text{für} \quad \{VG \in \mathbb{R}, \; R \neq 0,10,20,30,40,50,60\}$$

$$LM1_{t-1} = g_{12}(L_{t-1}) \quad \text{mit}$$

$$\frac{dg_{12}}{dL} < 0 \quad \text{für} \quad \{L \in \mathbb{R}, \; L \neq 0,1,2,3,4,5\}$$

$$BDM2_{t-1} = g_6(BD_{t-1}) \quad \text{mit}$$

$$\frac{dg_6}{dBD} > 0 \quad \text{für} \quad \{BD \in \mathbb{R}; BD \neq 0,1,2,3,4,5\}$$

$$NM2_{t-1} = g_8(NK_{t-1}) \quad \text{mit}$$

$$\frac{dg_8}{dNK} < 0 \quad \text{für} \quad \{NK \in \mathbb{R}; NK \neq 0, 0.25, 0.5, 0.75, 1, 1.25, 1.5, 1.75, 2\}$$

$$VM2_{t-1} = g_3(VG_{t-1}) \quad \text{mit}$$

$$\frac{dg_3}{dVG} > 0 \quad \text{für} \quad \{VG \in \mathbb{R}; VG \neq 0,10,20,30,40,50,60\}$$

$$LM2_{t-1} = g_{13}(L_{t-1}) \quad \text{mit}$$

$$\frac{dg_{13}}{dL} < 0 \quad \text{für} \quad \{L \in \mathbb{R}; L \neq 0,1,2,3,4,5\}$$

(3) Kapital K mit Kapitalerzeugung KZ und Abschreibung KA

$$K_t = K_{t-1} + DT * (KZ_{t-1} - KA_{t-1})$$

$$K_{t-1} = 0.05 * B_{t-1} * LM5_{t-1}$$

$$KA_{t-1} = 0.025 * K_{t-1}$$

mit der Funktion

$$LM5_{t-1} = g_{14}(L_{t-1}) \quad \text{mit} \quad \frac{dg_{14}}{dL} > 0 \quad \text{für}$$

$$\{L \in \mathbb{R}, L \neq 0,1,2,3,4,5\}$$

(4) Rohstoffe R mit der Rohstoffabgangsrate RA

$R_t = R_{t-1} + DT * RA_{t-1}$

$RA_{t-1} = B_{t-1} * LM6_{t-1}$

mit der Funktion

$LM6_{t-1} = g_{15}(L_{t-1})$ mit

$\dfrac{dg_{15}}{dL} > 0$ für $\{L\in\mathbb{R}, L\neq 0,1,2,3,4,5,6,7,8,9,10\}$

(5) Verschmutzung V mit dem Verschmutzungszugang VZ und dem Verschmutzungsabgang VA

$V_t = V_{t-1} + DT * (VZ_{t-1} - VA_{t-1})$

$VZ_{t-1} = B_{t-1} * KM8_{t-1}$

$VA_{t-1} = V_{t-1}/AD_{t-1}$

mit den Funktionen

$KM8_{t-1} = g_{21}(\dfrac{K_{t-1}}{B_{t-1}})$ mit

$\dfrac{dg_{21}}{d(\frac{K}{B})} > 0$ für $\{{}^K/B \in\mathbb{R}\,; {}^K/B \neq 0,1,2,3,4,5\}$

$AD_{t-1} = g_1(VG_{t-1})$ mit

$\dfrac{dg_1}{dVG} > 0$ für $\{VG\in\mathbb{R}\,; VG\neq 0,10,20,30,40,50,60\}$

(6) Lebensqualität QL

$QL_t = QLM4_t * BDM4_t * VM4_t * NM4_t$

mit den Funktionen

$QLM4_t = g_{16}(L_t)$ mit

$\dfrac{dg_{16}}{dL} > 0$ für $\{L\in\mathbb{R}, L\neq 0,1,2,3,4,5\}$

$BDM4_t = g_{22}(BD_t)$ mit

$\dfrac{dg_{22}}{dBD} < 0$ für $\{BD\in\mathbb{R}, BD\neq 0, 0.5, 1, 1.5, 2, 2.5, 3, 3.5, 4, 4.5, 5\}$

$VM4_t = g_{11}(VG_t)$ mit

$\dfrac{dg_{11}}{dVG} < 0$ für $\{VG \in \mathbb{R}, VG \neq 0, 10, 20, 30, 40, 50, 60\}$

$NM4_t = g_{19}(NK_t)$ mit

$\dfrac{dg_{19}}{dNK} > 0$ für $\{NK \in \mathbb{R}, NK \neq 0, 1, 2, 3, 4\}$

(7) Kapitalinvestierungsanteil in der Landwirtschaft

$KIOL_t = KIOL_{t-1} + (DT/15) * (NM7_{t-1} * QLM7_{t-1} - KIOL)$

mit den Funktionen

$NM7_{t-1} = g_{20}(NK_{t-1})$ mit

$\dfrac{dg_{20}}{dNK} < 0$ für $\{NK \in \mathbb{R}; NK \neq 0, 0.5, 1, 1.5, 2\}$

$QLM7_{t-1} = g_{17}\left(\dfrac{QLM4_{t-1}}{NM4_{t-1}}\right)$ mit

$\dfrac{dg_{17}}{d\left(\dfrac{QLM4}{NM4}\right)} > 0$ für $\left\{\dfrac{QLM4}{NM4} \in \mathbb{R}; \dfrac{QLM4}{NM4} \neq 0, 0.5, 1, 1.5, 2\right\}$

$QLM4_{t-1} = g_{16}(L_{t-1})$ mit

$\dfrac{dg_{16}}{dL} > 0$ für $\{L \in \mathbb{R}, L \neq 0, 1, 2, 3, 4, 5\}$

(8) Nahrungsmittel pro Kopf NK und Kapital-pro-Kopf-Anteil in der Landwirtschaft KIL

$NK_t = BDM3_t * VM3_t * KM3_t$

mit den Funktionen

$BDM3_t = g_7(BD_t)$ mit

$\dfrac{dg_7}{dBD} < 0$ für $\{BD \in \mathbb{R}; BD \neq 0, 1, 2, 3, 4, 5\}$

$VM3_t = g_4(VG_t)$ mit

$\dfrac{dg_4}{dVG} < 0$ für $\{VG \in \mathbb{R}; VG \neq 0, 10, 20, 30, 40, 50, 60\}$

$$KM3_t = g_{18}(KIL_t) \quad \text{mit}$$

$$\frac{dg_{18}}{dKIL} > 0 \text{ für} \{KIL \in \mathbb{R}; KIL \neq 0,1,2,3,4,5,6\}$$

$$KIL_t = (\frac{K_t}{B_t} * KIOL_t)/0.3$$

(9) Materieller Lebensstandard L, effektives Kapital pro Kopf EK, Abbauwirkungsgrad der Rohstoffe RKM ("Rohstoffkosten")

$$L_t = EK_t/1.$$

$$EK_t = \frac{K_t}{B_t} * (1-KIOL_t) * RKM_t/(1-0.3)$$

mit der Funktion

$$RKM_t = f_{10}(RR_t) \quad \text{mit}$$

$$\frac{df_{10}}{dRR} > 0 \text{ mit } \{RR \in \mathbb{R}; RR \neq 0, 0.25, 0.5, 0.75, 1\}$$

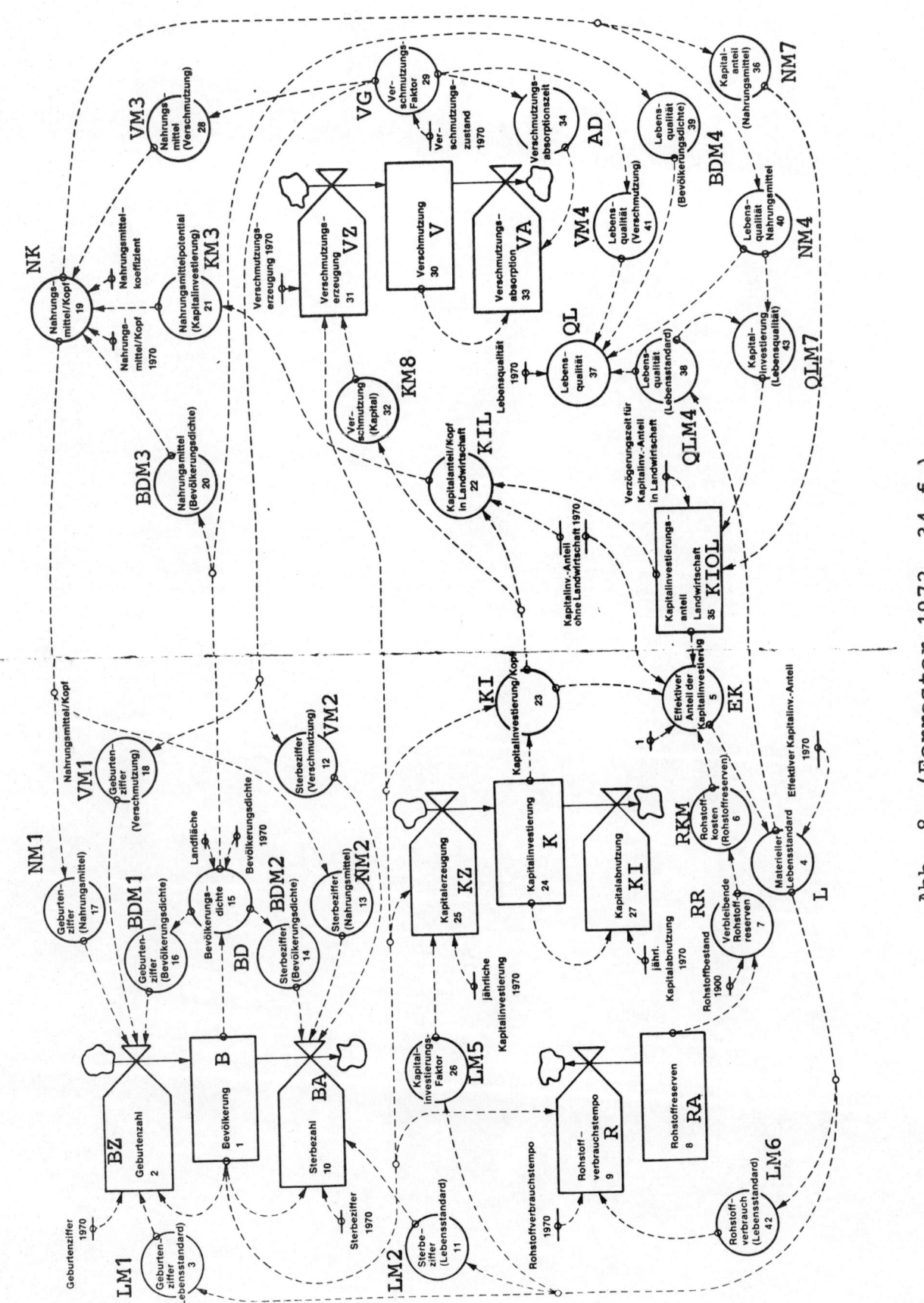

Abb. 8 (Forrester 1972, 34 f.).

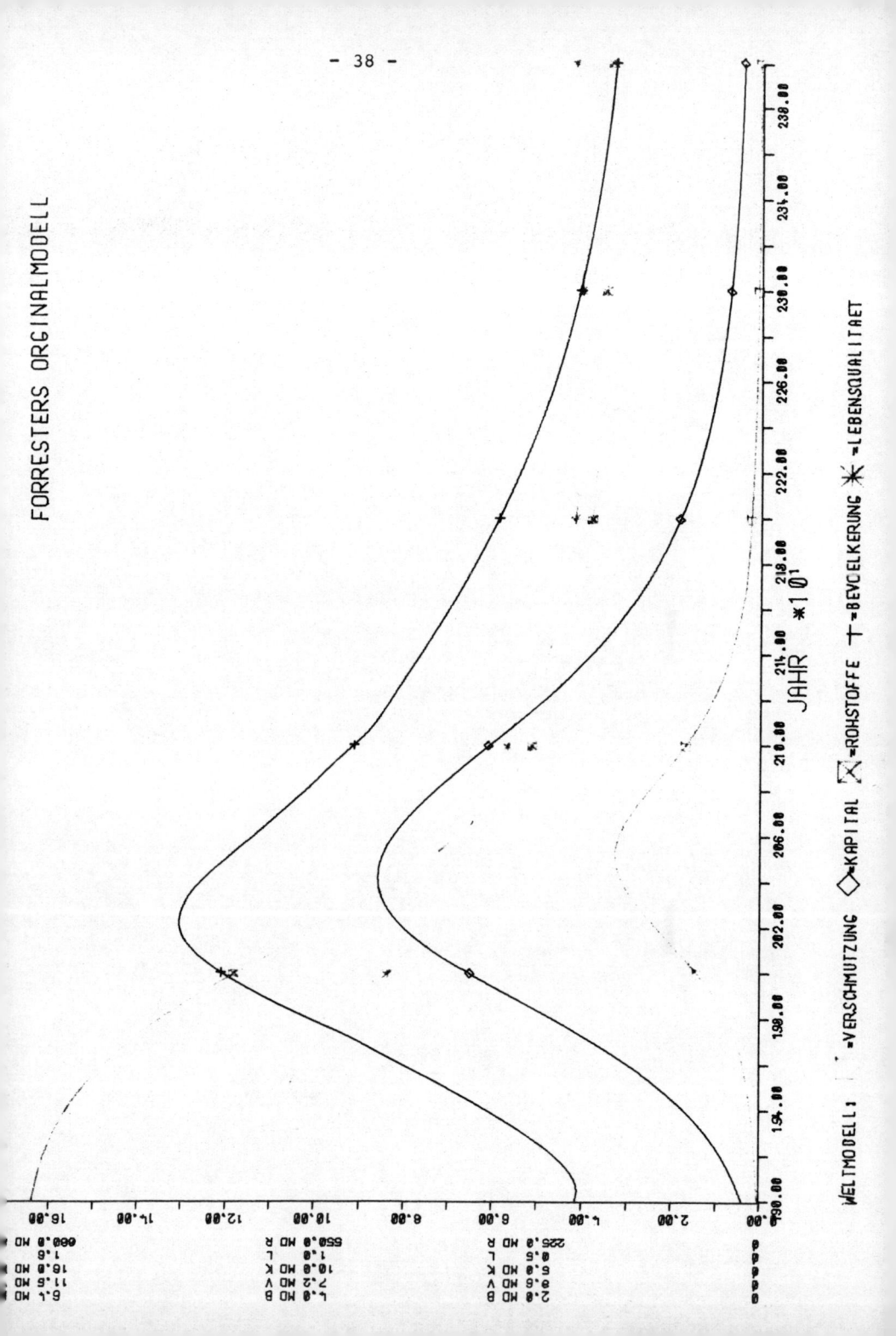

FORRESTERS ORGINALMODELL

WELTMODELL: ․=VERSCHMUTZUNG ◇=KAPITAL ⊠=ROHSTOFFE ╋=BEVOELKERUNG ✳=LEBENSQUALITAET

1.4 KRITIK ODER WÜRDIGUNG DES WELTMODELLS

1.4.1 DIE ENTSCHEIDENDE ANNAHME DER VARIABLEN OBERGRENZE FÜR DIE BEVÖLKERUNG

Aus dem Systemverhalten können sich Zweifel über die ursprünglich getroffenen Annahmen ergeben. Dies führt dazu, daß "man sie verändert und dann das Spiel erneut ablaufen läßt. Dieser iterative Prozeß, das Pendelspiel zwischen getroffenen Annahmen und sich ergebendem Gesamtverhalten, vertieft das Verständnis für die Struktur und die Dynamik des Systems." (Forrester 1971,65f.).
Ein 'eingefleischter' Neoklassiker hätte die Struktur des Modells zweifellos verändern müssen, und dabei erhebt sich sogleich die Frage, welche Annahmen zu dem Systemverhalten in Forresters Modell führen. Das Bevölkerungswachstum wird durch die vier Wirkungsfaktoren Rohstoffe, Verschmutzung, Bevölkerung und Nahrungsmittel pro Kopf begrenzt. Diese vier Variablen erzeugen eine Obergrenze für die Bevölkerung B, eine natürliche Untergrenze ergibt sich durch die Nullachse.
In einem dynamischen System kann nun die Variable B entweder oszillieren oder es wird ein stabiles Verhalten nachgewiesen.
Das Original-Modell von Forrester führt etwa im Jahre 2400 zu einem fast stationären Gleichgewicht (Abb.10).
Daß sich die Anpassung an diesen horizontalen Wachstumspfad nicht wie im neoklassischen Modell ohne Schwierigkeiten vollzieht, ergibt sich aus den Zeitverzögerungen und der variablen Obergrenze der Bevölkerung.

Bevölkerung
in Milliarden

```
  8
  6
  4
  2
     1900   2000   2100   2200   2300   2400
                                         Jahre
```

Abb. 10

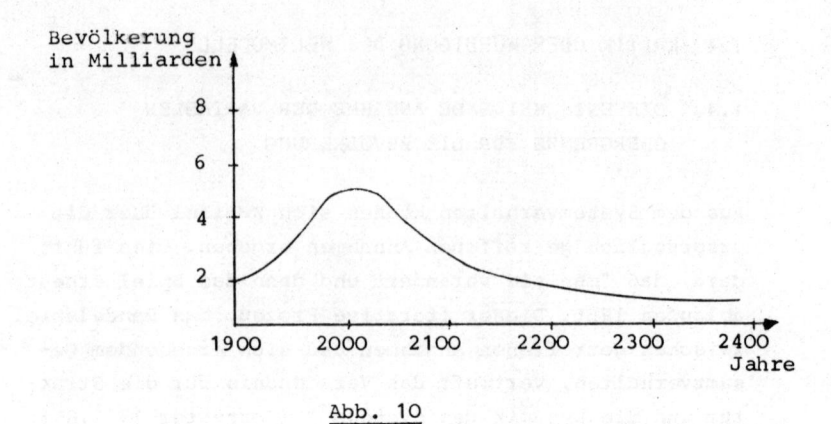

Bis zum Jahr 2020 zeigt das Systemverhalten der Bevölkerung fast exponentielles Wachstum. Ab diesem Zeitpunkt ergäbe sich ein stationäres **Gleichgewicht**, wenn nicht die Obergrenze der Bevölkerung **variabel** wäre. Denn durch die Zeitverzögerungen wächst die Verschmutzung weiter bis zum Jahre 2050. Dadurch wird die obere Schranke der Bevölkerung nach unten gedrückt, und die Sterberate ist größer als die Geburtenrate. Danach müßte eigentlich durch die **Abnahme** des Verschmutzungsgrades der Bevölkerungsstand wieder zunehmen können, doch ab diesem Zeitpunkt wird die Obergrenze durch den materiellen Lebensstandard weiter nach unten verschoben. Da sich die Kapitalhöhe dem Bevölkerungsstand anpaßt und die Rohstoffvorkommen weiter abnehmen, sinkt der materielle Lebensstandard. Wenn nun der materielle Lebensstandard sehr niedrig wird, sind seine Auswirkungen auf die Sterberate weitaus größer als auf die Geburtenrate.[1]

---

1 Bei einem materiellen Lebensstandard von 0.25 gilt:
  $LM1 = g_{12}(0.25) = 1.15$ und $LM2 = g_{13}(0.25) = 2.4$.

Deshalb wird die Bevölkerung bis zum Jahr 2400 weiter abnehmen.

Dies wird in weiteren Modellen Forresters deutlich, in denen einige Annahmen über die vier Einflußfaktoren auf den Bevölkerungsstand geändert werden. Nimmt man unendliche Rohstoffvorkommen an, so erhöht sich durch den erhöhten materiellen Lebensstandard die Kapitalinvestition. Da durch diese die Verschmutzung erhöht wird, nimmt die Bevölkerung nach dem Jahr 2020 schneller ab als im Originalmodell. Da der Verschmutzungsgrad wieder sinkt und der materielle Lebensstandard die obere Schranke nicht mehr nach unten verschiebt, steigt der Bevölkerungsstand wieder an. So wird der Verlauf der Variablen B zu einer gedämpften Schwingung.

Bei der Annahme, daß die Rohstoffe und die Verschmutzung das Bevölkerungswachstum nicht beeinflussen, ergibt sich folgender Simulationsverlauf:

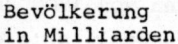

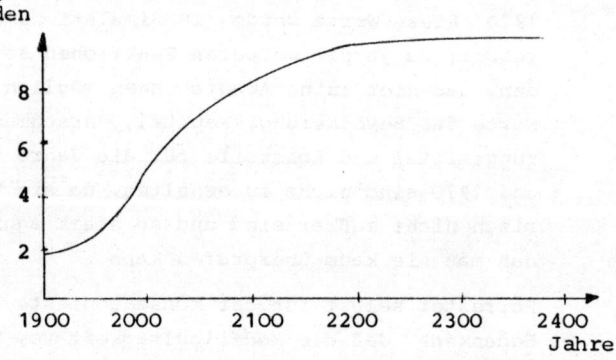

Abb. 11

Bei der für Forrester unvorstellbaren Annahme, daß
alle vier Wirkungsfaktoren auf die Obergrenze der
Bevölkerung, also Probleme der Ernährung, des Rohstoffverbrauchs, der Verschmutzung und der Überbevölkerung, beseitigt werden, ergäbe sich ein ähnliches
Verhalten wie in dem neoklassischen Modell.

1.4.2 DAS FORRESTER-MODELL ALS PROGNOSEINSTRUMENT

Bei der Betrachtung der Validität des Modells muß die
Zuverlässigkeit, die Zielangemessenheit und die empirische Gültigkeit untersucht werden. Die sonstigen
Schwierigkeiten, die sich bei der Untersuchung der
Gültigkeit eines Modells ergeben, hat man nicht im
Weltmodell bei der Prüfung der Zuverlässigkeit.
Diese mißt, ob und mit welcher Genauigkeit die Daten
im Modell reproduziert werden. Denn Forresters Zeitreihenanalyse besteht nur aus den Werten von 1900 und
1970. Diese Werte werden im Simulationsmodell alle erreicht, da ja die weiteren Funktionen so normiert wurden, daß hier keine Abweichungen möglich sind. Weitere
Werte für Bevölkerung, Kapital, Verschmutzung, Nahrungsmittel und Rohstoffe für die Jahre zwischen 1900
und 1970 sind nicht zu erhalten, da sie teilweise empirisch nicht meßbar sind und so stark aggregiert werden,
daß man sie kaum überprüfen kann.

Forrester selbst ist der konsequenteste Verfechter des
Gedankens, daß die Modellgültigkeit vom Zweck abhängt.
Das Ausmaß der Abbildungsgenauigkeit muß je nach dem
Zweck, der mit dem Modell erreicht werden soll, bestimmt werden. Modelle sind nach ihrer Zweckmäßigkeit

und nach ihrer praktischen Nützlichkeit zu beurteilen (vgl. Forrester 1961 ,Kap.13,15).Umso erstaunlicher ist dann die Vernachlässigung des empirischen Gültigkeitszwecks bei seinem Weltmodell. Forresters Ziel war es, ein dynamisches weltweites Modell vorzustellen, in dem die Auswirkungen des Bevölkerungswachstums, der Kapitalinvestition, des geographischen Lebensraums, der Rohstoffvorräte, der Umweltverschmutzung und der Nahrungsmittelproduktion miteinander in Beziehung gesetzt sind (vgl. Forrester 1971, 1,2). Bis dahin muß man Forresters Modell Zielangemessenheit zugestehen. Ob dies allerdings die Hauptfaktoren sind, deren gegenseitige Wirkung die Dynamik des Weltsystems bestimmen, kann man schon bezweifeln. Bei Betrachtung seiner Folgerungen aus seinem Modell liegt es nahe, daß er über sein Ziel weit hinausgeschossen ist.[1] Vor allem die daraus resultierende Meinung der Öffentlichkeit gibt zur Sorge Anlaß. Besonders problematisch wird es bei der Untersuchung der empirischen Gültigkeit. Dazu muß das Verhalten und die Struktur des Simulationsmodells mit der Wirklichkeit verglichen werden. Da seit der Modellkonstruktion fünf Jahre vergangen sind, könnte man eine Ex-post-Analyse vornehmen. Im Modell gibt es 1975 3,86 Milliarden Menschen, 4,2 Milliarden Kapitalgütereinheiten, 760 Milliarden Rohstoffeinheiten, 4,48 Milliarden Verschmutzungseinheiten und eine Lebensqualität von 0,974.

---

1 Wenn die Bevölkerung, das Kapital und die weiteren Einflußgrößen der gesamten Welt aggregiert werden, ist es nicht möglich, aus diesem Modell Schlüsse über Entwicklungsländer und Industrieländer getrennt zu ziehen.

Doch mit welchen empirischen Werten soll man diese
Ergebnisse vergleichen? Das Modell ist viel zu stark
aggregiert. Die Anfangswerte des Modells wurden -
vielleicht mit Ausnahme der Bevölkerung - willkürlich
festgelegt. So ist eine empirische Gültigkeitsaussage
über den Output des Modells unmöglich. Bei der Betrachtung der Struktur des Weltmodells erhält man
zwar den Eindruck, daß man genau Bescheid über die
Quantitäten und Relationen wisse, doch ist das bei den
intuitiv gegebenen Funktionen der Fall? Bei den table
functions muß nicht nur die einzelne Kurvenform angegeben werden, sondern sie muß auch skaliert werden.
Die Skalierung wurde zwar nach den angegebenen Werten
von 1900 und 1970 durchgeführt, doch ist diese Wert-
festlegung nicht die einzige, um die Forderung zu erfüllen, daß mit den Anfangswerten die Werte von 1970
erreicht werden. Diese Relationen und die angenommene
Daten sind der Hauptansatzpunkt der ernstzunehmenden
Kritiker (siehe Nußbaum 1973; Freeman 1973; Jahodowa
1973; Cole 1973). Doch Forrester muß man hier zwei
Punkte zugute halten: Erstens antwortete die Kritik
nur mit Gegenhypothesen, ohne diese besser empirisch
belegen zu können, zweitens wurde die 'Robustheit'
des Forrester-Modells bewiesen. Das heißt, daß durch
Sensitivitätsanalysen gezeigt wurde, daß sich auch
bei relativ starker Veränderung der Parameter die Ergebnisse kaum veränderten. So wurden von W.Hugger und
H.Meier Untersuchungen mit veränderten tabellarischen
Funktionen durchgeführt, ohne signifikante Verhaltens-
änderung im Modell zu erreichen. Selbst bei kumulativ
wirksam werdenden Änderungen ergaben sich zwar große
Abweichungen, doch das qualitative Verhalten der Kur-
ven war immer noch identisch (vgl. dazu Hugger u.a.
1972; Görtzig u.a. 1973).

Es wurden auch Simulationsläufe mit veränderten Anfangswerten durchgeführt. Dabei ist für die Grenzwertaussagen die Abänderung ohne Belang. Allerdings ist die Zeitspanne, nach der die Zeitreihen stationär werden, von den Anfangswerten abhängig. Dies alles kann aber nicht darüber hinwegtäuschen, daß auch die Struktur des Weltmodells empirisch nicht nachgewiesen werden kann. Bei der Betrachtung der Struktur ist auch die Überprüfung notwendig, ob nicht wichtige Bestimmungsgrößen zur Dynamik des Weltsystems fehlen. So wurden die schwer quantifizierbaren Faktoren wie Veränderung der Politik und Änderung der Wertvorstellungen nicht berücksichtigt. **Man muß sich fragen, ob diese Faktoren nicht schon starken Einfluß in den Jahren 1900 bis 1970 hatten.**
Forrester selbst beschreibt sein Modell als vorläufiges, das Fragen aufwerfen und zu weiteren Forschungsvorhaben anregen soll. Die Modellstruktur müßte noch verbessert werden und die Diagramme sollen nicht als Voraussagen für die Zukunft betrachtet werden. Trotzdem stellt er am Ende seines Buches 'World Dynamics' eine optimale Strategie zur Verhinderung der Katastrophe auf (siehe Forrester 1971, 85-109). Besonders schwerwiegend gegen die empirische Gültigkeit des Weltmodells scheint mir der Vorwurf, den Cole und Curnow erheben (vgl. Cole u.a. 1973, 173-212). Sie haben das Forrester-Modell auf das Jahr 1880 'zurücksimuliert' und für die Anfangswerte von 1880 die Simulation bis zum Jahre 2100 ausgeführt. Dabei ergibt sich folgende Bevölkerungsentwicklung:

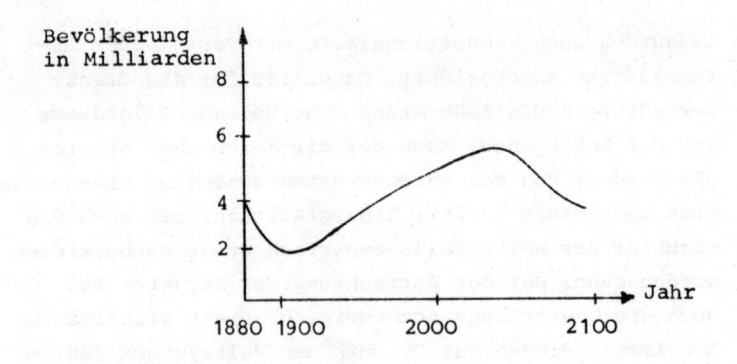

```
Bevölkerung
in Milliarden
          8

          6

          4

          2
                                              Jahr
       1880 1900    2000      2100
```

Abb. 12

Es müßte also Ende des 19-ten Jahrhunderts einen katastrophalen Zusammenbruch der Bevölkerung gegeben haben. Dies erklärt sich im Modell durch den niedrig angenommenen materiellen Lebensstandard im Jahre 1900. Denn, wie vorher schon ausgeführt wurde, erhöht sich durch niedrigen Lebensstandard die Sterbezahl sehr schnell, die Geburtenzahl nur mäßig. Im Modell umfaßt die Bevölkerung im Jahre 1880 4 Milliarden, man schätzt aber die Menschheit zu diesem Zeitpunkt auf knapp 1.5 Milliarden.

Wenn man nun dem Weltmodell die empirische Gültigkeit abspricht, muß man Forresters eigene Definition über die Validität eines Modells betrachten: "Sie ist eine relative Angelegenheit. Die Nützlichkeit eines mathematischen Simulationsmodells sollte im Vergleich zu einem geistigen Bild oder einem sonstigen abstrakten Modell beurteilt werden, das an seiner Stelle benützt wird." (Forrester 1968, 3 f.).

Wenn also Verlauf und Zeitpunkt künftiger Ereignisse
nicht exakt vorausberechnet werden können, so vermittelt uns das Modell doch Grundkenntnisse über die
Wachstumsgrenzen, über den Verlauf des Anstiegs bis
zu den sich jeweils ergebenden Maximalwerten und über
Auswirkungen von Gegenmaßnahmen.
Da der menschliche Geist zwar grundlegende Kräfte und
Wirkungen eines Systems erfassen und die Struktur einer
komplexen Situation analytisch erkennen kann, aber das
dynamische Verhalten komplexer Systeme nicht übersehen
kann, ist es notwendig, solche Modelle zu simulieren.
Dabei kommt dann auch das Grundverhalten komplexer
Systeme ins Bewußtsein, daß nämlich die Behebung einer
Schwierigkeit oder die Beseitigung einer Belastung dazu führen kann, daß andere belastende Faktoren wirksam werden, die oft unerwünschter sind als die vorhergehenden.(Vgl. Forrester 1968, 3).

1.4.3 TECHNOKRATISMUS IM WELTMODELL
(s.Narr 1973, 276-280; Simmons 1973, 317-343)

Politische Einflüsse oder Wertvorstellungen haben keinen Einfluß im Forrester-Modell. In diesem wird ein
ökologisches System behandelt, als sei es ein thermodynamisches oder gar ein mechanisches System. Doch
unsere Welt ist vor allem ein soziales System (vgl.
Galtung 1973, 268-280). Selbst einer der stärksten Verfechter des Weltmodells, Eduard Pestel, gibt neben der
globalen Aggregierung als Unzulänglichkeit des Modells
den mechanistischen Charakter zu.[1](Vgl. Pestel 1973,280).

---

1 Mesarovic und Pestel haben ein multisektorales Modell erstellt (s.Mesarovic 1974).

Krieg, Waffenhandel, Kolonialismus, Imperialismus, also spezifische Faktoren, die Zusammenbrüche verursachen können, sind im Modell nicht berücksichtigt. Durch den, von den Technikern geschaffenen, kybernetischen Ansatz wird der Mensch mit der Maschine verglichen und das System Welt wird als black box durch ihre Inputs und Outputs betrachtet, ohne daß man die Änderungen der strukturellen Beziehungen erkennt. Würde der Mensch als 'sechste Variable' in die Überlegungen über die Zukunft der Welt miteinbezogen werden, so könnte sich das Modell grundlegend ändern.

Trotz dieser Kritik ist es m.E. nach möglich und notwendig, komplexe soziale Systeme in kybernetischen formalen Modellen nachzubilden, da sie nützliche Mittel der Klassifizierung und Mitteilung von Ideen in den Sozialwissenschaften sein könnten. Dabei ist allerdings die Einsicht über die Gefahren solcher Ansätze notwendig und ihre Berücksichtigung bei den Interpretationen solcher Modelle.

1.5 GEGENÜBERSTELLUNG VON FORRESTERS WELTMODELL UND DEM NEOKLASSISCHEN WACHSTUMSMODELL

Um einen Vergleich zwischen den beiden Theorien zu erleichtern, soll im folgenden das Weltmodell als geschlossene Volkswirtschaft ohne Einwirkung des Staates betrachtet werden. Dabei wird unterstellt, daß es sich bei Forresters Modell um ein Experimentalmodell handelt.[1]

1.5.1 ÖKONOMISCHER VERSUS ÖKOLOGISCHER ANSATZ

Die theoretische Begründung erhielt die ökologische Wachstumstheorie vornehmlich von Naturwissenschaftlern. Ihre Grundidee kann durch folgende Annahme ausgedrückt werden:
Wirtschaftliches Wachstum entzieht der Umwelt nichtregenerierbare Rohstoffe und belastet sie durch Abfälle. Der Rohstoffverbrauch und die Verschmutzung sind begrenzt. Deshalb kann exponentielles Wachstum nicht unbegrenzt weitergehen. Diese Idee wurde von Forrester durch die Abhängigkeit der Bevölkerung von den Nahrungsmitteln, die selbst durch den Verschmutzungsgrad und das in der Landwirtschaft produzierte Kapital begrenzt werden, erweitert.

---

1 Diese Unterstellung gilt natürlich nicht allgemein für die Modellklasse der dynamischen nichtlinearen Simulationsverfahren, die mit Rückkopplungsschleifen aufgebaut werden (system dynamics Modelle), sondern nur für das Weltmodell speziell, da sie als empirische Arbeit den Anspruch der empirischen Gültigkeit nicht erfüllen kann.

Deshalb will die ökologische Wachstumstheorie zeigen, daß natürliche Grenzen für das Wachstum existieren und wann sie erreicht werden. Von besonderem Interesse ist die Betrachtung des Übergangs in eine stationäre Wirtschaft und der Maßnahmen, um diesen Übergang möglichst 'reibungslos', d.h. mit möglichst geringen Belastungen und Zwängen, zu erreichen.
Im Gegensatz dazu geht die ökonomische Wachstumstheorie von der Vorstellung eines unbegrenzten ökonomisch-ökologischen Systems aus. Verschmutzung und Rohstoffverbrauch haben keinen Einfluß auf das ökonomische System. Da die Bevölkerung und der Technische Fortschritt ständig wachsen, gibt es keine natürlichen Grenzen für das exponentielle Wachstum. Deshalb beschäftigt man sich mit der Existenz und Stabilität von Wachstumspfaden. Ausgangspunkt für diese Betrachtung ist eine Produktionsfunktion, die die quantitative Beziehung zwischen Sozialprodukt und den Inputfaktoren Arbeit, Kapital und Technischer Fortschritt beschreibt. In den meisten neoklassischen Modellen wird der Produktionsfaktor Boden vernachlässigt und die Bevölkerung als exogene Größe des Modells erklärt (vgl. Frey 1972, 60-88).

1.5.2 GLEICHGEWICHT AUF DEN TEILMÄRKTEN ALS AUSGANGSPUNKT

Daß die Neoklassik rein angebotsorientiert ist, ist leicht ersichtlich, da über die einzelnen Märkte Aussagen getroffen werden. Ausgangspunkt am Arbeitsmarkt ist das Arbeitsangebot. Sollte die Nachfrage nicht dem Angebot gleich sein, so wird durch den Lohnmechanismus die Nachfrage dem Angebot angepaßt. Auf dem Gütermarkt bieten die Unternehmer das Sozialprodukt in Form von Investitions- und Konsumgütern an. Dabei wird eine hinreichende Nachfrage unterstellt. Die Nachfrageseite hat nun Auswirkungen auf die Aufteilung des Sozialprodukts in Investitions- und Konsumgüter.

Im Weltmodell gibt es keinen Lohn- oder Preismechanismus. Dies ist auch nicht notwendig, da auf den Märkten immer Gleichgewicht herrscht. Zwar werden die Märkte nicht explizit beschrieben, doch wird der Gütermarkt durch den materiellen Lebensstandard gesteuert. Seine Höhe entscheidet über die Aufteilung von Konsum- und Investitionsgütern, und die Nachfrage ist so hoch, daß alle Konsum- und Investitionsgüter 'verbraucht' werden. Da der materielle Lebensstandard umgekehrt proportional von der Bevölkerung abhängig ist, müßte nach ökonomischer Theorie entweder die gesamte Bevölkerung oder ein konstanter Bruchteil in den Arbeitsprozeß eingegliedert werden. Bei den Annahmen, daß immer ein konstanter Teil der Bevölkerung arbeitsfähig und arbeitswillig ist, gibt es keine Schwankungen in der Arbeitsbeschäftigung (siehe Kap.I, 1.5.5).

1.5.3 KONTRÄRE ZIELSETZUNGEN DER ANSÄTZE

Die entscheidende Frage im Forrester-Modell betrifft die Bevölkerungszunahme. Wie wird sie sich entwickeln? Durch welche Faktoren wird sie beeinflußt? Forrester geht dabei von der Annahme aus, daß der heutige hohe Lebensstandard offensichtlich davon herrührt, daß die Zunahme der Nahrungsmittel- und Güterproduktion die Bevölkerungszunahme übertrifft. Da aber der Landwirtschaft eine Flächengrenze und der Industrialisierung eine Grenze bei der Ausbeutung von Bodenschätzen gesetzt sind, holt die Bevölkerung auf, bis durch Senkung der Lebensqualität und durch Erhöhung der Verschmutzung die Bevölkerungszunahme unterdrückt wird (vgl. Forrester 1971, 12). Die Entwicklung des Kapitals ist dabei nur insoweit von Bedeutung, als es direkt oder indirekt die Bevölkerung beeinflußt. Der Technische Fortschritt ist dabei in die Größe Kapital integriert.

In neoklassischen Modellen ist die Betrachtung der Entwicklung des Kapitals und des Sozialprodukts entscheidend. Für die Erhöhung des Sozialprodukts ist jedoch auch der Faktor Arbeit notwendig, der aber im Modell im allgemeinen als exogene Größe betrachtet wird. Der Schritt vom Faktor Arbeit zur Bevölkerung kann durch die Annahme vollzogen werden, daß immer ein konstanter Teil der Bevölkerung arbeiten wird. Die Wachstumsrate des Kapitals soll sich der Wachstumsrate der effektiven Arbeit anpassen, so daß sich die Variablen des Modells in einer Gleichgewichtslage befinden, daß also ihre Werte nur noch von den Daten des Modells bestimmt werden. Es wird untersucht, unter welchen Voraussetzungen dieser Gleichgewichtspfad erreicht wird.

1.5.4 DER EINFLUSS DER ANPASSUNGSSCHWIERIGKEITEN

Im neoklassischen Modell existieren zwar Anpassungsverzögerungen, wenn sich das Kapital nicht auf dem Wachstumspfad befindet, aber es wird (ausgedrückt in der Terminologie der Regelkreistechnik) durch einen unverzögerten Proportionalregler mit einem Verstärkungsfaktor kleiner als eins dem Expansionspfad angeglichen. Das heißt, daß in jeder Periode ein Soll (Wachstumspfad) - Ist (momentaner Kapitalbestand)-Vergleich durchgeführt wird, und durch den Proportionalregler steigt die Kapitalwachstumsrate. Da der Verstärkungsfaktor zwischen null und eins ist, nähert sich der Kapitalbestand dem Wachstumspfad, überschreitet aber diesen Sollwert nicht. So ergibt sich eine asymptotische Anpassung (Abb. 13):

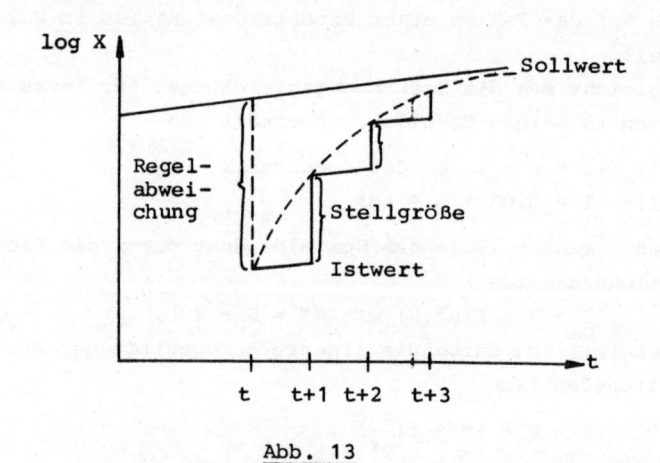

Abb. 13

Durch die Vermaschung nichtlinearer Regelkreise und durch Verzögerungsglieder in den Reglern zeigt das

Systemverhalten im Forrester-Modell nicht die Anpassung wie im neoklassischen Modell (hierbei wäre der Sollwert horizontal, da ein stationärer Zustand erreicht wird). Am Beispiel der Verschmutzung kann folgendes gezeigt werden: Obwohl im Jahr 2040 die Abnahme der Bevölkerung, des Kapitals und des Kapitalanteils in der Landwirtschaft die Verschmutzungszugangsrate abnimmt, wird die Verschmutzung dennoch zunehmen, da sich die Erhöhung der Absorptionszeit auswirkt.

1.5.5 ZUSAMMENHANG ZWISCHEN NEOKLASSISCHER PRODUKTIONSFUNKTION UND DEM MATERIELLEN LEBENSSTANDARD

Ein häufiger Vorwurf der Nationalökonomen begründet sich auf das Fehlen einer Produktionsfunktion im Weltmodell.
Vergleicht man die Bestimmungsgleichungen für Investitionen in beiden Modellen, so erhält man

(3.1) $I = s * Y$ in der Neoklassik
(3.2) $I = 0.05 * B * LM5$

Ersetzt man in (3.1) das Sozialprodukt durch die Produktionsfunktion

$I = s * F(N^*, K)$ mit $N^* = N * T$,

so ergibt sich durch die lineare Homogenität der Produktionsfunktion

(3.1') $I = s * N^* * f(\frac{K}{N^*})$.

Ersetzt man in (3.2) die table function LM5, so ist

$$I = 0.05 * B * g_{14}(\frac{K}{B}(1-KIOL) * RKM/(1-0.3))$$

Da sich der Anteil des Kapitals in der Landwirtschaft KIOL dem Wert 0.3 nähert, kann man näherungsweise schreiben

(3.2') $\quad I = 0.05 * B * g_{14}(\frac{K}{B} * RKM)$

RKM stellt hier den Abbauwirkungsgrad der Rohstoffe (Rohstoffkosten) dar. Bei der Annahme von unendlichen Rohstoffen bzw., daß die Rohstoffkosten den materiellen Lebensstandard nicht beeinflussen, ergibt sich

(3.2") $\quad I = 0.05 * B * g_{14}(\frac{K}{B})$

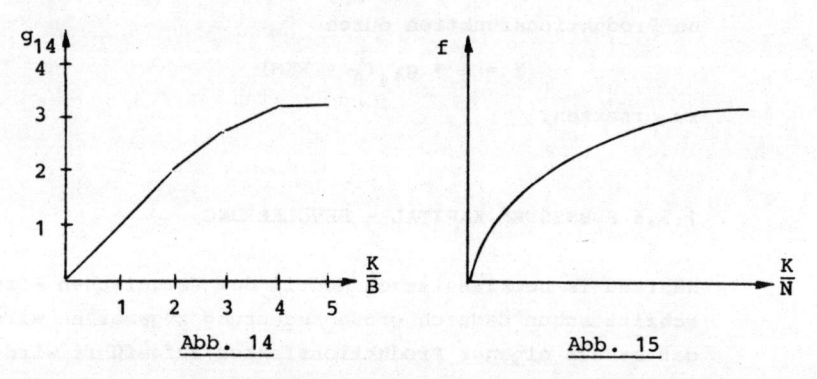

Abb. 14   Abb. 15

Beim Vergleich der beiden Funktionen g_{14} und f zeigt sich ein ähnlicher Verlauf. g_{14} ist nur aus rechentechnischen Gründen stückweise linear. Doch fällt auf, daß im Forrester-Modell auch ohne Kapitalbestand noch investiert wird, da $g_{14}(0) = 0.1$.

Setzt man nun die Ersparnis in der Neoklassik konstant
s = 0.1

(3.1") $\quad I = 0.1 * N * T * f(\frac{K}{N} * \frac{1}{T})$

und nimmt man an, daß die Hälfte der Bevölkerung im
Forrester-Modell ihre Arbeit anbietet, so ergibt sich

(3.2''') $\quad I = 0.1 * N * g_{14}(\frac{K}{N} * \frac{1}{2} * RKM)$

Im Zeitablauf wird nun in (3.1") T steigen, während
die Rohstoffkosten RKM in (3.2''') fallen werden. Diese Auswirkungen senken f und g_{14}. Beim Vergleich von
(3.1") und (3.2''') ergibt sich eine auffallende Ähnlichkeit, so daß man versucht ist, die nicht vorhandene Produktionsfunktion durch

$$Y = \frac{B}{2} * g_{14}(\frac{K}{B} * RKM)$$

zu ersetzen.

1.5.6 SUBSYSTEM KAPITAL - BEVÖLKERUNG

Während im neoklassischen Modell dem Technischen Fortschritt schon dadurch große Bedeutung zugemessen wird,
daß er als eigener Produktionsfaktor aufgeführt wird,
wird er bei Forrester dem Kapital subsumiert. Würde
sich ein Neoklassiker mit dem Weltmodell beschäftigen,
so würden viele Annahmen akzeptiert werden. Wer kann
schon bestreiten, daß kein unendliches Bevölkerungswachstum möglich ist? Wäre aber die Wachstumsrate der
Bevölkerung null, so ergibt sich die Gleichgewichtsrate
g aus

$$\hat{K} = \hat{T} = g \quad \text{und} \quad \hat{T} = \gamma + \beta\hat{K} \quad ;$$

hieraus folgt
$$g = \frac{\gamma}{1-\beta} \quad \text{mit} \quad 0 \leq \beta < 1 \,;\, \dot{\gamma} > 0$$
und das Kapital und der Technische Fortschritt müßten mit konstanter Wachstumsrate g weitersteigen. Auf den Einwand, ob denn Verschmutzung, Nahrungsmittel- und Rohstoffknappheit keine Schwierigkeiten mit sich brächten, müßte dies konsequenterweise zwar bejaht werden, aber durch den hohen Stand der Technik und durch das hohe Kapital könnten diese beseitigt werden. "Wenn auch nicht alles auf dieser Erde ausgesprochen in Ordnung ist, gibt es jedenfalls keinen Grund zu glauben, daß es durch weiteres Wirtschaftswachstum noch schlechter werden wird." (Beckermann 1973, 38).

Eine ganz andere Meinung hat der Techniker Forrester. Er glaubt nicht, daß der Technische Fortschritt als 'Allesheiler' fungieren kann und extrapoliert in seinem Modell das technische Niveau nicht. Er bezweifelt auch für den Technischen Fortschritt das grenzenlose Wachstum und zieht eine natürliche Grenze. Ob dabei auch die schwierige Quantifizierbarkeit des Technischen Fortschritts eine Rolle spielt, sei dahingestellt. Weiter bleibt offen, ob es eine natürliche Grenze des Technischen Fortschritts gibt, und ob Forrester die richtige Höhe dafür eingesetzt hat. Es existieren einige Ansätze, wo ein höherer Technischer Fortschritt ins Weltmodell eingebaut wurde. Dabei wurde dann ein Systemverhalten erzeugt, das je nach Höhe und Art des Technischen Fortschritts die Katastrophe durch den Bevölkerungsabschwund minderte oder ganz beseitigte (siehe Kirgäßner 1973, 315-341; Cole u.a.1973, 173-212).

1.6 SIMULATION BEIDER MODELLE

Um den Zusammenhang zwischen Neoklassik und Weltmodell aufzuzeigen, werden beide Modelle sehr vereinfacht, um gleiches Systemverhalten zu erzeugen. Im weiteren werden die Modelle durch ihre vernachlässigten Annahmen stückweise erweitert, um die Unterschiede nochmals klar darstellen zu können. Zur Simulation des neoklassischen Modells werden die Differentialgleichungen in Differenzengleichungen umgeformt, und als Produktionsfunktion wird die Cobb-Douglas-Produktionsfunktion benützt.

1.6.1 DAS NEOKLASSISCHE MODELL OHNE TECHNISCHEN FORTSCHRITT MIT EXOGENER WACHSTUMSRATE DER BEVÖLKERUNG

(4.1) $Y_t = N_t^{\alpha} * K_t^{(1-\alpha)}$

(4.2) $I_t = S_t * Y_t$

(4.5) $S_t = S_k(1-q_t) + S_N * q_t$ [1]

(4.6a) $N_t = N_{t-1} + DT * NZ_{t-1}$ [2,3]

(4.6b) $NZ_{t-1} = V * N_{t-1}$

(4.7a) $K_t = K_{t-1} + DT * (I_{t-1} - KA_{t-1})$

(4.7b) $KA_{t-1} = \delta * K_{t-1}$

---

1 Die Gesamtsparquote ist konstant, da durch die Cobb-Douglas-Funktion die Lohnquote konstant bleibt und gleich der Produktionselastizität α ist.
   $S = S_K * (1-0.5) + S_N * 0.5 = 0.5$

2 DT gibt das Zeitinkrement an. Es wurde auf eine Periode festgelegt (DT = 1).

3 Die rates werden im folgenden nur mit t-1 indiziert, die sich auf den Zeitraum t-1 bis t beziehen.

Dieses Modell (vgl. Kap. 1.2.4) wurde - wie die weiteren auch - mit den Werten berechnet:

Produktionselastizität	$\alpha = 0.5$
Sparquote der Kapitalisten	$S_K = 1$
Sparquote der Arbeiter	$S_N = 0$
Abschreibungsfaktor	$\delta = 0.05$
Wachstumsrate der Bevölkerung	$V = 0.2$
Anfangswert der Bevölkerung	$N_0 = 3600.$

Dazu wurden vier verschiedene Anfangswerte für das Kapital verwendet, wobei ein Wert unter dem Wachstumspfad, ein Wert auf und zwei Werte über dem Wachstumspfad liegen, um die Anpassung im Modell zeigen zu können. Als system dynamics Graph ergibt sich folgende Darstellung:

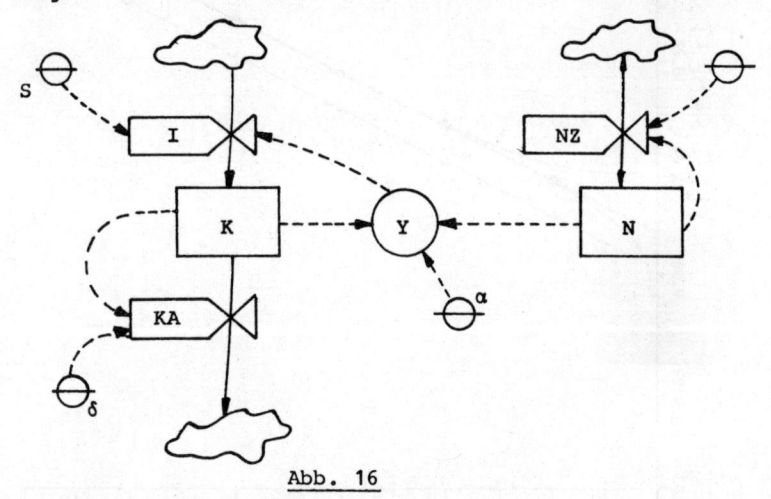

Abb. 16

Das Verhalten des Modells entspricht der in Abb. 6 gezeigten Anpassung an den Gleichgewichtspfad (s.Abb.17).

NEOKLASSISCHES WACHSTUMSMODELL OHNE TECHNISCHEN FORTSCHRITT

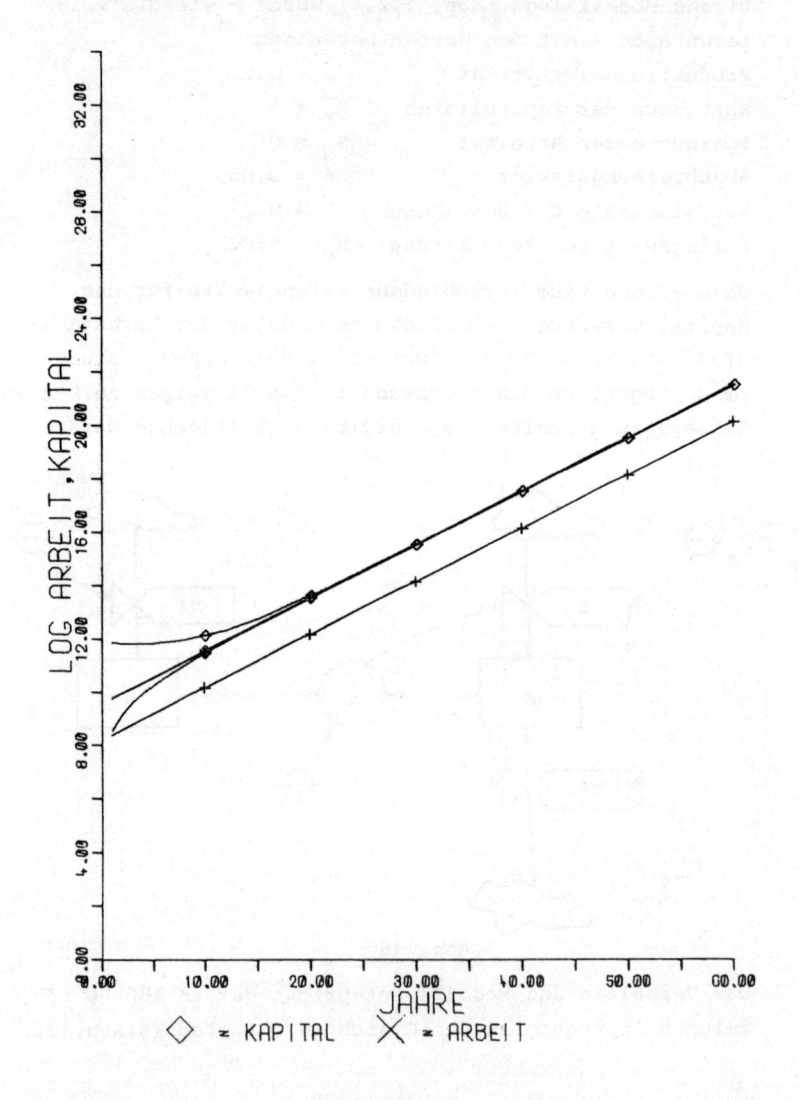

◇ = KAPITAL ✕ = ARBEIT

Abb. 17

1.6.2 DAS FORRESTER SUBMODELL KAPITAL - BEVÖLKERUNG MIT EXOGENER BEVÖLKERUNGSWACHSTUMSRATE

Es werden also die Subsysteme Rohstoffe, Verschmutzung und Lebensqualität völlig vernachlässigt. Es existieren keine natürlichen Grenzen für die Bevölkerung mehr, und sie wird als exogene Größe vorgegeben.

(5.1) $B_t = B_{t-1} + DT * (BZ_{t-1} - BA_{t-1})$ (4.6a) [1]

(5.2) $BZ_{t-1} = 0.04 * B_{t-1}$

(5.3) $BA_{t-1} = 0.28 * B_{t-1}$ (4.6b)

(5.4) $K_t = K_{t-1} + DT * (KZ_{t-1} - KA_{t-1})$ (4.7a)

(5.5) $KZ_{t-1} = 0.05 * B_{t-1}$ (4.2)

(5.6) $KA_{t-1} = 0.025 * K_{t-1}$ (4.7b)

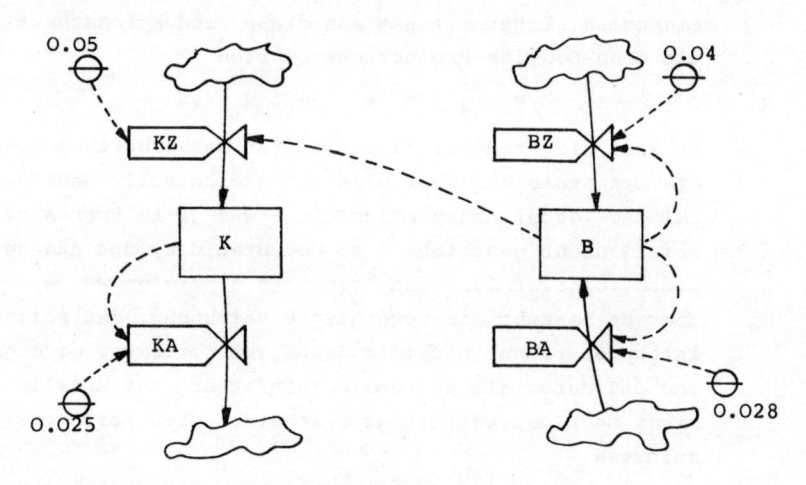

Abb. 18

---

[1] Die am Rande stehenden Nummern beziehen sich auf die adäquaten Gleichungen im Neoklassischen Modell.

Bestimmt man nun das Zeitinkrement DT als extrem kleine Zahl, so erhält man aus (5.5) und (5.6)

$$\hat{K} = 0.05 * \frac{B}{K} - 0.025$$

Betrachtet man nun diese Gleichung unter den Annahmen S = 0.5, D = 0.025 und B = 2N, was bedeutet, daß jede zweite Person der Bevölkerung in den Arbeitsprozeß eingegliedert ist, so ergibt sich

$$\hat{K} = S * \frac{N}{5 * K} - D$$

Vergleicht man nun diese Gleichung mit (5.2) aus dem Neoklassischen Modell, so ergibt sich als Pseudo-Produktionsfunktion

$$Y = \frac{N}{5}$$

Kapital hätte also keinerlei Einfluß auf das Volkseinkommen. Interpretiert man diese Produktionsfunktion als Cobb-Douglas-Produktionsfunktion

$$Y = \frac{1}{5} * N^1 * K^0 = \frac{1}{5} N \quad ,$$

so wird die Produktionselastizität der Arbeit gleich 1, die Ersparnis der Kapitalisten[1] gleich Null. Geht man auf das Verteilungsproblem ein - was ja im Forrester-Modell nicht geschieht - so bedeutet das, daß das gesamte Volksvermögen den Arbeitern zufließen würde, aber es besteht die berechtigte Vermutung, daß solche Interpretationen nicht im Sinne von Forrester erfolgen und daß durch die extreme Vereinfachung des Modells es nicht mehr gerechtfertigt erscheint, dies Forrester anzulasten.

Vergleicht man das Systemverhalten von Modell 5.2 mit dem von 5.1, so stimmen sie qualitativ überein, was bei Betrachtung der Modellgleichungen nicht verwundern dürfte (vgl. Anhang A1).

---

1 Vgl. Fußnote 1 auf Seite 58.

1.6.3 DAS FORRESTER SUBMODELL KAPITAL – BEVÖLKERUNG MIT ENDOGENER BEVÖLKERUNG

Als nächstes soll nun von der Annahme des exogenen Bevölkerungswachstums abgegangen werden. Dabei gehen die Ideen von Malthus über den Zusammenhang zwischen der Bevölkerungszahl und der Ernährung und der natürlichen Begrenztheit des Bevölkerungswachstums ein.
Die Gleichungen (5.2) und (5.3) werden ersetzt durch

(5.2') $\quad BZ_{t-1} = 0.04 * B_{t-1} * BDM1_{t-1} * NM1_{t-1}$

(5.3') $\quad BA_{t-1} = 0.028 * B_{t-1} * BDM2_{t-1} * NM2_{t-1}$

und das Modell ergänzt durch

(5.7) $\quad BDM1_{t-1} = g_5(BD_{t-1})$

(5.8) $\quad BDM2_{t-1} = g_6(BD_{t-1})$

(5.9) $\quad BD_{t-1} = \dfrac{B_{t-1}}{3.5775 * 10^9}$

(5.10) $\quad NM1_{t-1} = g_8(NK_{t-1})$

(5.11) $\quad NM2_{t-1} = g_9(NK_{t-1})$

(5.12) $\quad NK_{t-1} = BDM3_{t-1}$

(5.13) $\quad BDM3_{t-1} = g_7(BD_{t-1})$ $\quad$ (s. Abb. 19, S.64)

Der Zugang BZ_t und der Abgang BA_t der Bevölkerung hängen nicht nur von der vorhandenen Bevölkerung ab, sondern auch von der Bevölkerungsdichte und den Nahrungsmitteln. Die Bevölkerungsdichte geht durch die stetigen, stückweise linearen Funktionen $BDM1_t$ und $BDM2_t$, die Nahrungsmittel durch die ebenfalls stetigen und stückweise linearen Funktionen $NM1_t$ und $NM2_t$ in die Gleichungen ein.

Abb. 19

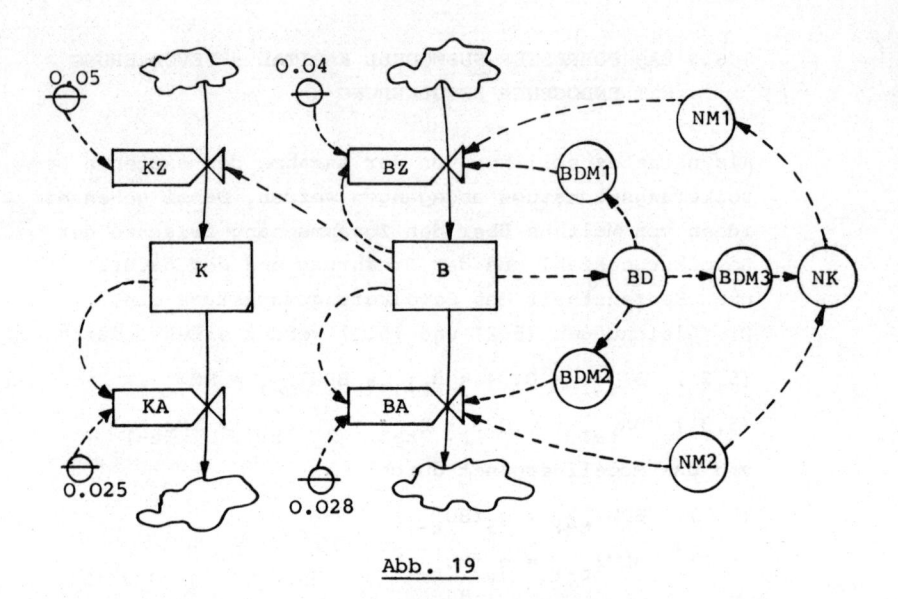

Die Eigenschaften der Funktionen wurden schon im Weltmodell beschrieben.

Es ergeben sich aus

(5.7) und (5.9) $BDM1_{t-1} = G_5(B_{t-1})$

(5.8) und (5.9) $BDM2_{t-1} = G_6(B_{t-1})$

(5.10),(5.12),(5.13) und (5.9) $NM1_{t-1} = G_8(B_{t-1})$

(5.11),(5.12),(5.13) und (5.9) $NM2_{t-1} = G_9(B_{t-1})$

Hieraus und auch aus dem Graphen in Abb. 19 erkennt man, daß bei diesem vereinfachten Modell BZ_t und BA_t nur noch Funktionen vom Bevölkerungsbestand sind.
Aus (5.2') mit den oben beschriebenen Gleichungen ergibt sich

(5.2") $BZ_{t-1} = 0.04 * B_{t-1} * G_5(B_{t-1}) * G_8(B_{t-1})$

Aus (5.3') mit den obigen Gleichungen ergibt sich

(5.3") $BA_{t-1} = 0.028 * B_{t-1} * G_6(B_{t-1}) * G_9(B_{t-1})$

Wenn das Zeitinkrement gegen Null geht, ergibt sich

$$\hat{B} = \frac{BZ}{B} - \frac{BA}{B}$$

Durch Einsetzen von (5.2") und von (5.3") erhält man

$$\hat{B} = 0.04 * G_5(B) * G_8(B) - 0.028 * G_6(B) * G_9(B)$$

hieraus folgt

$$\hat{B} = h(B)$$

Nach den von Forrester benützten Daten ergibt sich folgende stetige und stückweise lineare Funktion (Abb.20):

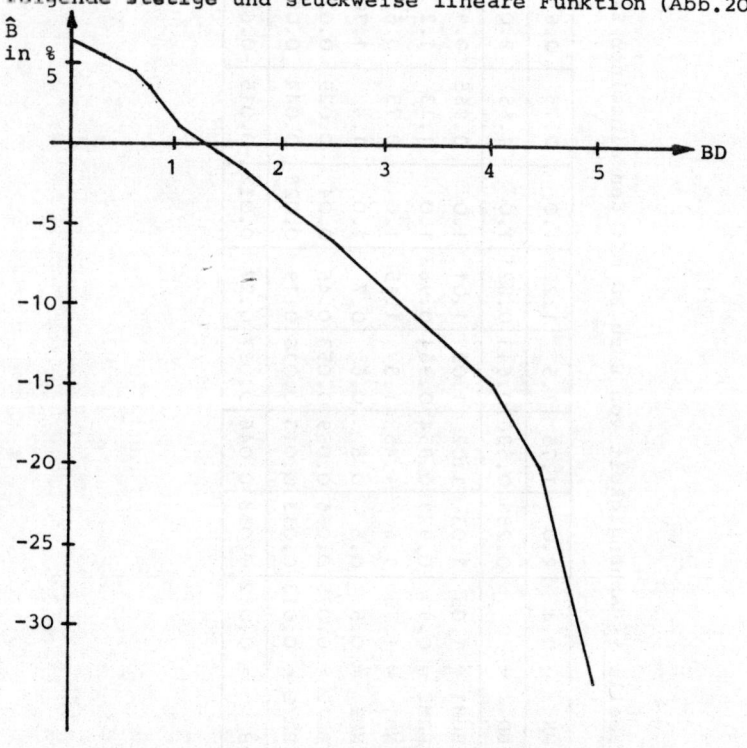

Abb. 20

Tabelle 1: Abhängigkeit von $\hat{B}$ zu BD mit den einzelnen Zwischenschritten zur Berechnung

NK	= 2.4	2.0	1.75	1.5	1.25	1.0	0.75	0.6	0.5	0.4	0.3	0.25	0.2
BD	= 0	0.286	0.536	0.643	0.821	1.0	1.65	2.0	2.5	3.0	4.0	4.5	5.0
BDM1	= 1.05	1.03	1.02	1.02	1.01	1.0	0.965	0.9	0.8	0.7	0.6	0.58	0.55
BDM2	= 0.9	0.929	0.954	0.964	0.982	1.0	1.13	1.2	1.35	1.5	1.9	2.45	3.0
NM1	= 1.76	1.6	1.45	1.3	1.15	1.0	0.75	0.6	0.5	0.4	0.3	0.25	0.2
NM2	= 0.5	0.5	0.5	0.6	0.7	1.0	1.4	1.76	2	2.4	2.6	3	8.8
BZ/B	= 0.075	0.066	0.059	0.053	0.46	0.04	0.029	0.022	0.016	0.011	0.007	0.058	0.034
BA/B	= 0.013	0.013	0.013	0.016	0.19	0.028	0.044	0.059	0.076	0.1	0.149	0.206	0.336
$\hat{B}$	= 0.062	0.053	0.046	0.037	0.27	0.012	-0.015	-0.037	-0.06	-0.089	-0.142	-0.2	-0.332

Dieses Modell führt zu einem stationären Gleichgewicht wobei dann gilt

$$\hat{B} = \hat{K} = 0$$

Je größer die Bevölkerung wird, desto mehr fällt die Wachstumsrate. Erreicht die Bevölkerung ihre absolute Höchstgrenze, so kann die Wachstumsrate der Bevölkerung nicht mehr positiv sein. Eine mögliche Auswirkung, die den Bevölkerungsstand wieder senken wird, ist nicht vorhanden. Das Kapital paßt sich dieser Entwicklung an.

Als Verhältnis der Bestände im stationären Gleichgewicht ergibt sich[1]

$$B = 1/2 \cdot K$$

Bei der Betrachtung des Outputs (Abb. 21) muß berücksichtigt werden, daß die Werte nicht im logarithmischen Maßstab **ausgegeben** werden und daß die Skaleneinteilung von Bevölkerung und Kapital unterschiedlich sind.

1.6.4 DAS NEOKLASSISCHE MODELL OHNE TECHNISCHEN FORTSCHRITT MIT ENDOGENER BEVÖLKERUNGSWACHSTUMSRATE

Erweitert man nun das neoklassische Modell durch Endogenisierung der Arbeit (Abb. 22)

$$\hat{N} = h(N); (\hat{B} = h(B))$$

(4.6b') $NZ_{t-1} = h(N_{t-1}) * N_{t-1}$

so führt dies selbstverständlich auch zu einem stationären Gleichgewicht. Hier erhebt sich die Frage, warum

---

[1] aus $\hat{K} = 0.05 * B/K - 0.025$.

KAPITAL, ENDOGENE BEVÖLKERUNG

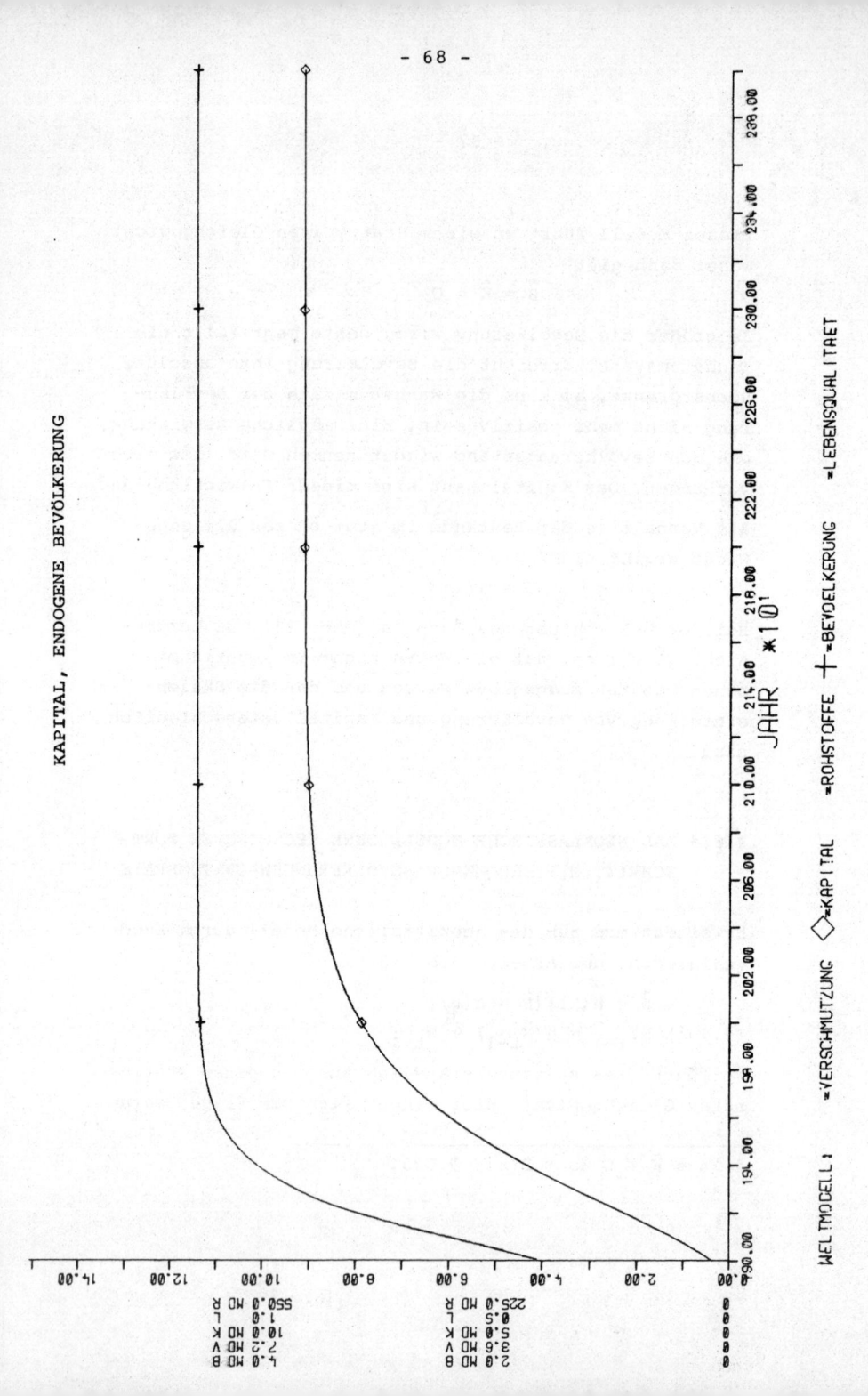

WELTMODELL: ◇=VERSCHMUTZUNG ◇=KAPITAL ╳=ROHSTOFFE +=BEVÖLKERUNG =LEBENSQUALITAET

Abb. 21

dies in der Neoklassik nicht geschieht. Es gibt einige Ansätze, so von Solow (1956, 65-94) oder Niehans (1963, 349-371). Hierbei wird aber die Bevölkerung dadurch endogenisiert, daß ihre Wachstumsrate entweder vom Einkommen, vom Konsum oder vom Reallohn - vielleicht bei einer zusätzlichen Betrachtung des Existenzminimums - abhängt. Sie hängt also nur indirekt von der Bevölkerung selbst ab und wird durch den Produktionsprozeß bestimmt. Diese Ansätze konnten sich aber nicht durchsetzen. Liegt es vielleicht daran, daß die Ergebnisse nicht zu der Vorstellung des exponentiellen Wachstums paßten, oder ist bei einer langfristigen Analyse die Bevölkerung so nebensächlich, daß sie als exogene Größe aufgefaßt werden kann?

Das Ergebnis der Simulation zeigt das gleiche Verhalten wie von Modell 6.3 (Anhang 2), und es mag vor allem die nationalökonomischen Kritiker überraschen, daß das verkleinerte Modell Forresters, bestehend aus den Subsystemen Kapital und Bevölkerung, den gleichen Ansatz besitzt wie das neoklassische Wachstumsmodell.[1]

---

[1] In Anhang A3, A4 wurde zusätzlich der arbeitsvermehrende Technische Fortschritt sowohl bei exogener als auch bei endogener Bevölkerungsrate berücksichtigt.

Abb. 22

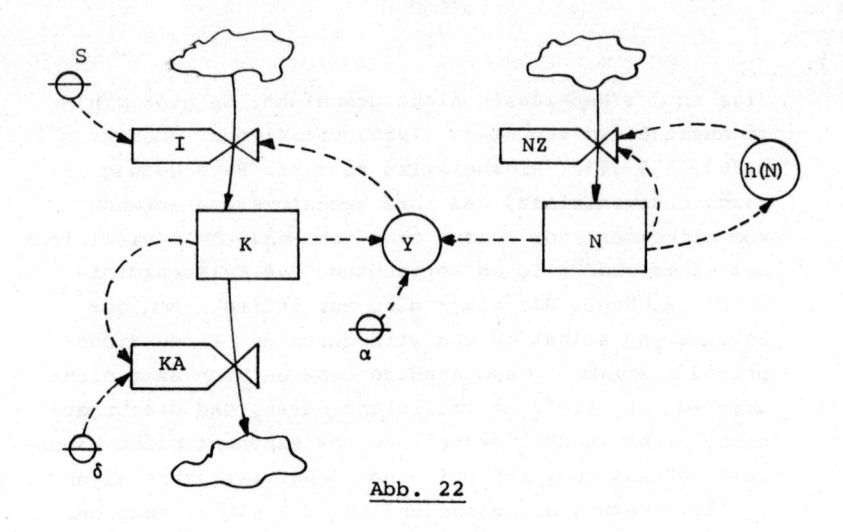

1.6.5 WEITERE ERKENNTNISSE AUS DER SIMULATION VON SUBSYSTEMEN DES WELTMODELLS

Um weitere Erkenntnisse von der Struktur und den verhaltensentscheidenden Variablen zu erhalten, wurde das Weltmodell in fünf Subsysteme unterteilt:
(1) Kapital - Bevölkerung (einschließlich Nahrungsmittel/Kopf). Dies ist das Subsystem, das in Kapitel 1.6.3 eingeführt wurde. Im Flußdiagramm (Abb. 8) wird es durch die Markierungsziffern 1,2,10,13,14,15,16,19,20,24,25,27 dargestellt.
(2) Rohstoffe (Symbole: 6,7,8,9).
(3) Verschmutzung (Symbole: 12,18,23,28,29,30,32,32, 33,34).
(4) Kapitalanteil in der Landwirtschaft (Symbole: 21,22,35,36,40,43).
(5) Lebensstandard (Symbole: 3,4,5,11,12,26,37,38,39).

Da diese Subsysteme alle im Baukastenprinzip erzeugt wurden, ist es möglich, sie einzeln zusammenzufügen. Dabei sollen nicht neue Modelle erzeugt werden, sondern nur die Auswirkungen einzelner Subsysteme auf das Simulationsverhalten des Gesamtmodells verdeutlicht werden.

Die Vorgehensweise bei der Kopplung einzelner Subsysteme könnte als "ceteris paribus" Klausel bezüglich der Systemstruktur betrachtet werden; denn den nichtgekoppelten Subsystemen werden Anfangswerte und Funktionen zugewiesen, die ihre Auswirkungen auf das Systemverhalten des Gesamtmodells neutralisieren. Da der Kapital-Bevölkerungs-Sektor[1] die zentrale Größe im Originalmodell darstellt und sich die Aussagen über das Systemverhalten immer auf die Bevölkerungsveränderungen konzentrieren, konnte in keinem der veränderten Modelle auf das Subsystem (1) verzichtet werden. Bei den Simulationsläufen ergaben sich durch die Kopplung verschiedener Subsysteme folgende Ergebnisse:[2]

(1) Die Betrachtung des Verhaltens der Subsysteme Bevölkerung - Kapital und Rohstoffe und ebenso der Subsysteme Bevölkerung - Kapital und Verschmutzung zeigte eine strukturelle Ähnlichkeit mit dem Verhalten des Originalmodells. (Fast exponentielles Wachstum der Bevölkerung, danach eine starke Abnahme und schließlich ein Einpendeln auf ein stationäres Gleichgewicht).[3]

---

1 Das Subsystem Kapital - Bevölkerung wurde in Kap. 1.6.3 beschrieben.
2 Die Print-Plots befinden sich in Anhang 1.5-1.10.
3 Vgl. Kap. 1.4.1. Bei Niemeyer werden die Subsysteme Bevölkerung - Kapital, Rohstoffe, Verschmutzung betrachtet, und es ergeben sich die gleichen Resultate (s. Niemeyer 1973, 219-233).

(2) Der landwirtschaftliche Sektor ermöglicht durch Kapitalintensivierung eine laufende Bevölkerungs- und Kapitalzunahme. Dies zeigt sich bei der Neutralisation der Rohstoffe und Verschmutzung, wobei den Simulationsergebnissen nach anfänglich starkem Wachstum von Bevölkerung und Kapital bis zum Ende der Simulationsperiode von 500 Jahren noch ein stetiges Wachstum erkennbar ist.

(3) Wird in dem Modell auf das Subsystem Lebensqualität und damit auf die Einflußgröße Materieller Lebensstandard verzichtet, so zeigt sich eine Oszillation der Bevölkerung. Während der landwirtschaftliche Sektor eine Bevölkerungsvermehrung ermöglicht, wird durch den Einfluß der Verschmutzung eine Obergrenze gesetzt und führt zu einer Bevölkerungsabnahme, bis eine Untergrenze erreicht wird.

2. DARSTELLUNG, KRITIK UND MODIFIKATION VON SYSTEM DYNAMICS

2.1 SYSTEMTHEORIE[1]

System dynamics ist ein systemtheoretisches kybernetisches Verfahren zur Darstellung und Simulation sozio-ökonomischer und technischer Systeme. Dieser systemtheoretische Ansatz soll in die Allgemeine Systemtheorie eingeordnet werden, und da Forrester sein Lehrbuch zu system dynamics 'Principles of Systems' nennt, wird das systemtheoretische Verständnis Forresters dem der Allgemeinen Systemtheorie gegenübergestellt werden. Es wird sich herausstellen, daß system dynamics ohne Schwierigkeiten in die Allgemeine Systemtheorie eingeordnet werden kann; während gegen Forresters Systemansatz große Einwände erhoben werden können, die von den Kritikern irrtümlicherweise auf das Verfahren system dynamics übertragen wurden.

2.1.1 ZIELSETZUNG UND AUFGABENSTELLUNG DER ALLGEMEINEN SYSTEMTHEORIE

Die allgemeine Systemtheorie läßt sich zwischen der Theorie der reinen Mathematik und den speziellen Theorien der einzelnen Fach- und Wissenschaftsrichtungen einordnen. In der Mathematik werden sehr allge-

---

1 Einer der ersten und bedeutendsten Vertreter der Allgemeinen Systemtheorie (General System Theory) ist der Biologe Ludwig von Bertalanffy. Seine ersten umfassenden Arbeiten zur Allgemeinen Systemtheorie erschienen nach dem 2. Weltkrieg. Unabhängig davon wurden auch in anderen Fachgebieten erste Ansätze beschrieben, zum Beispiel von Angyal in der Ökonomie (s. Angyal 1941, 243-261).

meine Abhängigkeiten in einem zusammenhängenden System untersucht, wobei von konkreten Situationen oder Erfahrungstatbeständen abstrahiert wird. Allerdings ist das Abstraktionsniveau i.d.R. so hoch, daß gehaltvolle Aussagen kaum zu gewinnen sind. Das andere Extrem stellen die Spezialtheorien dar, die sich immer nur mit einem bestimmten Ausschnitt aus der Erfahrungswelt beschäftigen. Jedes Fachgebiet kristallisiert isolierte Bestandteile der menschlichen Erfahrungswelt heraus und entwickelt Theorien und Modelle, die dem jeweiligen Spezialfach angemessene Erklärungen der Realität liefern sollen.

Da den verschiedenen speziellen Theorien und Modellen Regelmäßigkeiten im Aufbau innewohnen, soll die Allgemeine Systemtheorie deren gemeinsame Struktur offenlegen und eine Gestaltungsfunktion bei der Entwicklung neuer Theorien und Modelle übernehmen. Sie soll die empirischen Inhalte der Spezialtheorien mit den Gesetzen abstrakter Systeme vergleichen und sie einordnen; denn die kleinsten Besonderheiten der empirischen Welt müssen als Beispiele in den abstrakten Systemen, die die Welt als Einheit betrachten, enthalten sein (vgl. Boulding 1964, 16 f., 27 f.).

So hat die Allgemeine Systemtheorie die Aufgabe, auf einer abstrakten Modellebene eine Klasse von Erscheinungsformen, die als Systeme bezeichnet werden, unabhängig von deren realen Inhalten zu untersuchen und nach einheitlichen Prinzipien zu erfassen, zu deuten und zu beschreiben (vgl. Niemeyer 1977a, 1).

Bertalanffy hat das Ziel der Allgemeinen Systemtheorie mit folgenden Worten beschrieben (Bertalanffy 1972b, 21):

"Es gibt Modelle, Prinzipien und Gesetze, die für
allgemeine Systeme oder Unterklassen von solchen
gelten, unabhängig von der besonderen Art der
Systeme, der Natur ihrer Komponenten und der Beziehungen oder den Kräften zwischen ihnen. Die
Allgemeine Systemtheorie ist ein logisch-mathematisches Gebiet, dessen Aufgabe die Formulierung
und Ableitung jener allgemeinen Prinzipien ist,
die für 'Systeme' schlechthin gelten. Auf diesem
Wege sind exakte Formulierungen von Systemeigenschaften möglich, wie zum **Beispiel Ganzheit** und
Summe, Differenzierung, progressive Mechanisierung, Zentralisierung, hierarchische Ordnung,
Finalität, Äquifinalität usw.; das heißt Charakteristiken, die in allen Wissenschaften vorkommen, die sich mit Systemen beschäftigen und so
deren logische Homologie bedingen".

Im Gegensatz zu Stachowiak, der in der gegenwärtigen
Entwicklung in einer Reihe von Einzelwissenschaften,
zu denen besonders die Sozial- und Wirtschaftswissenschaften gehören, eine die Systemtheorie ergänzende
spezielle Modelltheorie fordert (s. Stachowiak 1965,
214 f.), soll diese Modelltheorie als Teil der Allgemeinen Systemtheorie verstanden werden.

Voraussetzung für das Aufstellen allgemeiner Gesetze,
Prinzipien und Techniken ist die Methode des Analogieschlusses. Die Philosophie, die dahinter steht,
kann durch eine Äquivalenzrelation dargestellt werden.
Zwei Systeme sind dann bezüglich eines Charakteristikums gleich, wenn sie sich in derselben Äquivalenzklasse befinden (vgl. Mesarovic 1964, 2). Dabei kann
jede Äquivalenzklasse durch jedes beliebige ihrer
Elemente repräsentiert werden. Betrachtet man einen
Ausschnitt aus der Wirklichkeit und ein Abbild davon
in einem Modell, so sind Wirklichkeit und Modell analog bezüglich des Verhaltens, wenn ihr Verhalten iden-

tisch ist. Über die Struktur von beiden wurde nichts ausgesagt. Vor der Gefahr, Analogien falsch zu interpretieren, muß ebenso wie vor falschen Analogieschlüssen gewarnt werden.
Das generelle Motiv, ein methodologisches Basiswerkzeug zur Weiterentwicklung der wissenschaftlichen Theorien und Modelle mittels des Analogieschlusses zur Verfügung zu stellen, wird auf die steigende Informationsflut und den Bedarf an integriertem Wissen und auf die Probleme der Bewältigung hochkomplexer Zusammenhänge in der ökonomischen, technischen, politischen und militärischen Planung zurückgeführt.
(Vgl. Händle/Jensen 1974, 13).
Der interdisziplinäre Ansatz trug der Tendenz zu einer Auffächerung und zu einer damit verbundenen Spezialisierung Rechnung, der einen Prozeß der Isolierung der einzelnen Fachrichtungen mit sich führte. Die Begriffe der Allgemeinen Systemtheorie stellen eine Sprache zur Kommunikation der Spezialisten auf den einzelnen Fachgebieten dar und vergrößern die Informationsströme zwischen den verschiedenen Wissenschaftsdisziplinen. Dadurch soll die Forderung nach interdisziplinären Forschungsvorhaben ermöglicht werden.
Das Problem der Bewältigung hochkomplexer Zusammenhänge führte zu der Meinung, daß die vorherrschenden analytischen Methoden in den Wissenschaften für die Erklärung einer Reihe von Phänomenen nicht ausreichten, und durch eine 'synthetisch-ganzheitliche' Methode zu ergänzen seien (vgl. Händle/Jensen 1974, 11).

Ferner fordert das Problem der organisierten Kompliziertheit neue Denkmittel; statt mit linearen Kausalketten von Ursache und Wirkung zu argumentieren, tritt nun das Problem von Wechselwirkungen in Systemen auf (vgl. Bertalanffy 1972b, 20). Ein Gegenstand wird unter dem Gesichtspunkt seiner Zustände und Strukturen und seiner Verbundenheit mit der Umwelt als System gesehen. Jeder Gegenstand kann als System betrachtet werden, "weil alles und jedes auf irgendeine Weise ein Ganzes ist, Teile hat, allem eine Struktur zuordnet" (Leinfellner 1965, 222) und gegen die Umwelt abgegrenzt werden kann. Dieser Sachverhalt begründet sich nicht in der Eigenschaft der Dinge, sondern in der Besonderheit der Methode. Es wird von den materiellen Eigenschaften der Systeme abstrahiert. "Es wird nicht gefragt 'Was ist dieses Ding'?, sondern 'Was tut es'?" (Asby 1974, 15).

Folgende Forderungen sind an eine Allgemeine Systemtheorie zu stellen:
(1) Die Konzepte und Begriffe müssen einheitlich definiert sein.
(2) Die Theorie sollte hinreichend abstrakt sein, um die verschiedenen Probleme zu lösen, andererseits muß sie speziell genug sein, um die allgemeinen Merkmale von allen Systemen betrachten zu können (vgl. Mesarovic 1964, 3-5; Klir 1969, VIII).

Diese Forderungen können nicht als erfüllt betrachtet werden, denn
- Der Begriff System ist in vielfacher Weise definiert worden[1] ("nearly as many as there are people concerned with systems" (Umbach 1972, 93).

---
1 Bei Klir (1969, 283-285) werden einige Systembegriffe aufgeführt.

- Klassifizierungen von Begriffen gibt es in vielfältiger Weise. In jedem einzelnen wissenschaftlichen Fachgebiet werden neue Klassen und neue Definitionen geschaffen, abhängig vom jeweiligen Untersuchungsobjekt.

- Die verschiedenen Allgemeinen Systemtheorien sind teilweise zu abstrakt, teilweise zu speziell. Bei fast jeder Theorie ist zu erkennen, auf welchem Fachgebiet ihre Schöpfer tätig sind. Die meisten Ansätze haben ihren Ursprung in der Kontrolltheorie und den Ingenieurwissenschaften. In den letzten Jahren häuften sich die Ansätze aus der Mathematik (vgl. Dimirovski u.a. 1977, 1081-1083).

Diese Kritik zeigt, daß die allgemeine Systemtheorie noch eine junge Wissenschaft ist und die von ihr geforderte Einheit noch nicht erreicht. Zum Entstehen einer Einheit sind wahrscheinlich auch die unterschiedlichsten Ansätze nötig, um so die Erfordernisse für alle Fachgebiete zu erreichen. Trotzdem ist zu erkennen, daß die verschiedenen Theorien alle vom gleichen, dem systemtheoretischen Denken eigenen, Gesichtspunkt ausgehen. So kann man doch vom "Versuch der Vereinheitlichung der Wissenschaft durch **Wiederzusammensetzen** von Naturaspekten, welche die Wissenschaft schon zerlegt hat" (Ackoff 1964, 51), sprechen, um schließlich in einem tieferen Verständnis für die Welt, in der wir leben, zu enden.

2.1.2 BEGRIFFE DER ALLGEMEINEN SYSTEMTHEORIE

Systeme sind keine Gegenstände der Erfahrungswelt, sondern Konstruktionen. Systeme ohne Konstrukteur, also ohne Betrachter, existieren nicht. Deshalb spielt der Mensch bei der Festlegung von dem, was er als System bezeichnet, die entscheidende Rolle. Es hängt von seinem Interesse und aktuellen Wissensstand ab, wie er ein System abgrenzt.

Def. 1: Ein Paar (M,R) wird ein <u>Allgemeines System</u> genannt[1], wenn gilt

(1) M ist eine Menge
(2) R ist eine nichtleere Relation $R \subset \underset{i=1}{\overset{n}{X}} M_i$ mit $M_i \subset M$

R ist also eine Teilmenge des Kartesischen Produkts von Teilmengen von M. Diese recht allgemeine Definition, die nur eine Gesamtheit von Elementen und deren Beziehungen betrachtet, wird in der Allgemeinen Systemtheorie unterschiedlich interpretiert. Einerseits werden die Teilmengen von M als Komponenten des Systems und damit die Relation R als die Menge deren Beziehungen interpretiert, andererseits wird M in eine Input- und eine Outputmenge (M_1, M_2) unterteilt, wobei die Teilmengen von M als Input- bzw. Outputsignale bezeichnet werden, und durch die Relation R wird die Menge aller Transformationen festgelegt.

Gilt n = 2, so kann durch einen gerichteten Graph (Abb. 1,2) der Unterschied verdeutlicht werden.

---

1 Vgl. dazu Mesarovic/Takahara 1975, 11; Klir/Valach 1965, 21; Hummitzsch 1965, 1, 36; Martens/Allen 1969, 3.

```
      R                           R
  O────────▶O           ├────[   ]────▶
 M₁         M₂          M₁          M₂

     Abb.1                    Abb.2
```

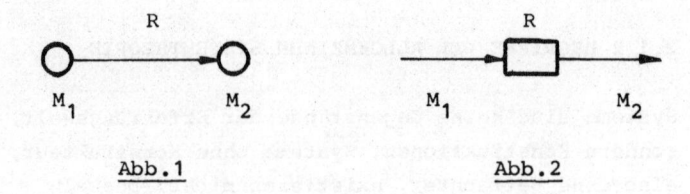

Bei der weiteren Betrachtung von Systemen wollen wir
uns vorerst auf die erste Interpretation (Abb. 1) beziehen, während auf den Ansatz in Abb. 2, der auf die
Regelungs- und Automatentheorie zurückzuführen ist,
in Kap. 2.1.2 eingegangen wird.

Wenn beim System (M,R) M die Menge der Komponenten
des Systems und R deren Beziehungen angibt, handelt
es sich um einen geschlossenen Ansatz. Einflüsse
von außen können nicht berücksichtigt werden. Dies
wird oftmals übersehen (s. Bechmann 1976, 104-108).
Um allgemeine Aussagen leisten zu können, wird Definition 1 dahingehend geändert, daß auch die Umwelt U,
die mit dem System in Verbindung steht, aufgenommen
wird. Ferner wird eine Relationenmenge eingeführt, in
der verschiedenstellige Relationen enthalten sind.
Dies ermöglicht, Abhängigkeiten nicht nur zwischen
allen Elementen, sondern auch zwischen einzelnen anzugeben.

Def. 1': Ein Tripel (M,U,R*) wird ein <u>Allgemeines System</u> genannt, wenn gilt

(1) M,U,R* sind Mengen, wobei R* die Menge aller i-stelligen Relationen R_i angibt ($R_i \in R^*$)

(2) R_i sind i-stellige Relationen, wobei mindestens eine nichtleer ist

$$R_i \subset \underset{j=1}{\overset{i}{X}} A_j \quad , \text{ für } i = 2,\ldots,n$$

(3) Die A_j sind Teilmengen von M und möglicherweise von U, mit höchstens zwei Teilmengen von U, aber mindestens einer Teilmenge von M.

Es werden nur Beziehungen zwischen den Komponenten des Systems betrachtet, wenn kein A_j Teilmenge der Umwelt ist. Werden die Beziehungen zur Umwelt miteinbezogen, so sind sie nur zu einer Inputmenge und einer Outputmenge der Umwelt zulässig. Eine Beziehung, die nur aus Teilmengen der Umwelt besteht, ist ausgeschlossen, da sie keine Aussage für das System ermöglicht. Abb. 3 zeigt einige zulässige Lösungen.

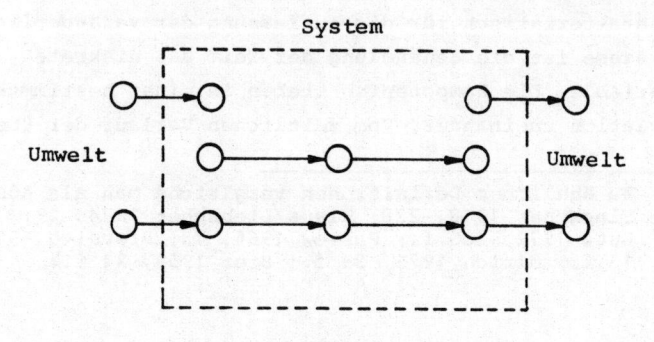

<u>Abb. 3</u>

Def. 2: (1) M_i heißt <u>Komponente</u> des Allgemeinen Systems $S = (M,U,R^*)$, wenn $M_i \subset M$

(2) Ist M_i einelementig, so spricht man von einem <u>Element</u> des Allgemeinen Systems.

Komponenten sind der Oberbegriff, da Komponenten auch Elemente sein können, und Elemente nicht weiter unterteilt werden können (vgl. Niemeyer 1977, 2).

So läßt sich ein System als eine Menge von Komponenten, zwischen denen irgendwelche Beziehungen bestehen, definieren.[1] Von vielen Autoren werden weitere Systemeigenschaften, wie eine geplante innere Ordnung oder ein dem System innewohnender Zweck (s. Forrester 1971, 9), in die Definition mit übernommen. Dahinter steht die Vorstellung, daß naturgegebene Systeme bewußt zur Erreichung bestimmter Zwecke geschaffen wurden. Da der Mensch die Systeme gedanklich aus dem Verhalten der Systeme konstruiert, bestimmt er selbst den Zweck.

Reale Systeme beanspruchen einen dynamischen Systembegriff. Wenn der Systemkonstrukteur hingegen von der Zeit abstrahiert, ergeben sich Allgemeine Systeme. Charakteristisch für die Auffassung der veränderlichen Systeme ist die Behandlung der Zeit als diskrete Variable. Die Komponenten stehen in einer bestimmten Relation zueinander. Vom zeitlichen Verlauf der Über-

---

[1] Zu ähnlichen Definitionen vergleiche man als Auswahl: Flechtner 1968, 228; Klaus/Liebscher 1974, 29; Lutz 1972, 200 f.; Passow 1966, 73; Pfersich 1972, 13 f.; Ulrich 1975, 33 f.; Beer 1959, 24 f..

gangsvorgänge von einem Zeitpunkt zum anderen, wird abstrahiert. Die Betrachtung der Systeme erfolgt taktweise, und es werden nur die Zeitpunkte $t_1, t_2, \ldots, t_n$ als Bezugsgrößen für das System angegeben. Für den Zeitraum t_n, t_{n+1} können keine Aussagen getroffen werden, doch kann man unterstellen, daß Struktur und Komponentenmenge des Systems konstant bleiben. So gelingt es, die Menge T der Zeitpunkte mit der Menge der ganzen Zahlen oder mit einem Abschnitt der Menge der ganzen Zahlen in Bezug zu bringen (vgl. Wintgen 1970, 282f.). Im Gegensatz zu O. Lange soll aber nicht nur eine veränderliche Komponentenmenge betrachtet werden, sondern auch die Struktur eines Systems soll sich im Betrachtungszeitraum verändern können.

Def. 3: Ein Tupel $S = (M, U, R^*, T, \leq)$ bezeichnet man als <u>Dynamisches System</u> oder <u>reales System</u> (vgl. Def. 1'), wenn gilt

(1) M, U, R^*, T sind Mengen, wobei T die Zeitmenge ist;

(2) $\leq$ ist eine vollständige Ordnungsrelation auf T;

(3) $R_{i+1} \in R^*$; R_{i+1} sind i+1-stellige Relationen, wobei mindestens eine nichtleer ist;

$$R_{i+1} \subset \underset{j=1}{\overset{i}{X}} A_j \times T_1 \quad \text{für } i = 2, 3, \ldots, n$$

mit

$T_1 \in T$;

A_j sind Teilmengen von M und möglicherweise von U, mit höchstens zwei Teilmengen von U, aber mindestens einer Teilmenge aus M.

Zusätzlich zur Def.1' wurde eine Zeitmenge aufgenommen, und in jeder Beziehung zwischen Komponenten wird jetzt auch eine Beziehung zur Zeit betrachtet.

Der Umweltbegriff ist für die Systemtheorie sehr wesentlich. Analog zur Mengenlehre, in der zu jeder Menge eine Komplementärmenge gebildet werden kann, kann hier vorgegangen werden. Doch der Begriff der Komplementärmenge ist ein relativer Begriff, da er von der Wahl des Individuenbereichs abhängig ist (vgl. Niemeyer 1977a, 55 f.).

Def. 4: Unter <u>Umwelt</u> eines Systems $(M,U,R^*,T,\leq)$ bei gegebenen Individuenbereichen I_1, I_2 versteht man die Klasse aller Systeme $(M',U',R^{*'},T',\leq)$, für die eine der beiden Bindungen gelten muß

(1) $M' \subset I_1 \smallsetminus M$ mit $M \subset I_1$
(2) $T' \subset I_2 \smallsetminus T$ mit $T \subset I_2$

Man grenzt das System sowohl gegen außerhalb des Systems liegende Elemente als auch nach der Zeitmenge ab, die im System nicht betrachtet wird. Dies erscheint sinnvoll, wenn ein System nicht aus seiner Vergangenheit oder in seine Zukunft betrachtet werden soll.

Von einem offenen System spricht man, wenn Einflüsse aus oder zur Umwelt existieren. Diese Beziehung ist aus den Elementen der Relationen zu erkennen. Stammen alle Elemente in den Tupeln der Relationen aus der

Menge der Systemkomponenten, so ist das System geschlossen.

Def. 5: (1) Ein System ist geschlossen, wenn

$\forall x \mid x \dot{\in} R^* $ gilt , $x \in M$ [1]

(2) Ein System ist offen, wenn es nicht geschlossen ist.

Die Beziehungen zwischen den Elementen der Systeme werden Struktur, Anordnungsmuster, Gefüge oder Ordnung genannt (vgl. Ulrich 1975, 38; Sachse 1974, 4). Die Struktur bezieht sich also nur auf die im System befindlichen Komponenten. Da durch die Komponenten und die Struktur eines Systems auf dessen Verhalten geschlossen werden soll, wurde der Ansatz erweitert, und die Umweltbeziehungen und die Zeit in den Strukturbegriff miteinbezogen, so daß eine dynamische Systemstruktur entsteht.

Def. 6: Die Menge R^* eines Systems $(M,U,R^*,T,\leq)$ wird Struktur genannt.

Jede Beziehung zwischen Umwelt, Systemkomponenten und der Zeit wird durch ein Tupel der Relation R_i dargestellt. Alle Beziehungen, die durch R^* repräsentiert werden, bilden die Systemstruktur.

---

[1] Das Zeichen $\dot{\in}$ wird benützt, wenn x an irgendeiner Stelle eines Tupels einer Relation R_i vorkommt.

$x \dot{\in} R_2 =_{Def.} \exists y, (x,y) \in R_2 \vee (y,x) \in R_2$

für mehrstellige Relationen entsprechend

$x \dot{\in} R^* = \{R_3, R_4, ...\} =_{Def.} \exists i \; x \dot{\in} R_i$

Um einen operablen Systembegriff zu schaffen, werden
die Elemente m_i des Systems mit der Zeit t in eine
Beziehung gebracht.
Man spricht dann von Variablen. Werden diese Variablen Eigenschaften zugeordnet ($a_{ij} = f_{ij}(m_i, t_1)$ mit
$m_i \in M$, $t_1 \in T$), so nennt man diese Merkmalsausprägungen oder __Attribute__ (vgl. Niemeyer 1977a, 40 f.).

__Def. 7:__ Das Paar (z_i, t_1) heißt Zustand einer Systemkomponente M_i eines Systems $(M, U, R^*, T, \leq)$ zum Zeitpunkt t_1, wenn z_i die Menge aller Attribute der Systemkomponente M_i zum Zeitpunkt t_1 darstellt; d.h.

$$z_i = \{a_{i,j} | \bigwedge_{i,j} a_{ij} = f_{ij}(m_i, t_1) | m_i \in M_i \wedge t_1 \in T\}$$

Der Zustand eines Systems ergibt sich dann aus der
Menge aller Zustände der Systemkomponenten.

__Def. 8:__ Das Paar (z, t_1) heißt der __Zustand__ eines Systems $(M, U, R^*, T, \leq)$ zum Zeitpunkt t_1, wenn z die Menge der Zustände z_i aller Systemkomponenten M_i zum Zeitpunkt t_1 ist.

Bei der Analyse von dynamischen offenen Systemen sind
nicht nur die Zustände und Strukturen von Systemen,
sondern auch die Zustände der Umwelt, die die Systeme
verändern, oder durch dieses verändert werden, von Bedeutung. Der Zustand der Umwelt, der auf das System
verändernd einwirkt, wird Input, der durch den
das System verändert wird, Output genannt. Die Beziehungen der Umwelt zum System sind nach Def. 1' in der
Struktur des Systems enthalten.

Def. 9: Input zum Zeitpunkt t_1 nennt man die Menge der Umweltattribute zum Zeitpunkt t_1, wenn zwischen der Umwelt und den Elementen des Systems Beziehungen bestehen und diese Beziehungen die Attribute der Systemkomponenten verändern können.

Def. 10: Output zum Zeitpunkt t_1 heißt die Menge der Umweltattribute zum Zeitpunkt t_1, die durch das System verändert werden können.

Def. 11: Das Verhalten eines Systems ergibt sich aus

(1) Veränderung des Zustandes des Systems innerhalb eines Zeittaktes t_1, t_2.

(2) Veränderung der Struktur des Systems innerhalb eines Zeittaktes t_1, t_2.

(3) Output des Systems zum Zeitpunkt t_2.

Die Veränderungen sind durch einen Vergleich des Zustandes (der Struktur) zum Zeitpunkt t_1 mit dem Zustand (der Struktur) zum Zeitpunkt t_2 festzustellen.

Def. 12: Es sei $R \subseteq M^n$ [1] eine n-stellige Relation über M und $M_1 \subseteq M$, dann versteht man unter der Einschränkung $R|M_1$ der Relation R auf die Teilmenge M_1 von M eine n-stellige Relation über M_1, und zwar den Durchschnitt $R \cap M_1^n$. Ferner gelte:
$R^*|M_1 = \{R_3, R_4, \ldots\}|M_1 =_{Def.} \{R_3|M_1, R_4|M_1, \ldots\}$
(Wintgen 1970, 275).

---

1 mit $M^n = M \times M \times \ldots \times M$ als kartesisches Produkt.

Def. 13: Unter einem <u>Subsystem</u> eines Systems
$(M,U,R^*,T,\leq)$ versteht man ein System
$(M',U',R^{*'},T',\leq)$, wenn mindestens eine
der Forderungen erfüllt ist:

(1) $M' \subset M \wedge R^{*'} = R^*|M'$
(2) $T' \subset T \wedge R^{*'} = R^*|T'$
(3) $R^{*'} \subset R^*|M' \cup U' \cup T'$

mit $M' \subseteq M$; $U' \subseteq U$; $T' \subseteq T$

Ein Subsystem besteht entweder aus weniger Komponenten oder einer geringeren Zeitmenge oder aus einer Verminderung der Beziehungen zum übergeordneten System. Eine Kombination dieser Möglichkeiten ergibt wiederum ein Subsystem.

Durch den Begriff des Subsystems läßt sich jedes System in Teilbereiche unterteilen: So entsteht eine Art 'Baukastenprinzip'. Bei der Analyse eines Systems ist es oft vorteilhaft, das System zu unterteilen und das Verhalten, den Zustand und die Struktur von Subsystemen zu untersuchen. So können gewisse Erscheinungen im Gesamtsystem schneller erkannt werden, aber man darf nicht der irrigen Meinung unterliegen, daß durch die Betrachtung aller Subsysteme ein Gesamtsystem beschrieben werden kann; denn es gilt immer noch das Prinzip der Systemtheorie, daß die Summe der Teile nicht das **Ganze** ergibt.

2.1.3 INPUT-OUTPUT-SYSTEME

Wie bereits in Kap. 2.1.1 erwähnt, wird die Menge M im Allgemeinen System (M,R) als Input-Output-Menge definiert. Diese Input-Output-Beziehung muß keine Beziehung zur Umwelt darstellen, sondern kann auch Beziehung der Systemkomponenten untereinander sein. Um zwischen Input- und Output-Menge unterscheiden zu können, wird folgende Definition für ein Allgemeines System oder allgemeines Input-Output-System festgelegt:

Def. 14: Ein Tripel (X,Y,R) nennt man <u>allgemeines Input-Output-System</u>, wenn gilt:

(1) X,Y sind Mengen
(2) R ist eine nichtleere Relation $R \subset X \times Y$.

Die Menge X wird Input-Menge, die Menge Y Output-Menge genannt. Die Elemente der Input-Menge heißen Input, die Elemente aus Y Output. (Pichler 1975, 22).

Def. 15: Ein allgemeines System (X,Y,R) heißt <u>Zeitsystem</u> (vgl. Mesarovic 1972, 257), wenn gilt

(1) A_T ist die Menge aller Zeitpunkte, die sich auf X beziehen;
(2) B_T ist die Menge aller Zeitpunkte, die sich auf Y beziehen;
(3) $X = A_T$, $Y = B_T$;
(4) T ist eine linear geordnete Menge.

Die Inputelemente (Inputsignale) werden mit $x_i(t)$, die Outputelemente (Outputsignale) mit $y_i(t)$ gekennzeichnet ($x_i(t) \in X$; $y_i(t) \in Y$).

Def. 16: Ein Zeitsystem (X,Y,R) ist <u>funktional</u>, wenn gilt

(1) $y_i(t) \in Y \subset \mathbb{R}$

(2) Zu jedem Zeitpunkt t des Zeitsystems existieren Funktionen $p_i(t)$, so daß
$$y_i(t) = p_i(t)(x_1(t), x_2(t), \ldots, x_n(t)) \text{ für}$$
$$i = 1, 2, \ldots, m.$$

Daraus ergibt sich die Form:

$$y_1(t) = p_1(t)(x_1(t), x_2(t), \ldots, x_n(t))$$
$$y_2(t) = p_2(t)(x_1(t), x_2(t), \ldots, x_n(t))$$
$$\cdots\cdots\cdots\cdots\cdots\cdots\cdots$$
$$y_m(t) = p_m(t)(x_1(t), x_2(t), \ldots, x_n(t))$$

Gelte

$\underline{x}(t) = (x_1(t), x_2(t), \ldots, x_n(t))$ $\underline{x}(t)$ n-dimensionaler Vektor

$\underline{y}(t) = (y_1(t), y_2(t), \ldots, y_m(t))$ $\underline{y}(t)$ m-dimensionaler Vektor

so kommt man zu der Form:

(2.1) $\underline{y}(t) = P_t(\underline{x}(t))$

P wird Transformationsoperator genannt, und (2.1) kann durch Abb. 4 verdeutlicht werden:

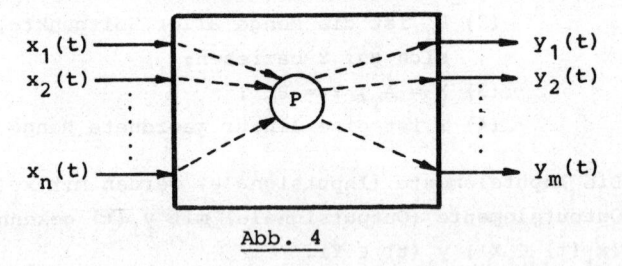

Abb. 4

Unter folgenden Annahmen ist eine streng determinierte
Verhaltensweise möglich (vgl. Känel 1971, 61):

(1) Die Änderung der Werte der Komponenten y_i hängt
linear von der Änderung der Werte der Komponenten
x_j ab.

(2) Es besteht keine funktionale Abhängigkeit zwischen
der Änderung des Wertes der Komponenten x_j und
der Änderung des Wertes der Komponenten x_l für
$j,l = 1,2,\ldots,n$; $j \neq l$.

Sei

$$\Delta x_j(t) = x_j(t) - x_j(t-1)$$
$$\Delta y_i(t) = y_i(t) - y_i(t-1)$$
$$\Delta x_l(t) = 0 \quad \text{für } l = 1,2,\ldots,n ; \ l \neq j,$$

so ergibt sich die Partialwirkung bei Veränderung der
j-ten Komponente von x auf die i-te Komponente von y

(2.2) $\quad a_{ij}(t) = \left(\dfrac{\Delta y_i(t)}{\Delta x_j(t)}\right)_{\Delta x_k = 0 \text{ für } k \neq j} \quad \left(\begin{matrix} i=1,2,\ldots,m \\ j=1,2,\ldots,n \end{matrix}\right)$

Die Koeffizienten a_{ij} bilden eine Matrix A mit m Zeilen
und n Spalten, die Transformationsmatrix genannt wird
(vgl. Lange 1965, 7).

(2.3) $\quad \underline{A}(t) = \begin{bmatrix} a_{11}(t) & a_{12}(t) & \ldots & a_{1n}(t) \\ a_{21}(t) & a_{22}(t) & \ldots & a_{2n}(t) \\ \vdots & & & \vdots \\ a_{m1}(t) & a_{m2}(t) & \ldots & a_{mn}(t) \end{bmatrix}$

Als Gleichungssystem geschrieben ergibt sich

(2.4)
$$\Delta y_1(t) = a_{11}(t) \cdot \Delta x_1(t) + a_{12}(t) \cdot \Delta x_2(t) + \ldots + a_{1n}(t) \cdot \Delta x_{1n}(t)$$
$$\Delta y_2(t) = a_{21}(t) \cdot \Delta x_1(t) + a_{22}(t) \cdot \Delta x_2(t) + \ldots + a_{2n}(t) \cdot \Delta x_{2n}(t)$$
$$\cdots\cdots\cdots\cdots\cdots\cdots\cdots\cdots\cdots\cdots\cdots\cdots$$
$$\Delta y_n(t) = a_{m1}(t) \cdot \Delta x_1(t) + a_{m2}(t) \cdot \Delta x_2(t) + \ldots + a_{mn}(t) \cdot \Delta x_{mn}(t)$$

oder als Vektorgleichung

(2.5) $\underline{\Delta y}(t) = \underline{A}(t) \cdot \underline{\Delta x}(t)$

Die Lösung der Differenzenform ergibt ein System von Funktionen (vgl. Lange 1965, 8):

(2.6)
$$y_1(t) = f_1(t)(x_1(t), x_2(t), \ldots, x_n(t))$$
$$y_2(t) = f_2(t)(x_1(t), x_2(t), \ldots, x_n(t))$$
$$\cdots\cdots\cdots\cdots\cdots\cdots\cdots\cdots$$
$$y_m(t) = f_m(t)(x_1(t), x_2(t), \ldots, x_n(t))$$

mit
$$a_{ij} = \frac{\partial f_i(t)}{\partial x_j(t)} \quad (i = 1, 2, \ldots, m\,;\ j = 1, 2, \ldots, m)$$

Unter der Annahme, daß die Koeffizienten der Matrix A konstant sind, ergibt sich

(2.7)
$$y_1(t) = a_{11} \cdot x_1(t) + a_{12} \cdot x_2(t) + \ldots + a_{1n} \cdot x_n(t)$$
$$y_2(t) = a_{21} \cdot x_1(t) + a_{22} \cdot x_2(t) + \ldots + a_{2n} \cdot x_n(t)$$
$$\cdots\cdots\cdots\cdots\cdots\cdots\cdots\cdots\cdots\cdots\cdots$$
$$y_m(t) = a_{m1} \cdot x_1(t) + a_{m2} \cdot x_2(t) + \ldots + a_{mn} \cdot x_n(t)$$

daraus

(2.8) $\underline{y}(t) = \underline{A}\,\underline{x}(t)$

Die Matrix A gibt die Beziehung der einzelnen Inputs
und Outputs an. Werden die Begriffe Input und Output
nun nicht auf ein System bezogen, sondern auf die Elemente eines Systems, so können nicht nur Aussagen über
den Output des Systems getroffen werden.

<u>Def. 17:</u> E ist ein <u>aktives Element</u>, wenn gilt

    (1) Es existiert mindestens ein Input zu E.
    (2) Es existiert mindestens ein Output zu E.
    (3) Die Inputs zu E bestimmen eindeutig den
        Output zu E.

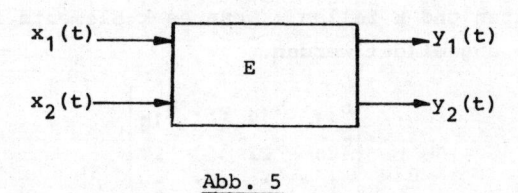

<u>Abb. 5</u>

Nimmt man bei Abb. 5 und aus (2.8) die Werte für
$x_1(t) = 3$, für $x_2(t) = 2$ und die Matrix $A = \begin{bmatrix} 1 & 1 \\ 0 & 2 \end{bmatrix}$,
so ergeben sich für das aktive Element E die
Outputs $y_1(t) = 5$ und $y_2(t) = 4$.

Werden zwei oder mehrere Elemente eines Systems betrachtet (Abb. 6), so muß auch deren Beziehung zueinander festgestellt werden. Dabei wird der Einfachheit
halber von der Zeit abstrahiert.

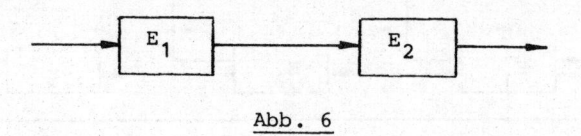

<u>Abb. 6</u>

Def. 18: Zwei Elemente heißen gekoppelte Elemente, wenn mindestens ein Output des einen Input des anderen wird, d.h.

$$y_i^1 = x_j^2 \quad \text{für mindestens ein i und ein j ;}$$
$$i = 1,2,\ldots,m_1 \; ; \; j = 1,2,\ldots,n_2 \; ;$$

wobei

y_i^1 Outputsignale des Elements E_1

x_j^2 Inputsignale des Elements E_2

m_1 Anzahl der Outputkomponenten von E_1

n_2 Anzahl der Inputkomponenten von E_2 .

Die Beziehung kann durch eine Adjazenz-Matrix B mit k Spalten und k Zeilen - wenn es k Elemente im System gibt - abgebildet werden.

$$(2.9) \qquad \underline{B} = \begin{bmatrix} b_{11} & b_{12} & \cdots & b_{1k} \\ b_{21} & b_{22} & \cdots & b_{2k} \\ \vdots & \vdots & \cdots & \vdots \\ b_{k1} & b_{k2} & \cdots & b_{kk} \end{bmatrix}$$

mit

$b_{rs} = 1$ wenn $y_i^r = x_j^s$ für mindestens ein i und ein j ;
$b_{rs} = 0$ sonst
$i = 1,2,\ldots,m_r$;
$j = 1,2,\ldots,n_s$

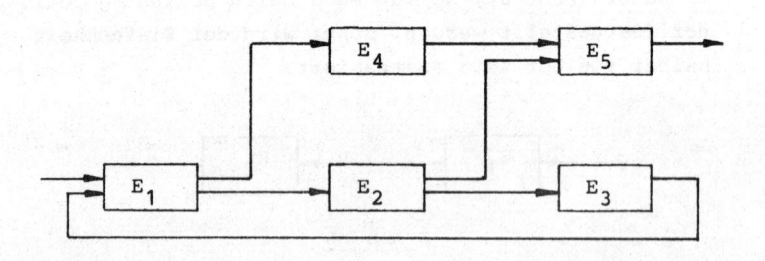

Abb.7

Das Beispiel in Abb. 7 ergibt folgende Matrix B

$$\underline{B} = \begin{bmatrix} 0 & 1 & 0 & 1 & 0 \\ 0 & 0 & 1 & 0 & 1 \\ 1 & 0 & 0 & 0 & 0 \\ 0 & 0 & 0 & 0 & 1 \\ 0 & 0 & 0 & 0 & 0 \end{bmatrix} \begin{matrix} E_1 \\ E_2 \\ E_3 \\ E_4 \\ E_5 \end{matrix}$$

mit Spaltenbeschriftung $E_1\ E_2\ E_3\ E_4\ E_5$.

Eine <u>Rückkopplung</u> im System liegt dann vor, wenn – wie im Beispiel – B keine Diagonalmatrix darstellt. Um auch die Umwelt betrachten zu können, wird die Matrix B um ein Element Umwelt erweitert. B' zu Abb.7 hat dann folgendes Aussehen:

$$\underline{B}' = (b'_{rs})_{r,s\ =\ 1,2,\ldots,k} = \begin{bmatrix} 0 & 1 & 0 & 0 & 0 & 0 \\ 0 & 0 & 1 & 0 & 1 & 0 \\ 0 & 0 & 0 & 1 & 0 & 1 \\ 0 & 1 & 0 & 0 & 0 & 0 \\ 0 & 0 & 0 & 0 & 0 & 1 \\ 1 & 0 & 0 & 0 & 0 & 0 \end{bmatrix} \begin{matrix} U \\ E_1 \\ E_2 \\ E_3 \\ E_4 \\ E_5 \end{matrix}$$

mit Spaltenbeschriftung $U\ E_1\ E_2\ E_3\ E_4\ E_5$.

Man spricht von einem <u>geschlossenen System</u>, wenn in Spalte 1 und Zeile 1 der Matrix B' nur 0 steht, sonst ist das System offen. Eine <u>Eingangsverzweigung</u> ist durch mehr als eine 1 in den Spalten definiert, **eine <u>Ausgangsverzweigung</u>** hat mehr als eine 1 in den Zeilen. Im Beispiel bestehen für E_1 und E_5 Eingangsverzweigungen und E_1 und E_2 Ausgangsverzweigungen.

Durch die Beziehungsmatrix B (2.7) wird die Grobstruktur des Systems gekennzeichnet. Will man genauere Kenntnisse dieser Struktur erhalten, so müssen die Elemente von B durch eigene Beziehungsmatrizen C_{rs} zwischen jeweils 2 Elementen ersetzt werden. Die Zeilenanzahl dieser Matrix ergibt sich aus der Anzahl der Inputsignale (n_s) in Element E_s, die Spaltenanzahl aus der Anzahl der Outputsignale (m_r) des Elements E_r.

$$\underline{C}_{rs} = (c_{ji}) = \begin{bmatrix} c_{11} & c_{12} & \cdots & c_{1m_r} \\ c_{21} & c_{22} & \cdots & c_{2m_r} \\ \vdots & \vdots & \vdots & \vdots \\ c_{n_s 1} & c_{n_s 2} & \cdots & c_{n_s m_r} \end{bmatrix}$$

mit

$c_{ji} = 1$ wenn für ein i und ein j $\quad y_i^r = x_j^s$

$c_{ji} = 0$ sonst

$\qquad i = 1, 2, \ldots, m_r \ ; \ j = 1, 2, \ldots, n_s$

Die Beziehung der Inputsignale der s-ten Komponente zu den Outputsignalen der r-ten Komponente wird dargestellt durch

(2.10) $\quad \underline{x}^s = \underline{C}_{rs} \cdot \underline{y}^r \qquad r,s = 0,1,2,\ldots,k$ bzw.
$\qquad\qquad\qquad\qquad\qquad r,s = 1,2,\ldots,k.$

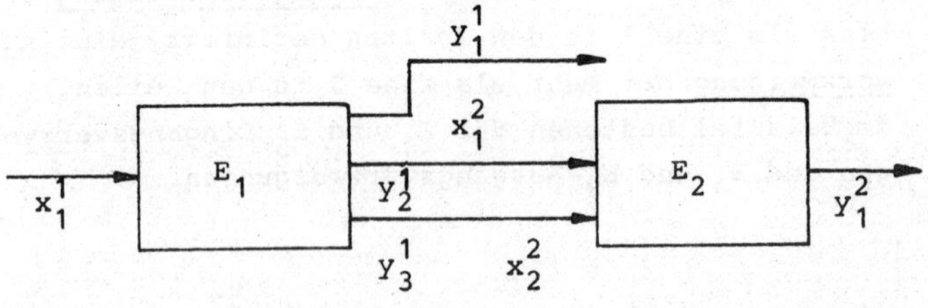

Abb. 8

Die Matrix C_{12} hat zu Abb. 8 folgendes Aussehen:

$$\underline{C}_{12} = \begin{array}{c} \phantom{\begin{bmatrix}0\end{bmatrix}} y_1^1 \ y_2^1 \ y_3^1 \\ \begin{bmatrix} 0 & 1 & 0 \\ 0 & 0 & 1 \end{bmatrix} \begin{array}{c} x_1^2 \\ x_2^2 \end{array} \end{array}$$

Aus (2.7) und (2.8) ergibt sich die Strukturmatrix S

$$(2.11) \quad \underline{S} = \begin{bmatrix} c_{11} & c_{12} & \cdots & c_{1k} \\ c_{21} & c_{22} & \cdots & c_{2k} \\ \vdots & \vdots & \vdots\vdots\vdots & \vdots \\ c_{k1} & c_{k2} & \cdots & c_{kk} \end{bmatrix}$$

Aus den Gleichungen der Input-Output-Funktion eines Elements (2.8) und der Beziehung, welcher Output Input eines anderen Elements (2.10) wird, kann das Gesamtverhalten des Systems festgelegt werden. Indizieren wir Gleichung (2.9), um damit zu charakterisieren, daß es sich um die Input-Output-Funktion des Elements r handelt (vgl. Lange 1965, 26-31), so gilt

(2.12) $\quad \underline{y}^r(t) = \underline{A}_r \, \underline{x}^r(t)$

oder

(2.13) $\quad \underline{y}^s(t) = \underline{A}_s \, \underline{x}^s(t)$

und wird (2.10) wieder mit Zeitabhängigkeit geschrieben, so gilt

(2.14) $\quad \underline{x}^s(t) = \underline{C}_{rs} \, \underline{y}^r(t)$

und aus (2.12) und (2.14) bzw. (2.13) und (2.14) wird

(2.15) $\underline{x}^s(t) = \underline{C}_{rs} \underline{A}_r \underline{x}^r(t)$ $r,s = 0,1,2,\ldots,k$ bzw.
$r,s = 1,2,\ldots,k$

(2.16) $\underline{y}^s(t) = \underline{A}_s \underline{C}_{rs} \underline{y}^r(t)$ $r,s = 0,1,2,\ldots,k$ bzw.
$r,s = 1,2,\ldots,k$

Durch die Gleichungen (2.15) und (2.16) wird das Verhalten des Systems bestimmt. Kann r und s den Wert 0 annehmen, so werden auch die Input- und Output-Beziehungen zur Umwelt betrachtet.

Nimmt man eine Verzögerung bei der Transformation des Inputs an, so wird aus (2.12) bzw. (2.13)

(2.17) $\underline{y}^r(t) = \underline{A}_r \underline{x}^r(t-1)$ [1]

(2.18) $\underline{y}^s(t) = \underline{A}_r \underline{x}^s(t-1)$

und aus (2.15) bzw. (2.16)

(2.19) $\underline{x}^s(t) = \underline{C}_{rs} \underline{A}_r \underline{x}^r(t-1)$ $r,s = 0,1,2,\ldots,k$ bzw.
$r,s = 1,2,\ldots,k$

(2.20) $\underline{y}^s(t) = \underline{A}_s \underline{C}_{rs} \underline{y}^r(t-1)$ $r,s = 0,1,2,\ldots,k$ bzw.
$r,s = 1,2,\ldots,k$

(2.19) und (2.20) werden **Prozeß** genannt.

Bei dieser Betrachtungsweise wird die Dynamik des Prozesses verdeutlicht, doch ist über den Zustand der Elemente nichts ausgesagt, und somit kann der Zustand auch das Verhalten des Systems nicht beeinflussen. Um dies zu berücksichtigen, muß der Zustandsraum eingeführt werden.

---

[1] Diese Gleichung ist eine vereinfachte Form der Übertragungsfunktion der Regelungstheorie.

Bei der Betrachtung der Input-Output-Systeme wurde
der Begriff System im Sinne einer direkten Zuordnung
der Eingangsgrößen zu den Ausgangsgrößen verwendet.
Im folgenden soll dieser Ansatz insofern erweitert werden, daß neben den Input- und Outputgrößen noch gewisse "innere" Signale, die sogenannten Zustandsgrößen,
eingeführt werden (vgl. Unbehauen 1971, 37). Man spricht
dann von einem System mit Gedächtnis. Die Wahl der Zustandsgrößen hat so zu erfolgen, daß alle Zustandsgrößen nur von den Eingangsgrößen und/oder anderen Zustandsgrößen abhängen (vgl. Schwarz 1969, 13).

Def. 19: Eine Zustandsdarstellung (X,Y,Z,S) eines
Zeitsystems (vgl. Def. 15) ergibt sich
aus folgenden Bedingungen

(1) X, Y, Z, A_T, B_T, C_T sind Mengen, wobei
A_T, B_T, C_T Mengen aller Zeitpunkte sind,
die sich auf X,Y,Z beziehen.
(2) $X = A_T$, $Y = B_T$, $Z = C_T$
(3) S ist eine nichtleere Relation
$S \subset A_T \times B_T \times C_T$
(4) T ist eine linear geordnete Menge.

Def. 20: Die Zustandsdarstellung (X,Y,Z,S) eines
Zeitsystems (vgl. Def. 16) ist <u>funktional</u>,
wenn gilt

(1) $y_i(t) \in Y \subset \mathbb{R}$
(2) Zu jedem Zeitpunkt t des Zeitsystems
existieren m Funktionen

$$p_i(t) : \underset{j=1}{\overset{l}{X}} Z_j \underset{k=1}{\overset{n}{X}} X_k \to Y \text{ für } i = 1,2,\ldots,m$$

mit $Z_j \subset Z$, $X_k \subset X$; d.h.

$$\bigwedge_i y_i(t) = p_i(t)(z_1(t),z_2(t),\ldots,z_l(t),$$
$$x_1(t),x_2(t),\ldots,x_n(t))$$
$$\text{für } i = 1,2,\ldots,m$$

(3) $z_i(t+1) \in Z \subset \mathbb{R}$

(4) Zu jedem Zeitpunkt t des Zeitsystems existieren l Funktionen

$$q_i(t) : \underset{j=1}{\overset{l}{X}} Z_j \underset{k=1}{\overset{n}{X}} X_k \to Z \text{ mit } i = 1,2,\ldots,l$$

mit $Z_j \subset Z$; $X_k \subset X$; d.h.

$$\bigwedge_i z_i(t+1) = q_i(t)(z_1(t),z_2(t),\ldots,z_l(t),$$
$$x_1(t),x_2(t),\ldots,x_n(t))$$
$$\text{für } i = 1,2,\ldots,l$$

Daraus ergibt sich die Form

$$y_1(t) = p_1(t)(z_1(t),z_2(t),\ldots,z_l(t),x_1(t),x_2(t),\ldots,x_n(t))$$
$$y_2(t) = p_2(t)(z_1(t),z_2(t),\ldots,z_l(t),x_1(t),x_2(t),\ldots,x_n(t))$$
$$\cdots\cdots\cdots\cdots\cdots\cdots\cdots\cdots\cdots\cdots\cdots\cdots\cdots$$
$$y_m(t) = p_m(t)(z_1(t),z_2(t),\ldots,z_l(t),x_1(t),x_2(t),\ldots,x_n(t))$$

$$z_1(t+1) = q_1(t)(z_1(t),z_2(t),\ldots,z_l(t),x_1(t),x_2(t),\ldots,x_n(t))$$
$$z_2(t+1) = q_2(t)(z_1(t),z_2(t),\ldots,z_l(t),x_1(t),x_2(t),\ldots,x_n(t))$$
$$\cdots\cdots\cdots\cdots\cdots\cdots\cdots\cdots\cdots\cdots\cdots\cdots\cdots$$
$$z_l(t+1) = q_l(t)(z_1(t),z_2(t),\ldots,z_l(t),x_1(t),x_2(t),\ldots,x_n(t))$$

Gelte

$$\underline{x}(t) = (x_1(t), x_2(t), \ldots, x_n(t))$$
$$\underline{y}(t) = (y_1(t), y_2(t), \ldots, y_m(t))$$
$$\underline{z}(t) = (z_1(t), z_2(t), \ldots, z_l(t))$$

so kann man zusammenfassen (vgl. auch Zadeh u.a., 1963, 40):

(2.21) $\quad \underline{y}(t) = \underline{P}(t)(\underline{z}(t), \underline{x}(t))$

(2.22) $\quad \underline{z}(t+1) = \underline{Q}(t)(\underline{z}(t), \underline{x}(t))$

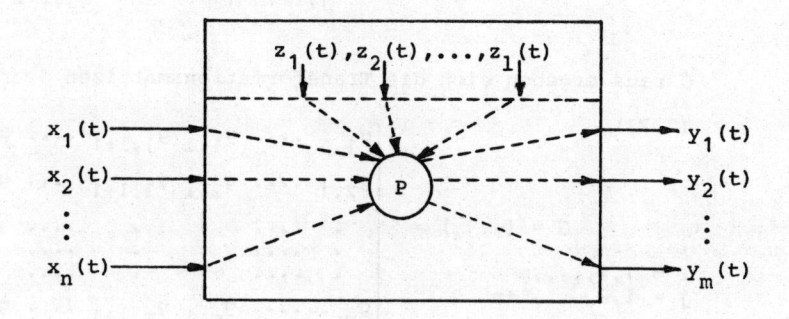

Abb. 9

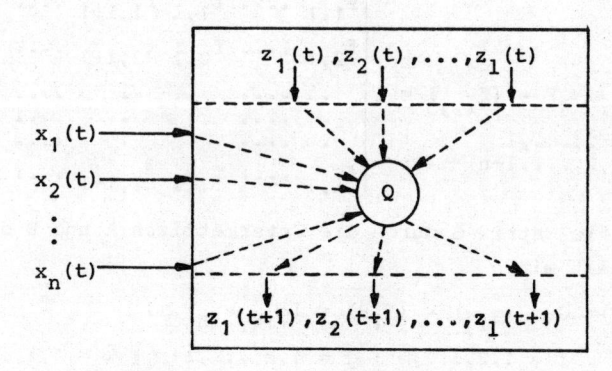

Abb. 10

P wird Ergebnisoperator, Q wird Folgeoperator genannt (vgl. dazu Rieger u.a., 1971, 98).

Unterstellt man Linearität und zeitliche Konstanz der Elemente von $\underline{P}(t)$ und $\underline{Q}(t)$, wobei $g_{i,j}$ die Partialwirkung von (2.21) und $f_{i,j}$ die Partialwirkung von (2.22), so ergibt sich folgende Form:

$$\bigwedge_i i = 1,2,\ldots,m \,|\, y_i(t) = g_{i,1}\, z_1(t) + \ldots + g_{i,1}\, z_1(t) +$$
$$+ g_{i,1+1}\, x_1(t) + \ldots + g_{i,1+n}\, x_n(t)$$

$$\bigwedge_j j = 1,2,\ldots,1 \,|\, z_j(t+1) = f_{j,1}\, z_1(t) + \ldots + f_{j,1}\, z_1(t) +$$
$$+ f_{j,1+1}\, x_1(t) + \ldots + f_{j,1+n}\, x_n(t)$$

Daraus ergeben sich die Transformationsmatrizen G und F

(2.23)

$$G = (g_{i,j}) = \begin{bmatrix} g_{1,1} & \cdots & g_{1,1} & g_{1,1+1} & \cdots & g_{1,1+n} \\ g_{2,1} & \cdots & g_{2,1} & g_{2,1+1} & \cdots & g_{2,1+n} \\ \cdot & \cdots & \cdot & \cdot & \cdots & \cdot \\ \cdot & \cdots & \cdot & \cdot & \cdots & \cdot \\ g_{m,1} & \cdots & g_{m,1} & g_{m,1+1} & \cdots & g_{m,1+n} \end{bmatrix}$$

$i = 1,2,\ldots,m$
$j = 1,2,\ldots,1+n$

(2.24)

$$F = (f_{i,j}) = \begin{bmatrix} f_{1,1} & \cdots & f_{1,1} & f_{1,1+1} & \cdots & f_{1,1+n} \\ f_{2,1} & \cdots & f_{2,1} & f_{2,1+1} & \cdots & f_{2,1+n} \\ \cdot & \cdots & \cdot & \cdot & \cdots & \cdot \\ \cdot & \cdots & \cdot & \cdot & \cdots & \cdot \\ f_{1,1} & \cdots & f_{1,1} & f_{1,1+1} & \cdots & f_{1,1+n} \end{bmatrix}$$

$i = 1,2,\ldots,1$
$j = 1,2,\ldots,1+n$

Wird die Matrix G durch die Untermatrizen A und B dargestellt mit

(2.25) $G = (g_{ij}) = (A \,|\, B) = (a_{ik} \,|\, b_{ih})$ mit

$i = 1,2,\ldots,m$; $j = 1,2,\ldots,1+n$; $k = 1,2,\ldots,1$;
$h = 1,2,\ldots,n$

und die Matrix F durch die Untermatrixen C und D

(2.26) $F = (f_{ij}) = (C \mid D) = (c_{ik} \mid d_{ih})$ mit

$i = 1,2,\ldots,l$; $j = 1,2,\ldots,l+n$; $k = 1,2,\ldots,l$;
$h = 1,2,\ldots,n$

so ergibt sich aus (2.21) und (2.25) folgendes Gleichungssystem:

(2.27) $\underline{y}(t) = \underline{A}\,\underline{z}(t) + \underline{B}\,\underline{x}(t)$

und aus (2.22) und (2.26) das Differenzengleichungssystem

(2.28) $\underline{z}(t+1) = \underline{C}\,\underline{z}(t) + \underline{D}\,\underline{x}(t)$

Der Zustand des Systems ist durch eine solche minimale Anzahl von Parametern zum Zeitpunkt $t = t_0$ definiert, so daß für eine zu den Zeitpunkten $t \geq t_0$ bekannte Eingangsgröße $x_i(t)$ das Verhalten des Systems (Ausgangsgrößen $y_i(t)$) eindeutig bestimmt wird. Die Zustandsgrößen lassen sich graphisch als Trajektorie (Abb. 11) darstellen (vgl. Thoma 1973, 99).

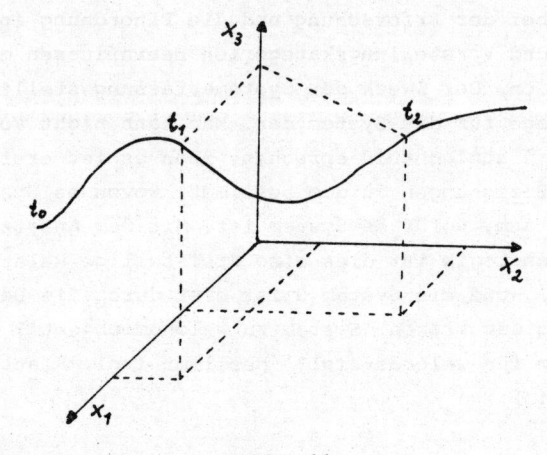

Abb. 11

2.1.4 DIE BEZIEHUNG SYSTEM ZUM MODELL

Bevor system dynamics in die Konzepte der Allgemeinen Systemtheorie eingeordnet werden kann, müssen die Begriffe System und Modell in eine Beziehung gebracht werden. Geht man von der Theorie aus, daß materielle Systeme keine Gegenstände der Wirklichkeit, sondern nur Konstruktionen darstellen, so kann der Begriff System vom Systemkonstrukteur nicht getrennt werden. Wenn im folgenden trotzdem vom Systembetrachter oder von der Systemerfassung gesprochen wird, so wird dabei an kein objektives System gedacht. Die Vorgänge in der Wirklichkeit erlebt der Mensch als Wirkungen. Er versucht, diese Wirkungen in statische und dynamische zu untergliedern und hat aus Erkenntnis- und Gestaltungsgründen die Absicht, die Ursachen der Änderungen zu analysieren. Die Wirklichkeit erfaßt er dabei als Abbild, und wenn er dieses Abbild aus einem systemtheoretischen Standpunkt einordnet, erstellt er ein System. Dieses System wird von den Interessen und den Kenntnissen des Systembetrachters abhängen, denn seine Ziele bei der Erforschung und die Einordnung in seine Denk- und Vorstellungskategorien beeinflussen die Konstruktion. Der Zweck der Systemerfassung stellt die Grundlage für das System dar. Man kann nicht von einem 'System' schlechthin sprechen, denn es ist erst durch seine Beziehungen zu dem bestimmt, wovon es System ist, und zu dem, wofür es System ist. Mit dem Ansatz der formalen Logik ist dies eine dreistellige Relation (S,O,Z), und ein System S ist erst durch die Beantwortung der Fragen 'System zu welchem Objekt'? und 'System für welches Ziel?' bestimmt (vgl. Klatt u.a. 1974, 10).

Abb. 12 zeigt den Konstruktionsprozeß des Systems.

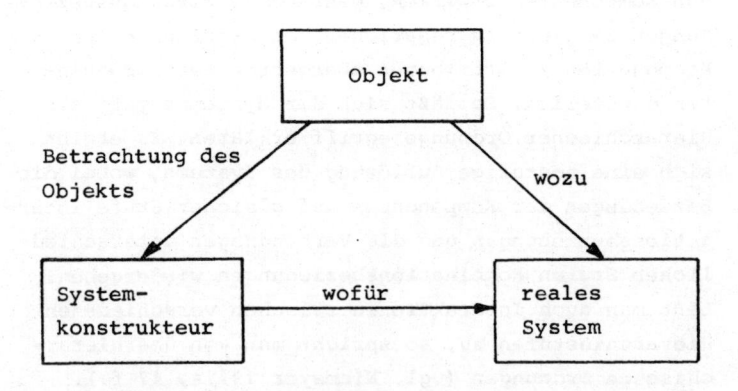

```
                    ┌─────────┐
                    │ Objekt  │
                    └─────────┘
           Betrachtung des ╱        ╲
           Objekts        ╱          ╲  wozu
                         ↙            ↘
        ┌─────────────┐   wofür   ┌─────────┐
        │  System-    │──────────→│ reales  │
        │ konstrukteur│           │ System  │
        └─────────────┘           └─────────┘
```

Abb. 12

Unter diesem Gesichtspunkt ist eine Abgrenzung gegen die Umwelt, d.h. gegen die bei der Fragestellung nicht zur Erklärung erforderlichen Komponenten und Beziehungen möglich. Somit erscheint das System als ein 'Ganzes', und es müssen die Teile des Systems erfaßt werden.
Der Zustand eines Systems ist für den Menschen direkt oder indirekt wahrnehmbar, indem den Komponenten Attribute (Merkmalsausprägungen) zugeordnet werden. Bei der Erfassung der Systemstruktur sollte zwischen zwei Beziehungen unterschieden werden (vgl. Niemeyer 1976, 258-262; Niemeyer 1977b, 1).

(1) Interaktionsbeziehungen
(2) Kombinationsbeziehungen.

Interaktionsbeziehungen können die wechselseitigen
Veränderungen der Attribute und der Substrukturen
von Komponenten bewirken, während Kombinationsbeziehungen zeitlose Aggregationen von Attributen der
Komponenten zu Attributen übergeordneter Komponenten darstellen. So läßt sich der Systembegriff als
hierarchischer Ordnungsbegriff erklären. Es ergibt
sich eine n-stufige Auflösung des Systems, wobei die
Beziehungen der Komponenten auf gleicher Stufe Interaktionsbeziehungen und die Verbindungen unterschiedlicher Stufen Kombinationsbeziehungen wiedergeben.
Läßt man auch Interaktionen zwischen verschiedenen
Hierarchiestufen zu, so spricht man von überhierarchischen Ordnungen (vgl. Niemeyer 1977a, 47 f.).
Abb. 13 zeigt eine solche überhierarchische Ordnung,
wobei die Interaktionsbeziehungen durch gestrichelte
Pfeile und die Kombinationsbeziehungen durch durchgezogene Pfeile gekennzeichnet sind.

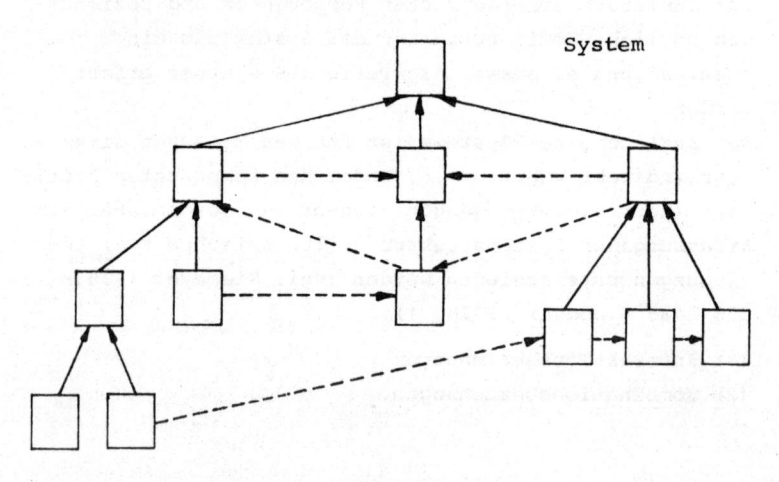

Abb. 13

Gewinnt der Systemkonstrukteur Kenntnisse aus dem System und wirkt er auf das betrachtete Objekt in der Wirklichkeit ein, so entsteht genau die Umkehrung zum Systemkonstruktionsprozeß. **Abb.** 14 zeigt einen solchen Erkenntnis- und Einflußnahmeprozeß, wobei zu berücksichtigen ist, daß dadurch ein neuer Systemkonstruktionsprozeß entstehen kann.

```
                      ┌──────────┐
                      │  Objekt  │
                      └──────────┘
                           ↑
         Einflußnahme    ╱
                       ╱
┌──────────────┐    ╱
│   System-    │◄────────────────┐ ┌──────────┐
│ konstrukteur │   Betrachtung   │ │  reales  │
│              │   des Systems   │ │  System  │
└──────────────┘                   └──────────┘
```

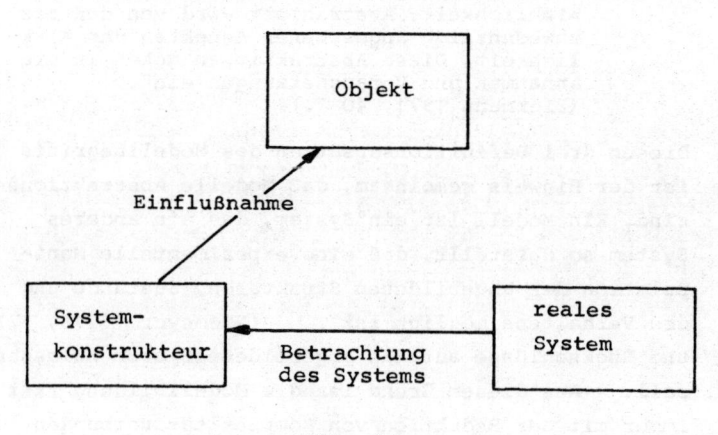

Abb. 14

Zwischen dem System und dem Objekt kann eine Rückkopplung bestehen, doch im allgemeinen ist vor solchen Rückkopplungen eine genauere Analyse der Systeme durch umfangreiche Studien erforderlich. Diese Studien werden durch Modelle ermöglicht.
Der Modellbegriff wird in den Wirtschaftswissenschaften ebenso häufig wie unterschiedlich verwendet. Ein kurzer Überblick zeigt folgende Definitionsansätze:

(1) "Modelle sind Denkschemata, die auf bestimmten Annahmen bzw. Voraussetzungen fußen und einen inneren Zusammenhang, eine innere Struktur aufweisen." (Pichler 1967, 33).

(2) "Modelle sind anschauliche, in der Welt des Herstellbaren, der mittleren Dimension unserer Anschauung, reproduzierte oder prinzipiell reproduzierbare formale Zusammenhänge einzelwissenschaftlicher Theorien".(Kade 1962, 14).

(3) "Modelle sind abstrahierende Abbilder der Wirklichkeit. Abstrahiert wird von den als unwesentlich angesehenen Aspekten der Wirklichkeit. Diese Abstraktionen gehen in die Annahmen und Voraussetzungen ein".
(Biermann 1971, 40 f.).

Diesen drei Definitionsansätzen des Modellbegriffs ist der Hinweis gemeinsam, daß Modelle Abstraktionen sind. Ein Modell ist ein"System, das ein anderes System so darstellt, daß eine experimentelle Manipulation der abgebildeten Strukturen, Zustände und des Verhaltens möglich ist".   (Niemeyer 1977a, 57) und Rückschlüsse auf das abgebildete System zulassen soll. Aus diesem Grund ist die Modellbildung fast immer mit der Reduktion von Komplexität verbunden.

Wird auf die Reduktion von Komplexität verzichtet, so bezeichnet man das Modell M *isomorph* zu einem System S. Im Gegensatz zu Lerners Meinung charakterisieren nicht nur gleiche Eingangs- und Ausgangsgrößen von M und S Isomorphie (s.Lerner 1971, 41), sondern es soll gefordert werden
(1) Bijektivität
(2) Strukturinvarianz.

Von Bijektivität spricht man, wenn jedem Element
von M ein Element von S eindeutig zugeordnet wird
und diese Zuordnung eindeutig umkehrbar ist. Wird
jeder Relation in S eine Relation in M eindeutig
zugeordnet und ist diese Zuordnung wiederum eindeutig umkehrbar, so ist Strukturinvarianz gegeben.
Es ist m.E. unsinnig, ein Modell als isomorphes
Abbild eines Systems zu definieren, wie dies Franken/
Fuchs beschreiben (1974, 46), denn Isomorphie ist
ein denkbar ungeeignetes Ziel für die Modellbildung.
Zum einen nähme das Modell die gleiche Komplexität
an, was der Abstraktionsabsicht widerspräche, zum
anderen stünden forschungspraktische Schwierigkeiten einer vollständigen Abbildung entgegen (vgl.
Müller 1969, 132 f.). Aus diesen Gründen kann **sinn-
vollerweise nur Homomorphie zwischen Modell M und S
gefordert werden.**
(1) Injektivität
(2) Strukturähnlichkeit.

Bei der Injektivität ist jedem Element von M ein
Element von S eindeutig zugeordnet, aber nicht un-
bedingt umgekehrt. Die Strukturähnlichkeit wird durch
die Einschränkung der Relation von S bezüglich des
Elemente von M (vgl. Def. 12) oder einer Teilmenge
davon definiert. Es treten also nicht alle Elemente
und Beziehungen des Systems im Modell wieder auf,
und es liegt am Modellbauer, die nicht einflußreich
erscheinenden Teile des Systems zu vernachlässigen
und trotzdem ein ähnliches Verhalten des Modells im

Vergleich zum System zu erhalten. Es ist also abzuwägen zwischen einer starken Vereinfachung und der Möglichkeit des Rückschlüsseziehens auf das abgebildete System.

Beschränkt man sich auf formalisierte Modelle, d.h. die Modellelemente sind die durch Symbole bezeichneten Variablen, so können die Modelle für folgende verschiedene Aufgaben angewendet werden (vgl. Niemeyer 1973, 45-54):

(1) Systemanalyse
(2) Systemsynthese.

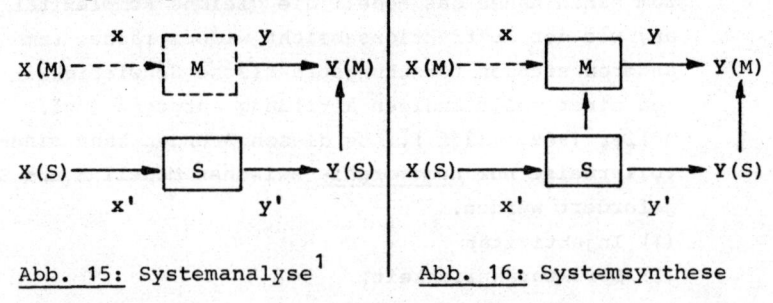

Abb. 15: Systemanalyse[1]   Abb. 16: Systemsynthese

In Abb. 15 und 16 werden durch X die Inputmenge, durch Y die Outputmenge angegeben. Die gestrichelten Linien geben die zu erforschenden Bereiche an. Bei der Systemanalyse (Abb. 15) ist das Verhalten des Systems bekannt. Es müssen Eigenschaften und Funktionszusammenhänge der Komponenten bei verschiedenen Inputmöglichkeiten gesucht werden. Diese Vorgehensweise wird bei Bekanntheit der Elemente und des Verhaltens mit dem Begriff <u>Black Box</u> bezeichnet (vgl. dazu Lutz 1965, 40 f.).

---

[1] Eine ähnliche graphische Darstellung mit anderer Interpretation beschreibt Kohlhaas (1976, 223).

Veränderungen der Eingangsgrößen und die erfolgenden
Reaktionen des Verhaltens des Systems erlauben Rückschlüsse auf die Beziehungen der Elemente. Bei der
Systemsynthese (Abb. 16) kennt man das Verhalten des
Systems und die Zusammenhänge der Komponenten. Aus
der Variation des Inputs lassen sich weitere Erkenntnisse über das Ablaufverhalten des Systems gewinnen.
Die Modelle bei der Systemanalyse werden Verhaltensmodelle, bei der Systemsynthese Strukturmodelle genannt (vgl. Harbordt 1974, 58).

Ein Modell kann nach der Wahl des Modelltyps, der
Variablenauswahl und der Formulierung der Beziehungen
als Abbild des Systems konstruiert werden (Abb. 17):

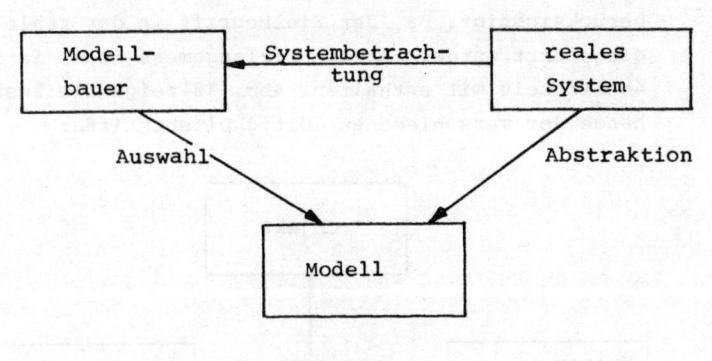

```
  ┌──────────┐   Systembetrach-   ┌──────────┐
  │ Modell-  │◄──────tung─────────│  reales  │
  │ bauer    │                    │  System  │
  └──────────┘                    └──────────┘
         Auswahl                Abstraktion
              ┌──────────┐
              │  Modell  │
              └──────────┘
```

Abb. 17

Nach Erstellung des Modells erhebt sich die Frage der
Validität (vgl. Harbordt 1974, 155-205). Am häufigsten

wird die Gültigkeit mit der Übereinstimmung zwischen dem Modell und dem nachgebildeten realen System definiert. Der Gültigkeitsbegriff kann auch durch Zuverlässigkeit, Ähnlichkeit oder durch die Zielangemessenheit ausgedrückt werden.

Die <u>Zuverlässigkeit</u> des Modells mißt, mit welcher Genauigkeit die Daten reproduziert werden. Sie stellt somit einen Zusammenhang zwischen den Daten des untersuchten Objekts und dem Modell dar.

Die <u>Ähnlichkeit</u> zwischen Modell und abgebildetem System bezieht diese Gesichtspunkte mit ein und bezeichnet die Genauigkeit der Abbildungsrelation zwischen Modell und System.

Die <u>Zielangemessenheit</u> soll angeben, inwieweit das Modell dem Ziel der Modellbildung entspricht. Dadurch wird eine Beziehung zwischen Modellbauer und Modell berücksichtigt. Da der Zielbegriff in das reale System eingeführt wurde, ist die Zielangemessenheit in der Ähnlichkeit mit enthalten. Abb. 18 zeigt die Zusammenhänge der verschiedenen Gültigkeitsbegriffe:

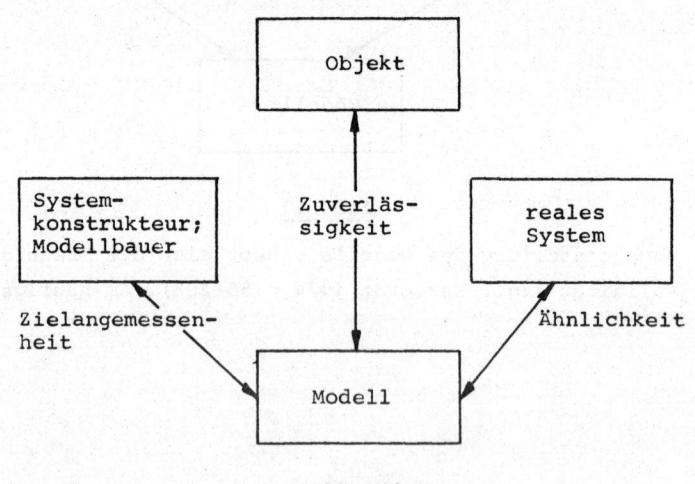

Abb. 18

Nach positiver Überprüfung der Modellgültigkeit durch verschiedene Gültigkeitstests (z.B. **Sensitivitätsanalyse**, Outputvergleich), kann das Modell als Abbild des Systems betrachtet werden, und es ist möglich, Rückschlüsse vom Modell auf das System zu ziehen. Die Erkenntnisse über die Komponenten und ihre Funktionsweise können auf das System übertragen werden. Abb. 19 zeigt nun die gesamten Beziehungen zwischen Objekt, realem System, Modell und Mensch (vgl. Abb. 12, 14, 17) als rückgekoppeltes System.

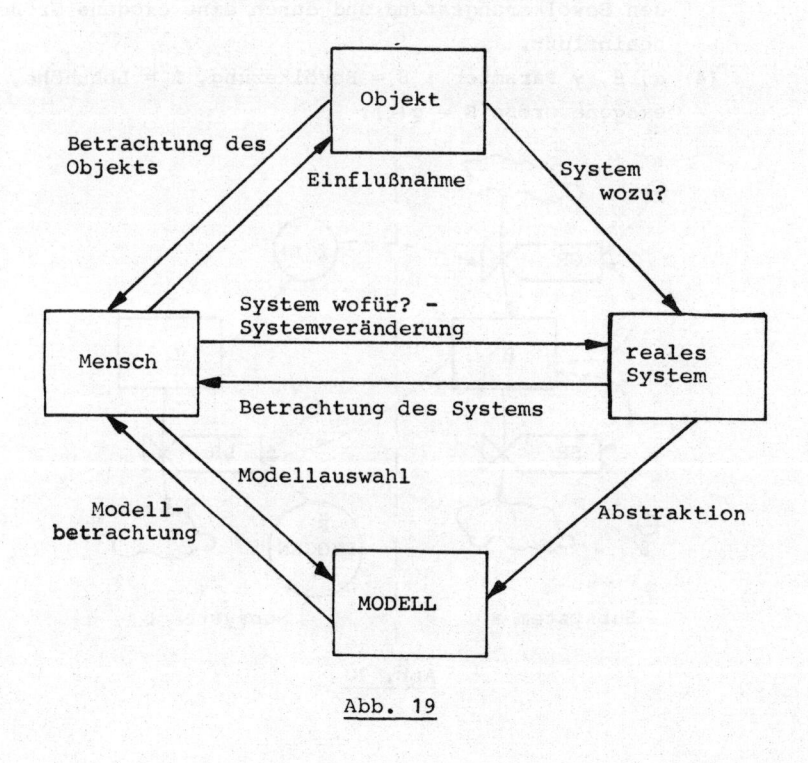

Abb. 19

2.1.5 EINORDNUNG VON SYSTEM DYNAMICS IN DIE ALLGEMEINE SYSTEMTHEORIE

Ein Bevölkerungsmodell soll die Einordnung in die Allgemeine Systemtheorie erleichtern.

Folgende Annahmen werden getroffen:
(1) Die Geburtenrate GR ist von der Bevölkerung und der Lohnhöhe abhängig.
(2) Die Sterberate SR hängt nur von der Bevölkerung ab.
(3) Die Veränderungsrate der Lohnhöhe LR wird durch den Bevölkerungsstand und durch eine exogene Größe beeinflußt.
(4) α, β, γ Paramter ; B = Bevölkerung, L = Lohnhöhe, exogene Größe E = g(t).

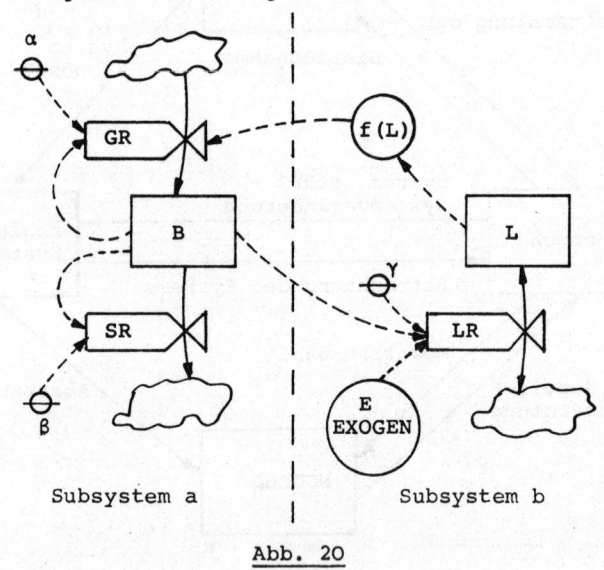

Abb. 20

Das mathematische Modell:

(5.1) $\quad B_t = B_{t-1} + GR_{t-1} - SR_{t-1}$ [1]

(5.2) $\quad L_t = L_{t-1} + LR_{t-1}$

(5.3) $\quad GR_{t-1} = \alpha \cdot B_{t-1} + f(L_{t-1})$

(5.4) $\quad SR_{t-1} = \beta \cdot B_{t-1}$

(5.5) $\quad LR_{t-1} = \gamma \cdot B_{t-1} + E_{t-1}$

a) Einordnen nach dem allgemeinen Systembegriff

Das Bevölkerungsmodell stellt ein dynamisches System $(M,U,R,T,\leq)$ dar. Die Komponenten werden durch die Variablen bzw. graphischen Symbole beschrieben, und die Struktur des Systems wird durch die Gleichungen bzw. durch die gestrichelten (Informationsströme) und die durchgezogenen Linien (Materialströme) verdeutlicht. Als Umwelt sind alle nicht aufgeführten Größen und die exogene Größe E zu verstehen. Deshalb ist das Bevölkerungsmodell ein offenes System, denn es bestehen durch E Beziehungen zur Umwelt. Der Wert der Variablen E stellt zum Zeitpunkt t das Inputsignal des Systems zum Zeitpunkt t dar. Der Zustand zum Zeitpunkt t besteht aus den Werten aller Variablen mit Ausnahme des Input. Die Veränderung des Zustands ist zugleich das Verhalten des Systems, da weder ein Output vorhanden ist, noch die Struktur des Systems geändert

---

[1] t-1 bei rates bedeutet die Rate vom Zeitpunkt t-1 bis zum Zeitpunkt t.

wird. Durch die gestrichelte Linie in Abb. 20 erhält man zwei Subsysteme a und b. Dadurch ändern sich die Beziehungen zur Umwelt der Subsysteme und $f(L_t)$ wäre zum Beispiel ein Outputsignal des Subsystems b zum Zeitpunkt t.

b) Einordnen in Input-Output-Systeme

Durch (5.3) und (5.2) in (5.1) erhält man

(5.1') $B_t = (1 + \alpha - \beta) \cdot B_{t-1} + f(L_{t-1})$

durch (5.5) in (5.2)

(5.2') $L_t = L_{t-1} + \gamma \cdot B_{t-1} + E_{t-1}$

Nimmt man in (5.1) f als lineare Funktion, die durch den Nullpunkt geht, an, so gilt

(5.1") $B_t = (1 + \alpha - \beta) \cdot B_{t-1} + \delta \cdot L_{t-1}$

Graphisch lassen sich dann (5.2') und (5.1") wie folgt darstellen:

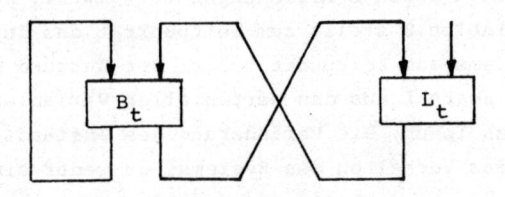

Abb. 21

Als Input-Output-System besitzt das Bevölkerungsmodell zwei aktive Elemente, die beide rückgekoppelt sind. B_t ist durch eine Eingangsverzweigung und eine Ausgangsverzweigung, L_t durch eine Eingangsverzweigung charakterisiert. Die Struktur wird durch die Input- und Outputbeziehungen dargestellt. Das System wird durch eine Inputgröße beeinflußt, ist also als offenes System zu bezeichnen.

Die Gleichungen (5.2') und (5.1'') stellen ein Differenzengleichungssystem erster Ordnung dar. Beim Einsetzen in

(2.27) $\underline{y}(t) = \underline{A}\,\underline{z}(t) + \underline{B}\,\underline{x}(t)$

(2.28) $\underline{z}(t+1) = \underline{C}\,\underline{z}(t) + \underline{D}\,\underline{x}(t)$

gilt, da das System keinen Output hat, für $B_t = z_1(t)$ und $L_t = z_2(t)$ und $E_t = x_1(t)$

$$z_1(t) = (1 + \alpha - \beta)\cdot z_1(t-1) + \delta\cdot z_2(t-1)$$
$$z_2(t) = \gamma\cdot z_1(t-1) + z_2(t-1) + x_1(t)$$

so daß in (2.28)

$$\underline{C} = \begin{bmatrix} 1+\alpha-\beta & \gamma \\ \gamma & 1 \end{bmatrix} \qquad \underline{D} = \begin{bmatrix} 0 \\ 1 \end{bmatrix}$$

2.1.6 FORRESTERS SYSTEM- UND MODELLVERSTÄNDNIS

Jay W. Forrester definiert in 'Principles of Systems' ein System als eine Anzahl von miteinander in Beziehung stehenden Teilen, die zu einem gemeinsamen Zweck miteinander operieren. Ein Modell ist für ihn ein Substi-

tut oder ein System (vgl. Forrester 1968, 9, 73). Diese
sehr allgemeinen Aussagen werden beim Vergleich von
technisch-wissenschaftlichen und sozialwissenschaftlichen Systemen stark eingeengt.

> "Both engineering and social systems have a
> continuous gradation (from the obviously
> important, through the doubtful, into the
> negligible) of influences that affect each
> action and decision; by contrast, the physical science systems have often been different,
> with a substantial gap in importance between
> the few factors that must be included in a
> model and nearly insignificant ones that can
> be omitted. Social systems are strongly
> characterized by their closed-loop (information-feedback) structure,... ".(Forrester 1961, 83).

Die Übertragung der technischen Systeme auf die sozialen stößt bei vielen Kritikern auf Widerspruch. Das
Konzept der geschlossenen oder sog. 'feedback' Systeme
läßt die wesentlichen Entscheidungs- und Regelungsprozesse zu Automatismen verkümmern, da die Umweltbeziehung zum Gesellschaftssystem nicht berücksichtigt
wird.[1] Wie problematisch die Konzeption des geschlossenen Systems sein kann, zeigt das Modell in Urban Dynamics.
Es soll eine Großstadtentwicklung in Amerika wiedergegeben werden, wobei der Zweck der Analyse der Untersuchung aktueller Probleme und Erforschung zur Beseitigung dieser Probleme dient.
Die wichtigsten Zustandsvariablen Bevölkerung, Arbeitsplätze und Wohnungen sind ausschließlich vom systeminternen Verhalten abhängig, da Forrester einen geschlos-

---

[1] Vgl.die geschlossenen Systeme von 'Urban Dynamics'
und 'World Dynamics' (Forrester 1969 und 1971).

senen Ansatz wählt. Wesentliche Ursachen der Großstadtentwicklung bleiben dabei unberücksichtigt, und das bei einer Zeitraumbetrachtung von 250 Jahren.

Harbordt zählt beispielsweise die Mechanisierung in der Landwirtschaft, die zu einer Landflucht führt, oder die Wanderung in die als 'liberaler' geltenden Großstädte aus Gründen der Rassendiskriminierung auf (vgl. Harbordt 1974, 112 f.). Warum Forrester ein geschlossenes System wählt, ist verständlich. Die Beziehungen zur Umwelt wirken sich zwar auf die System komponenten aus, die Einflußgröße kann aber im System nicht mehr erklärt werden. Es dürfte mit großen Schwierigkeiten verbunden sein, die Mechanisierung in der Landwirtschaft oder die Rassendiskriminierung als reine Funktionen der Zeit aufzufassen. Sie als Zufallsprodukte in das Großstadtentwicklungsmodell einfließen zu lassen, ist auch nicht sinnvoll, wenn nicht die Belastbarkeit des Modells überprüft werden soll. So ist m.E. die Kritik von Harbordt nicht eine Kritik am geschlossenen Ansatz, sondern an der Systemabgrenzung.

Bei solchen Einwänden verweist Forrester immer auf den Zweck eines Systems bzw. eines Modells. Für ihn werden Systeme und Modelle nach ihrer Zweckmäßigkeit und praktischen Nützlichkeit erstellt und beurteilt. Eine Überprüfung der Zuverlässigkeit, also der Genauigkeit, mit der Daten reproduziert werden, ist in Forresters Modellen unmöglich. Forrester hat seine Modelle mit einer eigenen Philosophie untermauert (vgl. Harbordt 1974, 73 f.). Er will die 'verbreitete Auffassung'

widerlegen, daß die Bildung formaler Modelle mit
einer Sammlung und statistischen Auswertung von quantitativen Daten beginnen müsse. Statt auf statistische Datenanalyse wird das Modell auf Vorstellungen
über seinen Gegenstand, auf ein Konzept begründet.
Die Struktur des Modells ist entscheidend, nicht hingegen die Daten aus externen Beobachtungen. Diese könnten
kaum zur Erklärung kausaler Mechanismen eines komplexen
Systems beitragen und der Wert der Daten sei geringer
als ihre Information. Es ist wesentlich, daß das Konzept des Modells aus Intuition, persönlichen Erfahrungen, Beobachtungen und Interviews mit Experten entsteht. Forrester selbst erklärt die Beschreibung einer
Situation als Vorarbeit für ein mathematisches Modell
als "... the point where intuition and insight have
their greatest opportunity. This is a step for the
phisical, sensitive, perceptive observer." (Forrester
1961, 44).
Wurde nun eine Struktur aus eigenen und fremden Urteilen erstellt, so ist die Parameterauswahl bis auf wenige Ausnahmen zweitrangig. Diese kritischen Parameter
müssen genauer untersucht werden, zum Beispiel durch
Sensitivitätsanalysen und könnten aufgrund gezielt
beschaffter Daten geschätzt werden (vgl. Forrester
1971, 119).

Mit Forresters konzeptorientiertem Ansatz können zumindest wirklichkeitsnahe Modelle - hierbei sei nicht
nur an das Weltmodell gedacht - nicht erstellt werden,
denn viele Strukturelemente sind erst aufgrund der
Analyse von Daten formulierbar (vgl. Ansoff/Slevin
1968, 389, 393).

Über die Validität seiner Modelle sagt Forrester wenig aus. Er will seine Modelle nicht vor dem Hintergrund einer imaginären Perfektion beurteilt wissen, sondern im Vergleich mit den geistigen und deskriptiven Modellen, die sonst benützt werden. "Die Modellgültigkeit ist ein relativer Begriff. Die Brauchbarkeit eines mathematischen Simulationsmodells sollte immer im Vergleich mit der gedanklichen Vorstellung, oder mit einem anderen abstrakten Modell, das als Ersatz dienen könnte, beurteilt werden." (Forrester 1968, 78).
Er gesteht ein, daß es keine objektiven Kriterien für die Richtigkeit der Komponentenauswahl, der Systemabgrenzung und der Beziehungen gibt. Dies sei aber nicht so entscheidend, da das wichtigste Ziel der Modellvalidierung nicht in der Prognose der Charakteristik des Systems, sondern im Verständnis des Systemzusammenhangs liegt. Damit ist das Anspruchsniveau relativ gering. Daß trotzdem soviel Kritik an seinem Ansatz entstand, ist darauf zurückzuführen, daß er nicht strikt zwischen Aussagen über das Modell und Aussagen über das reale System unterscheidet. "Da er aber diese Grenze ständig verwischt und Folgerungen aus dem Modell die Bedeutung von Aussagen über die Wirklichkeit unterschiebt, begibt er sich in die Nähe der Wahrsagerei, zumindest ist er unverantwortlich leichtfertig. Dieser Vorwurf ist nicht zu hart, wenn man bedenkt, daß Forrester nicht etwa nur sein Verfahren propagiert, sondern mit diesen Modellen Politiker und andere Entscheidungsträger beraten will." (Harbordt 1974, 77).

Die bis jetzt vorgebrachten Einwände gegen Forresters Modelle beziehen sich alle auf das System- und Modellverständnis Forresters, nicht auf die Methode system dynamics. Doch unterstützt system dynamics anscheinend solche Modelle, wie sich aus den Veröffentlichungen von system dynamics-Modellen zeigt.
Anders verhält es sich bei dem Vorwurf von Holt u.a., daß Systeme in system dynamics aus komplex vermaschten Rückkopplungsprozessen bestehen.

> "The notion of circular causality that is
> incorporated in Forrester's 'information
> feedback system' is an important analytical
> model which in any particular situation is
> capable of being either true or false. There
> is no denying that certain situations involve
> simultaneous determination (rather than uni-
> directional causality)...". (Holt 1962, 71).

In der Tat ist bei Forresters Systemverständnis jedes System nur aus Rückkopplungsschleifen aufgebaut. Untersucht man das level-rate Konzept, so besteht es nur aus Interaktionen, also zeitabhängigen Beziehungen. Die Hilfslevels sind algebraische Bestandteile der Flußraten, so daß dadurch auch keine Kombinationsbeziehungen erklärt werden können. Interpretiert man die Hilfslevel großzügiger (vgl. 2.3.2), so können durch die auxiliaries und ihre Abhängigkeiten simultane Gleichungen aufgestellt werden. Stellen C_t den Konsum, I_t die Investition und Y_t das Volkseinkommen dar, so setzt sich das Volkseinkommen aus Konsum und Investition zusammen ($Y_t = C_t + I_t$). Bei der Simulation jedoch kann man nur noch von quasi simultanen Gleichungen sprechen, da zuerst die Werte von C und I bekannt sein müssen, bevor Y berechnet werden kann.

2.2 KYBERNETIK UND REGELUNGSTHEORIE

2.2.1 ABGRENZUNG DER KYBERNETIK ZUR SYSTEMTHEORIE

Es gibt heute eine Fülle von Definitionen der Kybernetik und Unterschiede in der Anwendung.
Norbert Wiener, der den Namen Kybernetik geprägt hat und der Promotor dieser neuen Wissenschaft ist, gab seinem 1968 erschienenen Buch den Titel 'Cybernetics - Communication and Control in the Animal and the Machine' und prägte damit gleich eine **Begriffsfestlegung**. Nahezu alle Erklärungsvorschläge liegen zwischen dieser relativ engen Definition und der sehr weiten von Couffignal (Kybernetik, die Kunst, eine Handlungsweise zur Erreichung eines gesteckten Ziels wirksam zu machen) oder der von Ashby (Allgemeine formale Wissenschaft der Maschinen; wobei unter Maschinen Lebewesen, Gemeinschaften, Volkswirtschaften etc. zu verstehen sind) (vgl. Lexikon der Kybernetik 1964).

Die Kybernetik ist eine Wissenschaft, die sich ein ähnliches Ziel wie die Allgemeine Systemtheorie gesetzt hat, gemeinsame Strukturen von Systemen aus verschiedenen wissenschaftlichen Fachdisziplinen aufzuzeigen und damit zur Integration der Wissenschaften beizutragen. Während die Allgemeine Systemtheorie mit Wechselbeziehungen die Relation zwischen den Elementen angibt, konzentriert sich die Kybernetik auf die Begriffe der Regelungs- und Nachrichtentechnik, um Beziehungen zwischen Elementen darzustellen. Dies erklärt sich aus den fachlichen Interessen ihrer Mitbegründer.

Bertalanffy war Biologe, Wiener dagegen Mathematiker.
Die Regelungstechnik beschäftigt sich nur mit dynamischen Systemen, so daß oftmals die Kybernetik der
dynamischen Systemtheorie gleichgesetzt wird (vgl.
Baetge 1974, 11). Andere Autoren, wie Frank, sehen die
Systemtheorie als Kernstück der Kybernetik (vgl. Frank
1964, 49; 1966, 32).

Um für gemeinsame Interessen auch einen gemeinsamen
Namen zu haben, wurde der Ausdruck Kybernetische
Systemtheorie (Niemeyer 1977a) geschaffen, wobei keine Wertung über die Stellung der Einzelgebiete abgegeben wird, sondern ein gemeinsamer Ansatz
erreicht werden soll. Dazu müssen die Beziehungen der
Systemkomponenten näher definiert werden, wobei sich
die Regelungs- und Kontrolltechnik als Grundlage für
sozialwissenschaftliche Systeme anbietet. Da system
dynamics mit vermaschten Regelkreisen abgebildet ist,
wird im folgenden die Regelungstheorie vorgestellt,
und ihre Elemente werden in system dynamics dargestellt.

2.2.2 GRUNDBEGRIFFE DER REGELUNGSTECHNIK

Unter dem Begriff 'Regeln' versteht man die Herstellung
oder Wahrung einer wünschenswerten Situation, die durch
störende Einflüsse von innen oder außen in Unordnung
geraden ist (vgl. Leonhard 1972, 1). Unordnung besteht
dann, wenn eine zu regelnde Größe (Regelgröße oder
Regelstrecke) nicht den gewünschten Zustand (Sollwert)

erreicht. Die Größe, mit der die Regelstrecke beeinflußt wird, bezeichnet man als Stellgröße. Mit Hilfe dieser Größe wird die Absicht verfolgt, die Regelgröße zeitlich konstant zu halten, sie in Abhängigkeit von anderen Größen zu bringen, ihr einen bestimmten Zeitverlauf zu geben oder Steuerungen durchzuführen (vgl. Merz 1967, 15). Die Steuerung wirkt sofort, z.B. beim Auftreten von Störgrößen, ohne daß ihre Wirkung überprüft wird. Kennzeichnend für sie ist der offene Wirkungsablauf, da bei der Steuerung der Input in die Regelgröße keine Rückinformation über den Zustand der Regelgröße erfordert. Eine stabilisierende Steuerung (Abb. 22) setzt eine Antizipation der möglichen Störgrößen voraus. Die Störgröße z wird vor oder während ihres Eingreifens erfaßt, und die erwartete Veränderung der Regelgröße soll durch das Einwirken der Steuereinheit verhindert werden (vgl. Niemeyer 1977a, 159 f.).

```
                          │
                          │        Störgröße
            ┌──────────┐  ▼  ┌──────────┐
        ──▶ │Steuereinheit│ ──▶ │ Regelgröße │
            └──────────┘     └──────────┘
```

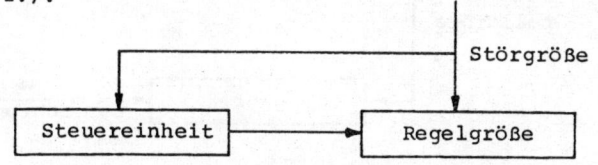

Abb. 22

Die Regelung ist nach DIN 19226 ein Vorgang, bei dem der vorgegebene Wert einer Größe (Regelgröße) fortlaufend durch Eingriff (Stellgröße) aufgrund von Messungen dieser Größe hergestellt und aufrechterhalten wird (vgl. Samal 1967, 17). Sie unterscheidet sich durch drei wesentliche Merkmale von der Steuerung:

(1) Die Eingriffe erfolgen fortlaufend.
(2) Die Eingriffe erfolgen durch Betrachtung der Regelgröße und stellen durch die fortlaufende Prüfung der Regelgröße zugleich eine Erfolgskontrolle dar.
(3) Die Eingriffe erfolgen nicht sofort beim Auftreten von Störgrößen, sondern als Reaktion auf eine Antwort der Strecke.

Da bei der Regelung der Wirkungsablauf geschlossen ist, bezeichnet man diesen Wirkungsablauf als <u>Regelkreis</u> (Abb. 23). Die Transformation der Regelgröße und des Sollwerts, auch Führungsgröße genannt, in die Stellgröße erfolgt in einem <u>Regler</u>.

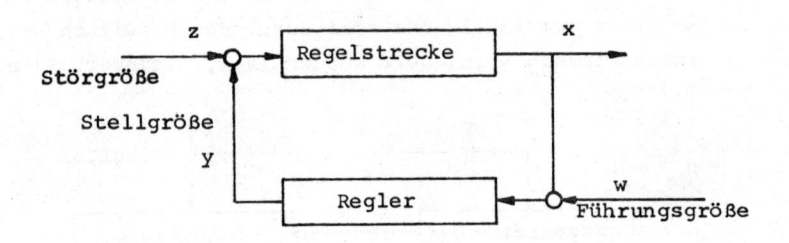

```
                z                          x
Störgröße ──────○─→┌──────────────┐──────────→
                   │ Regelstrecke │
                   └──────────────┘
     Stellgröße
              y
        ┌──────────────┐           w
   ─────│   Regler     │◄─────○──────
        └──────────────┘       Führungsgröße
```

<u>Abb. 23</u>

Der Regelkreis läßt sich in zwei Transformationsprozesse der Regelstrecke und des Reglers unterteilen, durch die die Inputbeziehungen in Outputbeziehungen transformiert werden.

Input für die Regelstrecke sind die Störgröße z und die Stellgröße y, die in den Output x transformiert werden. Das zweite Elemente des Systems, der Regler, wird auch Entscheidungsoperator genannt, da der Input x mit dem zweiten Input der Führungsgröße w verglichen wird, und der Output y als Entscheidung betrachtet werden kann. Die Elemente des Regelkreises sind rückgekoppelte Elemente (vgl. Kap. 2.1.2), da der Output der Regelstrecke Input des Reglers wird. Diese Rückführung der Outputgröße wird auch als "feed-back" bezeichnet.

Da in der Regelungstechnik die Zustandsdarstellung eines Zeitsystems (**Def.** 19) nicht eingeführt wurde, kann das Grundmodell des Regelkreises, das Linearität unterstellt, folgendermaßen beschrieben werden:

(2.1) $S_n x^{(n)} +...+ S_3 x''' + S_2 x'' + S_1 x' + S_0 x = y(y,z)$

(2.2) $T_m y^{(m)} +...+ T_3 y''' + T_2 y'' + T_1 y' + T_0 y = f(x,w)$

wobei

$$x' = \frac{dx}{dt} \ ; \ x'' = \frac{d^2 x}{dt^2} \ \text{usw..}$$

$$y' = \frac{dy}{dt} \ ; \ y'' = \frac{d^2 y}{dt^2} \ \text{usw., die Ablei-}$$

tungen nach der Zeit sind.

Für den Regler (2.2) wird Stetigkeit unterstellt, und Verzögerungen werden sowohl beim Regler als auch bei der Regelstrecke angenommen. Die höchste Ableitung der beschreibenden Gleichung kennzeichnet die <u>Ordnung</u> der Regelstrecke und des Reglers. Man spricht zum Beispiel

von einer Regelstrecke n-ter Ordnung, wenn ihr Zeitverhalten durch eine Differentialgleichung n-ter Ordnung dargestellt werden kann (vgl. da u Pressler 1967, 33). Die Gleichungen (2.1) und (2.2) werden <u>Übergangsfunktionen</u> genannt.
Führt man in eine Übergangsfunktion der Regelstrecke eine Zustandsdarstellung c ein, so ergibt sich für eine Regelstrecke 1. Ordnung

(2.3) $s_1 x' + s_0 x + d_0 c = y(y,z)$

und für den Regler 1. Ordnung und die Zustandsdarstellung e

(2.4) $T_1 y' + T_0 y + b_0 e = f(x,w)$

Die Führungsgröße kann sich je nach Zielvorstellungen im Zeitablauf unterschiedlich verhalten.
Wird die Führungsgröße über längere Zeiträume hinweg konstant gehalten, so spricht man von <u>Festwertregelung</u>.
Soll eine gezielte Veränderung der Regelgröße erfolgen, so benützt man meist zeitlich variierende Führungsgrößen und nennt diesen Vorgang <u>Folgeregelung</u> (vgl. Niemeyer 1977a, 164).

2.2.3 MODELLE DES REGELKREISES

Das einfachste Regelkreismodell wird durch eine Regelstrecke 1. Ordnung und einen verzögerungsfreien Proportionalregler (P-Regler) dargestellt. Proportionales Verhalten bedeutet, daß die Stellgröße proportional zur Regelabweichung ist. Die Proportionalitätskonstante K wird auch <u>Verstärkungsfaktor</u> des Reglers genannt.

Regelstrecke 1. Ordnung in Differenzengleichungs-Schreibweise:

(3.1) $x_t = z_{t-1} + y_{t-1}$ [1]

P-Regler in Differenzengleichungs-Schreibweise:

(3.2) $y_t = K(w_t - x_t)$ [2]

Aus (3.1) und (3.2) ergibt sich für den Regelkreis

(3.3) $x_t = z_{t-1} + K(w_{t-1} - x_{t-1})$.

Bei den Grundmodellen des Reglers gibt es neben dem P-Regler noch differentiales und integrales Verhalten. Aus diesen Grundmodellen werden andere Regler kombiniert.

Differentiales Verhalten liegt vor, wenn die Stellgröße aufgrund der Veränderungsgeschwindigkeit der Regelabweichung gebildet wird (D-Regler).

(3.4) $y_t + e_t = K(w_t - x_t)$ oder $y_t = K(w_t - x_t) - e_t$

(3.5) $e_t = K(w_{t-1} - x_{t-1})$ [3]

Integrales Verhalten bedeutet schließlich, daß das Integral über alle Zeitwerte der Regelabweichung die Stellgröße bildet (I-Regler).

---

[1] Hier wird von einer Regelstrecke 1. Ordnung gesprochen, und es wird unterstellt, daß für eine reale Aktion Zeit benötigt wird.

[2] Beim Regler wird keine Verzögerung unterstellt, um keine größeren Verzögerungen im Regelkreis entstehen zu lassen.

[3] Im allgemeinen ist diese Zustandsdarstellung nicht üblich, man schreibt statt (3.4) und (3.5)
$$y(t) = K \cdot \frac{d(w(t) - x(t))}{dt}$$
(vgl. dazu Oppelt 1964, 200).

(3.6) $\quad y_t - e_t = 0 \quad$ oder $\quad y_t = e_t$

(3.7) $\quad e_t = e_{t-1} + K(w_t - x_t)$ [1]

Neben den Regelstrecken mit und ohne Verzögerung ist die Übergangsfunktion eines Totzeitgliedes von Bedeutung. Eine <u>Strecke mit Totzeit</u> ohne Verzögerung wird formal dargestellt

(3.8) $\quad x_t = z_{t-T} + y_{t-T}$

Sie ist dadurch gekennzeichnet, daß der Input in die Strecke erst nach einer bestimmten Zeitdauer T (lag) Auswirkungen auf die Ausgangsgröße x der Regelstrecke zeigt. Das Modell bildet Systeme ab, bei denen der Input erst einen Umwandlungs-, Lagerungs- oder Transportprozeß durchmachen muß, bevor er den Output beeinflußt (vgl. Niemeyer 1977a, 175).

Für die Sozialwissenschaften wird oft eine Strecke mit Zustandsdarstellung benötigt. Ein Sonderfall dieser Zustandsdarstellung sind die <u>integralen Strecken</u>, die sich aus der Integration des Inputs einen inneren Zustand aufbauen und durch keine inneren Verluste gekennzeichnet sind. Immer wenn sich in der Strecke die Inputs, die auch negativ sein dürfen, kumulieren, spricht man von integralen Strecken. Formal lassen sich diese beschreiben durch

(3.9) $\quad x_t - c_{t-1} = z_{t-1} + y_{t-1} \quad$ oder
$\quad\quad\quad x_t = c_{t-1} + z_{t-1} + y_{t-1}$

(3.10) $\quad c_t = c_{t-1} + z_{t-1} + y_{t-1}$

---

[1] Übliche Darstellungsweise:
$$y(t) = K \cdot \int_0^t (w(\tau) - x(\tau)) \cdot d\tau$$

Die verschiedenen Grundmodelle der Regelstrecke lassen sich ebenso wie die Reglermodelle kombinieren, und sie können auch ganze Schaltungen bilden.
Von den verschiedenen speziellen Regelkreismodellen wird hier nur die Schwellwertregelung beschrieben, da die anderen (z.B. Störgrößenaufschaltung, Hilfsgrößenregelung oder vermaschte Regelkreise) bereits in system dynamics eingeführt wurden (s. Niemeyer 1977a, 241-245).

Bei der Schwellwertregelung werden mehrere Regler überlagert. Jeder Regler übernimmt die Regelfunktion nur bis zu einer festgelegten Schwelle der Regelabweichung und übergibt sie bei Überschreiten der Schwellwerte an den übergeordneten Regler (Abb. 24), oder es greifen dann beide Regler in das zu regelnde System ein.

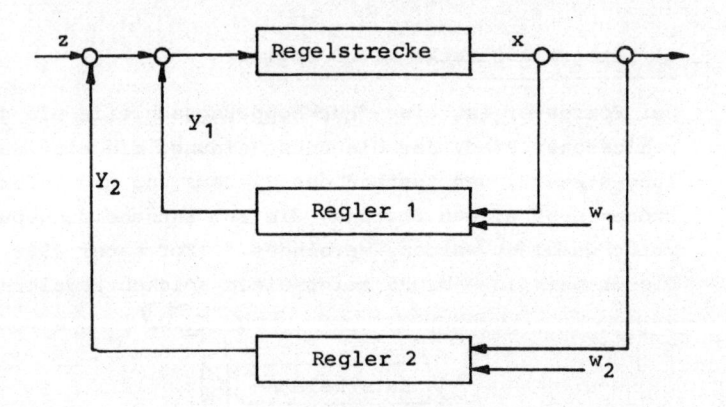

Abb. 24 (Niemeyer 1977a, 210)

a) Reglerfunktion wird bei Erreichen des Schwellwerts a abgegeben:

(3.11) Regler 1:
$$y_1 = f_1(x,w_1) \text{ mit } f_1(x,w_1) = 0 \text{ für } |w_1-x| \geq a$$
(3.12) Regler 2:
$$y_2 = f_2(x,w_2) \text{ mit } f_2(x,w_2) = 0 \text{ für } |w_2-x| < a$$

b) Reglerfunktion wird bei Erreichen des Schwellwerts a von beiden Reglern übernommen:

(3.13) Regler 1: $y_1 = f_1(x,w_1)$ für alle $|w_1-x|$
Regler 2: wie Gleichung (3.12).

2.2.4 REALISATION DER REGELKREISE IN SYSTEM DYNAMICS

a) Integrale Strecke mit P-Regler

Bei Forrester ist eine "Rückkopplungsschleife ein geschlossener Pfad, der die Entscheidung, die eine Handlung steuert, den Zustand des Systems und die Informationen über diesen Zustand, die zum Entscheidungspunkt zurückgemeldet werden, verbindet." (Forrester 1968, 19). Die Graphik in Abb. 25 zeigt einen solchen Regelkreis:

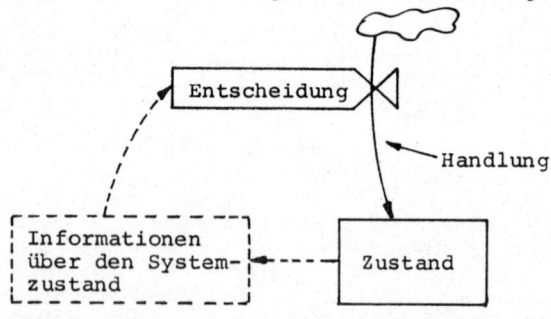

Abb. 25

Noch deutlicher wird das Regelkreismodell, wenn
Forrester eine Rate aufteilt (Forrester 1962, 45):

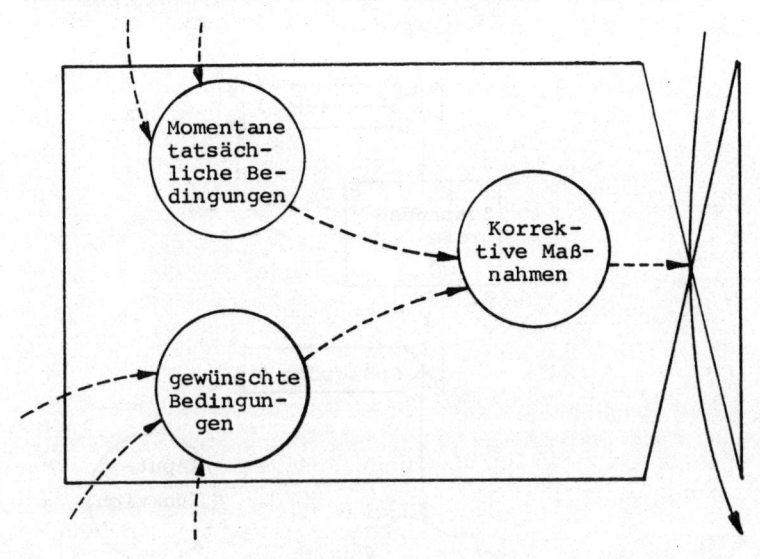

Abb. 26

Bezeichnet man die gewünschten Bedingungen als konstante Führungsgröße w, die momentanen tatsächlichen Bedingungen als Output der Regelstrecke x und die korrektiven Maßnahmen mit Stellgröße y, so hat das Grundmodell eines Regelkreises in system dynamics folgende Gestalt (Niemeyer 1977, 239):

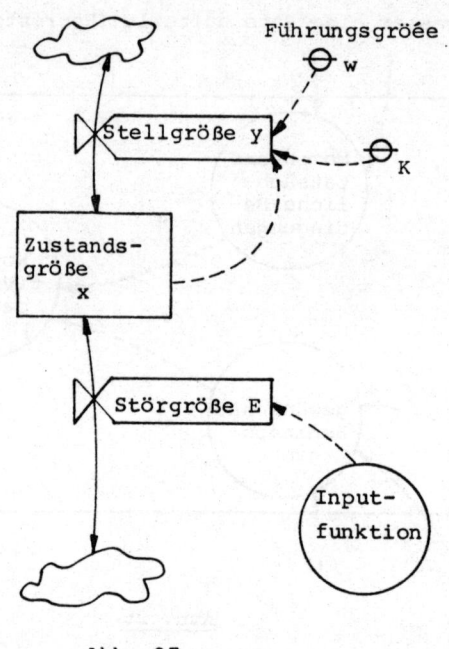

Abb. 27

(4.1) $y_{t-1} = K \cdot (w_{t-1} - x_{t-1})$

(4.2) $x_t = x_{t-1} + DT \cdot (z_{t-1} + y_{t-1})$

Setzt man DT = 1, so erkennt man, daß Gleichung (4.2) mit der Gleichung der Zustandsberechnung bei einer integralen Strecke übereinstimmt. Gleichung (4.1) beschreibt einen P-Regler, so daß in Abb. 27 ein Regelkreis mit integraler Strecke mit einem P-Regler veranschaulicht wurde. Die Anwendung des Regelkreises be-

schränkt sich in den bekannten system dynamics Modellen auf P-Regler. Deshalb werden die Modelle eines I- und D-Reglers vorgeführt.
Statt von Integral sollte man genauer von Summation und statt von Differentiation von Differenz sprechen, denn wenn das Zeitinkrement DT auch noch so klein gewählt wird, bleiben die Gleichungen Differenzengleichungen.

b) Integrale Strecke mit I-Regler (Abb. 28):

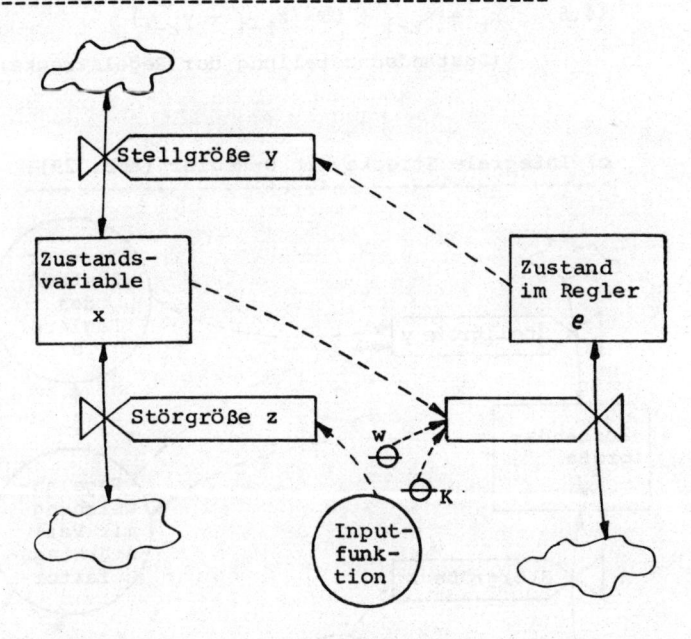

Abb. 28

Die Stellgröße y_t ist beim I-Regler gleich dem Zustand e_t des Reglers (vgl. (3.6)). Die Zustandsgleichung des Reglers (3.7) wird dargestellt durch

(4.3) $\quad e_{t-1} = e_{t-2} + K(w_{t-1} - x_{t-1})$

(Zustandsgleichung des Reglers)

(4.4) $\quad y_{t-1} = e_{t-1}$

(Stellgrößengleichung)

(4.5) $\quad x_t = x_{t-1} + DT \cdot (z_{t-1} + y_{t-1})$

(Zustandsdarstellung der Regelstrecke)

c) Integrale Strecke mit D-Regler (Abb. 29):

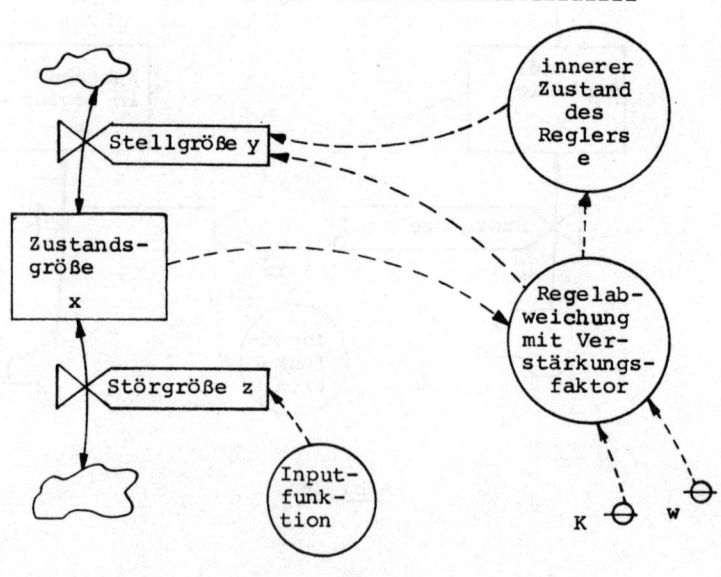

Abb. 29

Aus der Definition des D-Reglers ergibt sich aus (3.5):

(4.6) $\quad e_{t-1} = K(w_{t-2} - x_{t-2})$

(Darstellung des Reglers der Vorperiode)

(4.7) $\quad y_{t-1} = K(w_{t-1} - x_{t-1}) - e_{t-1}$

(Stellgrößengleichung)

(4.8) $\quad x_t = x_{t-1} + DT \cdot (z_{t-1} + y_{t-1})$

(Zustandsdarstellung der Regelstrecke)

d) Regelstrecke mit Totzeit (Abb. 30):

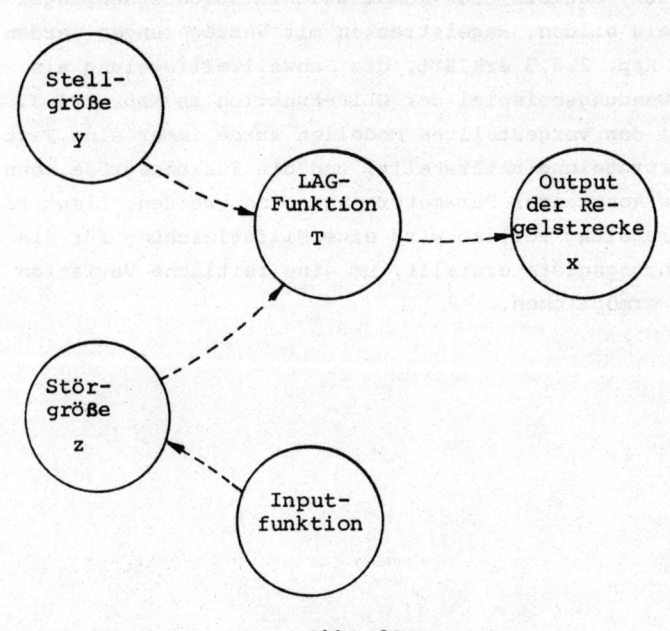

Abb. 30

Da die einfache Regelstrecke 1. Ordnung nach Definition auch als Regelstrecke ohne Verzögerung mit einer Totzeit (lag) von 1 gesehen werden kann, soll die Totzeit gleich allgemein eingeführt werden. In DYNAMO sind die Funktionen für lags nicht vorgesehen (vgl. 2.4.2).

(4.9) $\quad x_t = \text{LAG}(T, y_t + z_t)$

$\quad\quad$ (Regelstrecke mit Totzeit)

In der Funktion LAG gibt der erste Parameter T die Totzeit an, der zweite Parameterausdruck liefert den Input in die Regelstrecke. Diese Regelstrecke kann mit allen Reglern oder Kombinationen davon einen Regelkreis bilden. Regelstrecken mit Verzögerungen werden in Kap. 2.3.3 erklärt, die Schwellwertregelung als Anwendungsbeispiel der CLIP-Funktion in Kap. 2.3.2. Bei den vorgestellten Modellen wurde immer eine Festwertregelung unterstellt, und die Führungsgröße konnte als konstanter Parameter angenommen werden. Liegt Folgeregelung vor, so wird eine Hilfsgleichung für die Führungsgröße erstellt, um eine zeitliche Variation zu ermöglichen.

2.3 BESCHREIBUNG UND MODIFIKATION VON SYSTEM DYNAMICS

Forrester gestaltete die Methode system dynamics. Aus diesem Grund wird seine umstrittene Systemphilosophie vorgestellt (vgl. dazu Forrester 1961; 1972). Da der kybernetische systemtheoretische Ansatz eine Basis für alle Systeme begründen soll, werden die Grenzen der von Forrester **unterstellten** Allgemeingültigkeit aufgezeigt und durch Modifikation der Annahmen verschoben.

2.3.1 LEVEL-, RATE-, AUXILIARY-KONZEPT

a) Darstellung von Forresters Überlegungen

Die strukturellen Zusammenhänge in einem system dynamics Modell können als komplex vermaschte Regelkreise interpretiert werden. Levels und rates sind die wichtigsten Elemente eines Rückkopplungsprozesses (Regelkreises), da Strecke und Regler durch sie ausgedrückt werden (vgl. 2.2.4).

Die levels (Zustandsvariablen) bilden die Bestandsgrößen in einem System, die rates (Flußraten) die Strömungsgrößen. Die Verbindungen zwischen beiden ergeben sich bei der Bestimmung ihrer Werte im Zeitablauf. Zustandsvariable akkumulieren die Nettodifferenz zwischen Zu- und Abflußraten aus der Vergangenheit (vgl. 1.1).

(1.1) $\quad level_t = level_0 + DT \cdot \sum_{i=1}^{t-1} (Zuflußrate_i - Abflußrate_i)$

Die Veränderung von levels erfolgt durch einen Material- oder Informationsstrom, der Elemente von einem Ort zu einem anderen bewegt und durch eine rate kontrolliert wird, d.h. die Zunahme der levels bewirkt andernorts eine Abnahme.

Dies zeigt gleichzeitig den Unterschied zu den Informationsströmen, bei denen eine Entnahme von Informationen möglich ist, ohne die Informationsquelle zu erschöpfen.

Da Zustandsvariablen nur von Strömungsgrößen abhängig sind, ist eine direkte Beeinflussung zweier Zustandsvariablen unmöglich. Die Werte der Zustandsvariablen beschreiben die Bedingung des Systems zu jedem Zeitpunkt; sie verändern sich nicht sprunghaft und sorgen somit für die Systemkontinuität zwischen den berechneten Zeitpunkten. Dies mag auf den ersten Blick überraschen, da die Errechnung taktweise durch das Zeitinkrement DT erfolgt und somit jede Zustandsvariable nach der Rechteckmethode der numerischen Integration berechnet wird. Doch durch Variation des Zeitinkrements oder des Anfangszeitpunkts ist es möglich, die Bestandsgröße zu jedem Zeitpunkt anzugeben.

Da bei Forrester Strömungsgrößen sich nicht auf einen Zeitraum beziehen, sondern als dauerndes Fließen interpretiert werden, sind rates für ihn nicht meßbar. Messen erfordert eine Zeitraumbetrachtung, und eine augenblickliche Flußgröße kann im Gegensatz zu Durchschnittswerten der Flußgröße nicht berechnet werden. Durchschnittswerte erfordern jedoch eine Akkumulation und stellen somit eine Zustandsvariable dar. Aus diesem Grund können rates nicht von rates abhängig sein. Die Widersprüchlichkeit dieser Anschauung wird noch aufgezeigt.

Eine <u>Flußrate</u> kann als Aktion interpretiert werden.
Sie ist nur von Informationen abhängig, die durch
Konstante oder durch die gegenwärtigen Werte der
Zustandsvariablen geliefert werden. Für die Verknüpfung der einzelnen Informationen sind alle arithmetischen Operatoren zulässig. Vergangene Flußraten
können die gegenwärtigen nicht direkt beeinflussen.

Da den Ratenvariablen Informationen durch Zustandsvariablen zugeführt werden und Zustandsvariablen nur
durch Ratenvariablen verändert werden, führt jeder
Weg durch die Struktur eines Systems abwechselnd an
Zustands- und Ratenvariablen vorbei (vgl. Forrester
1968, 99).

Um die Abhängigkeiten der rates zu verdeutlichen und
besser hervorzuheben, wurden Hilfslevels (auxiliary)
eingeführt. Sie sind lediglich algebraische Bestandteile der Flußraten und widersprechen nicht dem
Grundgedanken, daß sich die Struktur eines Systems
aus Fluß- und Zustandsgrößen ergibt. Die auxiliaries
bilden einen Teilaspekt der Information und sind deshalb nur von Zuständen, Konstanten oder anderen Hilfslevels abhängig. Sie selbst können nur rates oder
andere Hilfslevels beeinflussen.

Veranschaulicht man die Aussagen mittels der graphischen Symbole aus Kap. 1.1.3 (Abb. 31), wobei die
gestrichelten Linien Informationsströme und die durchgezogenen Linien Materialströme versinnbildlichen, so
können die Bausteine und die Beziehungen bei system
dynamics veranschaulicht werden:

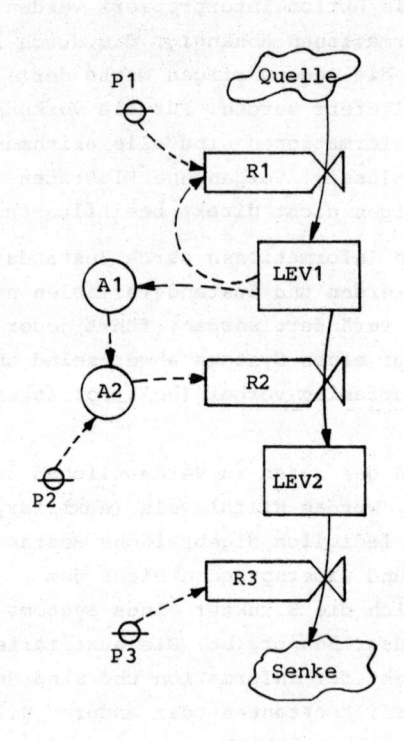

```
                    Quelle
    P1        ⌒⌒⌒⌒⌒
    ─○┐      (     )
       ┆      ⌒⌒┬⌒⌒          LEV : LEVEL
       ↓         │            R   : rate
     ┌────┐◁    │            A   : auxiliary
     │ R1 │▷────┤            P   : Parameter
     └────┘     │
                ▼
              ┌──────┐
    ┌──┐◁─────│ LEV1 │
    │A1│      └──────┘
    └──┘         │
     │           │
     ▼           │
    ┌──┐   ┌────┐│
    │A2│──▷│ R2 │◁
    └──┘   └────┘
                ▼
              ┌──────┐
              │ LEV2 │
              └──────┘
       ┌────┐    │
       │ R3 │◁───┤
       └────┘
    ─○┘         ▼
    P3       ⌒⌒⌒⌒⌒
            (  Senke )
             ⌒⌒⌒⌒⌒
```

Abb. 31

(1) Veränderungen der levels können **nur durch rates** erfolgen.
(2) Die Werte der rates resultieren aus den Informationsströmen von den levels, auxiliaries oder Parametern.
(3) Die Werte der auxiliaries **ergeben** sich aus den glei**ch**en Abhängigkeiten wie die der **rates**, da **die Hilfs**levels als Bestandteile der rates betrachtet werden.
(4) Die Parameter sind fest vorgegeben.
(5) Quelle und Senke zeigen Materialströme von und zur Umwelt an.

Abb. 31 zeigt ferner die Kopplung zweier Zustandsvariablen, da die Abgangsrate des einen level zugleich Zugangsrate des anderen ist.

b) Kritik an Forresters Darlegungen

Die Darstellung des level-rate-auxiliary-Konzepts scheint in sich geschlossen. Sie verdeutlicht die Zustandsdarstellung des Regelkreises in der Regelungstechnik. Doch bei der Darstellung der Strömungsgrößen (rates) verwickelt Forrester sich in Widersprüche. Sind sowohl rates als auch levels zeitpunktbezogen, so sind ihre Dimensionen gleich und Forrester gibt eine Daumenregel zur Unterscheidung an: "Flußraten sind Aktionsvariablen; sie hören auf, wenn eine Aktion beendet ist. Zustandsvariablen sind Akkumulationen der Auswirkungen von vergangenen Aktionen; sie bestehen weiter und können noch beobachtet werden, wenn es im System keine Aktivitäten mehr gibt." (Forrester 1968, 96).

Die Regelungstechnik betrachtet stetige Prozesse und somit sind die rates Differentialquotienten und daher nicht meßbar. Für die Simulation mit einem Digitalcomputer müssen die Variablen diskretisiert werden, und die rates werden als Differenzenquotienten ausgedrückt.

Forrester hat für die Simulation die Diskretisierung der kontinuierlichen Modellgleichungen in sein Modellkonzept mitaufgenommen (vgl. Krüger 1975, 202). Daraus resultiert die unterschiedliche Meinung in der Literatur, ob sich system dynamics mit stetigen oder diskreten Modellen beschäftigt (s. Zeigler 1976, 99; Gordon 1969, Kap.4,5; Oertli u.a. 1977, 110-123; Meier u.a. 1969, 80-117).

Betrachtet man die Dimensionen in Gleichung (1.2) mit [E] für Einheiten und [ZE] für Zeiteinheiten

(1.2) $\quad LEV1_t = LEV1_{t-1} + DT * (R1_{t-1} - R2_{t-1})$
$\quad\quad\quad [E] \;\;= [E] \;\;\;\;+ [ZE]*(E/ZE - E/ZE)$

so zeigt sich, daß die rates Zeitraumbetrachtungen unterliegen. Im Kapitel über Modellkonzeptionen beschreibt Forrester selbst, daß nur Ausdrücke mit gleichen Dimensionen kombiniert werden können und erklärt einige - nach seiner Meinung - 'spitzfindige Situationen' (vgl. Forrester 1968, Kap.6).
Für die Flußraten ergeben sich immer die Maßeinheiten [Maßeinheit des levels]/[Maßeinheit der Zeit].

Die Diskrepanz zwischen der Erklärung und der späteren Vorgehensweise bei der Simulation ist einleuchtend.
Es erhebt sich jedoch die Frage, **wofür** es nützlich sein sollte, daß rates beim Modellbau als Differentialquotienten und nicht als Strömungsgrößen (auf einen Zeitraum bezogen) zu betrachten sind, wenn sie später bei der Simulation diskretisiert werden.

c) Modifikation

Folgende Probleme können nach der Darstellung Forresters in system dynamics nicht oder nur teilweise gelöst werden. System dynamics muß bei diesen Modifikationen nicht erweitert, sondern nur die Interpretation Forresters muß verallgemeinert werden:

(1) Lösung von quasi-simultanen Gleichungen (vgl. Kap. 2.1.6). In der Makrotheorie werden oftmals Strömungsgrößen nicht akkumuliert, dafür sollen sie nach bestimmten Regeln aufgeteilt werden.

(1.3) $Y_t = C_t + I_t$

mit Y für Volkseinkommen, C für Konsum und I für Investitionen.

Gleichung (1.3) läßt sich durch eine allgemeinere Interpretation der auxiliaries durch Abb. 32 graphisch darstellen

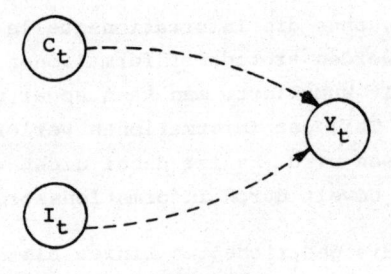

Abb. 32

Diese Verallgemeinerung ist für alle Definitionsgleichungen notwendig. Anders verhält es sich, wenn das Volkseinkommen in Konsum und Investition aufgeteilt wird. Aus kybernetisch — systemtheoretischer Betrachtungsweise kann das Volkseinkommen erst aufgeteilt werden, wenn es erzeugt wurde. Dabei sind die Betrachtungszeiträume weitaus kürzer als in der Makrotheorie üblich. Die Annahme einer unendlichen Anpassungsgeschwindigkeit ist aus dieser Sicht unmöglich, da gerade die Zeitverzögerungen charakteristisch für einen Prozeß sind.

(2) Speicherung einer früheren Information
Bei Entscheidungen ist es oft wichtig, daß nicht
nur der Zustand, das Ziel und die Abweichung bekannt
sind, sondern auch die letzte Entscheidung. Somit
müßte auch eine rate von der vorhergehenden abhängig sein, bzw. die vorhergehende rate müßte in
einer auxiliary gespeichert sein ((1.4), (1.5)).

(1.4) $\quad A_t = R_{t-1} \quad$ auxiliary

(1.5) $\quad R_t = F(A_t, \ldots) \quad$ rate

(3) Akkumulierbarkeit von Informationen
Wenn auch die Entnahme von Informationen möglich
ist, ohne die Informationsquelle zu erschöpfen,
so werden trotzdem Informationen gesammelt und
damit kumuliert. Man kann sogar unterstellen, daß
ein Teil der Informationen verloren geht d.h. vergessen wird. Es ist dabei nicht von Interesse, ob
die Umwelt durch Informationsströme verändert wird.

Werden die gestrichelten Linien als Abhängigkeiten und
die durchgezogenen Pfeile als Material- und/oder Informationsströme bei den level-rate-Beziehungen interpretiert, so sind die oben erwähnten Modifikationen möglich.

2.3.2 SPEZIELLE HILFSLEVELS

Die Hilfslevels haben die Aufgabe, ein system dynamics
Modell verständlicher zu machen. Sie dienen zur Aufspaltung mathematischer oder graphischer Verknüpfungen.
Es besteht zusätzlich die Möglichkeit, bestimmte Funktionen abzubilden. Man unterscheidet zwischen exogenen

und endogenen Funktionen. Die exogenen Funktionen
sind unabhängig vom Systemverhalten und haben die
Aufgabe, Inputsignale aus der Umwelt zu simulieren.

a) exogene Funktionen
----

(1) Zufallszahlengenerator, der eine rechtecksverteilte Zufallszahl erzeugt.
(2) Zufallszahlengenerator, der eine Zufallszahl aus einer Normalverteilung erzeugt.
(3) PULSE Funktion; sie erzeugt zu Zeitpunkten mit gleichem Abstand zueinander ab einem bestimmten Zeitpunkt einen Impuls.
(4) STEP Funktion; sie erzeugt ab einem bestimmten Zeitpunkt eine konstante Eingabe.
(5) RAMP Funktion; sie erzeugt ab einem bestimmten Zeitpunkt das Integral einer konstanten Eingabe.

b) endogene Funktionen
----

(1) SINUS-, COSINUS-, Wurzel-, Logarithmus- und Exponentialfunktion.
(2) Maximumfunktion.
(3) Minimumfunktion.
(4) Logische Funktionen (CLIP, A,B,C). Wenn eine Bedingung C eingetreten ist, wird einer Variablen ein bestimmter Wert A zugewiesen, sonst Wert B. Soll eine Schwellwertregelung unter der Annahme, daß bei positiver Regelabweichung der übergeordnete Regler R2 die Regelfunktion mitübernimmt, mit Hilfe der CLIP-Funktion beschrieben werden, so gilt für die Reglerfunktion $Y2_{t-1}$ des Reglers R2:

$$R2_{t-1} = K2(w2_{t-1} - x_{t-1})$$
$$Y2_{t-1} = CLIP(0, R_{t-1}, w2_{t-1}, x_{t-1})$$

Ist

$$w2_{t-1} \geq x_{t-1} \implies Y2_{t-1} = 0 \text{ keine Reglerfunktion}$$
$$w2_{t-1} < x_{t-1} \implies Y2_{t-1} = R2_{t-1}$$

(5) SAMPLE Funktion; sie erzeugt eine Treppenfunktion mit einer bestimmten Stufenbreite. Die Höhe der Stufen ist gleich dem Wert einer endogenen Variablen.

(6) TABLE Funktionen
Die TABLE Funktion ermöglicht es, die nichtlineare Abhängigkeit einer Variablen durch eine andere Variable abzubilden.

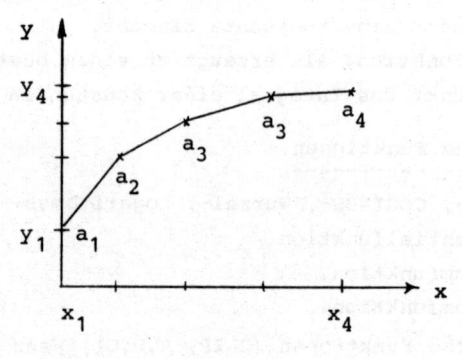

Abb. 33

Abb. 33 zeigt eine nichtlineare Funktion. Es ist notwendig, für jede TABLE Funktion Stützpunkte $a_i = (x_i, y_i)$ anzugeben. Zwischen diesen Stützpunkten a_1 bis a_n wird Linearität der Funktion unterstellt. Ist der Definitionsbereich der Funktion außerhalb des Bereichs des Intervalls von x, das durch die kleinste und größte x-Koordinate der Stützpunkte bestimmt ist, so wird eine konstante Funktion unterstellt.

Es gilt

$$y = y_n \text{ für } x > x_n$$
$$y = y_1 \text{ für } x < x_1$$

Mit Hilfe der TABLE Funktion gelingt es, in system dynamics nichtlineare Differenzengleichungen zu simulieren, ohne aufwendige Funktionen repräsentieren zu müssen. Die Tabellenfunktion TABLE ist für die experimentelle Manipulation von Modellen gut handhabbar, wirft aber bei der Validierung eines Modells große Probleme auf, besonders wenn sie nur nach Plausibilitätsüberlegungen oder zum Trimmen eines Modells für gewünschte Ergebnisse aufgestellt wurde.

(7) Verzögerungen
    (diese Funktionen werden in Kap. 2.3.3 erläutert.

c) Erweiterung der Funktionsauswahl

Die bisher vorgestellten Funktionen sind Bestandteile der Simulationssprache DYNAMO II, die speziell für system dynamics Modelle geschaffen wurde. Es ist jedoch vorteilhaft, weitere Funktionen zur Verfügung zu haben. Der Aufbau der Funktionen wird in Kap. 3.1.4 dargestellt.

(1) LAG Funktion (vgl. Kap. 2.2.3)
    Sie ermöglicht, ein Übertragungsglied mit Totzeit darzustellen. Eine Variable oder Funktion beeinflußt erst nach t Zeitperioden eine andere Variable oder Funktion (vgl. Kap. 2.3).

(2) MAXIMUM-MINIMUM Funktion
In den Sozialwissenschaften tritt das Problem auf, daß Variable einen Höchstwert nicht überschreiten und einen Mindestwert nicht unterschreiten dürfen. Diese Funktion erleichtert die Handhabung dieses Problems.

(3) Reglerfunktion
Diese Funktion ermöglicht die Simulation jeder Kombination von P-, I- und D-Reglern unter Angabe der Führungsgröße und der Regelgröße.

(4) STANDARD Funktionen
Der Benutzer kann alle Standardfunktionen von FORTRAN IV verwenden.

(5) FORMEL Funktionen
Der Benutzer kann sich selbst einen arithmetischen Ausdruck als Funktion aufbauen.

(6) IMPULSE Funktion
Zu einem bestimmten Zeitpunkt wird ein Impuls erzeugt (in CSMP vorhanden!).

2.3.3 VERZÖGERUNGEN IN SYSTEM DYNAMICS

Die Anpassungsprozesse sind ein wichtiger Bestandteil des kybernetischen systemtheoretischen Ansatzes. Sie beeinflussen durch die Zeitverzögerungen das Verhalten eines Systems. System dynamics unterscheidet die verzögerte Reaktion von Output-rates in Abhängigkeit der Zustandsvariablen oder der Input-rates und die Verzögerung von Abhängigkeiten (Informationsströme). Wie schon erwähnt, kennt system dynamics nur exponentielle Zeitverzögerungen.

a) Verzögerung zwischen einer Input- und einer
   Outputrate

Die DELAY-Funktion der Simulationssprache DYNAMO ist die bekannteste Funktion, um Verzögerungen darzustellen.

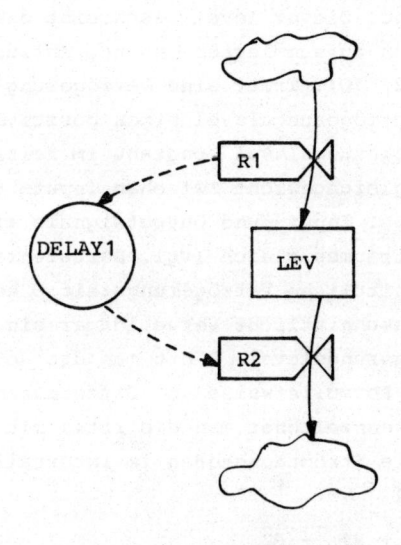

Abb. 34

Durch DELAY wird eine verzögerte Abhängigkeit zwischen der Inputrate R1 und der Outputrate R2 erzeugt (Abb.34). In der Regelungstechnik oder in der Automatentheorie wäre die auxiliary DELAY ein lineares Übertragungsglied mit dem Inputsignal R1 und dem Outputsignal R2. Die Übergangsfunktion über das Übertragungsglied 1. Ordnung ergibt folgende Differenzengleichung 1. Ordnung:

(3.1) $\quad a_1 R2_{t-1} + a_0 R2_t = R1_t$

Die dem level zufließenden Elemente fließen nicht gleichzeitig ab, sie werden mit unterschiedlicher Dauer verzögert. Um die zwischen beiden rates wirkenden Verzögerungen zu beschreiben, wird ein weiterer level z eingeführt, dessen Zugangsrate R1 und dessen Abgangsrate R2 sind. Dieser level beschreibt die Differenz zwischen den aufsummierten Zu- und Abflüssen (vgl. Zwicker 1972, 10). Tritt eine Verzögerung ein, so weist dieser Verzögerungslevel einen positiven Wert auf. Ist der Verzögerungslevel konstant im Zeitablauf, so herrscht Fließgleichgewicht zwischen Input- und Outputsignalen, d.h. Input- und Outputsignale sind während eines Zeitraumes gleich (vgl. Bertalanffy 1950, 71). Die durchschnittliche Verzögerungszeit D kennzeichnet die durchschnittliche Verweildauer eines Elements im Verzögerungslevel. Führt man die Notation von DYNAMO in die Formulierweise von Differenzengleichungen über und kennzeichnet man die rates mit dem Zeitindex t für die Strömungsgrößen im Intervall[t-1,t], so gilt für DT = 1

(3.2) $\quad z_t = z_{t-1} + R1_t - R2_t$

(3.3) $\quad R2_t = 1/D * z_t$

Setzt man (3.7) nach Auflösung nach z_t in (3.6) ein, so erhält man

(3.4) $\quad D * R2_t = D * R2_{t-1} + R1_t - R2_t$

oder

(3.5) $\quad - D * R2_{t-1} + (1+D) * R2_t = R1_t$

Vergleicht man (3.1) mit (3.5), so ergeben sich für
$a_1 = -D$ und $a_2 = (1+D)$ identische Gleichungen. Bei
einer Sprungfunktion (Sprung zur Zeit t = 0 vom Betrag 1) des Inputs ergibt sich für die Übergangsfunktion die Form von Abb. 35.

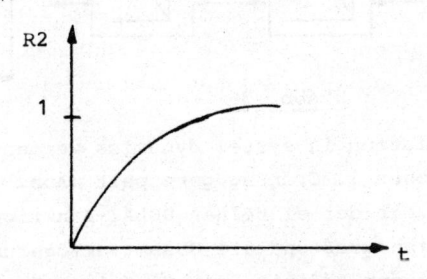

Abb. 35

Um interne schwingungslose Bedingungen zu bestimmen,
die den Output dem Input anpassen, muß als Anfangsbedingung für den level Z das Produkt aus Verzögerungszeit
D und Inputsignal zum Zeitpunkt t_0 gesetzt werden. Man
geht vom Gedanken des Fließgleichgewichts zum Zeitpunkt
t_0 aus. Wenn über eine lange Zeitdauer das Inputsignal
konstant bleibt, paßt sich das Outputsignal dem Inputsignal an (Abb. 35) und der level Z erreicht den Wert
D × Inputsignal. Bei dieser Anfangsbedingung für Z wird
ein konstantes Inputsignal für die Zeit vor dem Simulationsstartpunkt unterstellt.

Ist ein DELAY höherer Ordnung notwendig, so wird das
Zeitverhalten nicht durch eine Differenzengleichung
höherer Ordnung, sondern durch hintereinandergeschaltete Übertragungsglieder 1. Ordnung beschrieben.
Bei einer Sprungfunktion ergibt sich die Übergangsfunktion in Abb. 36.

Abb. 36

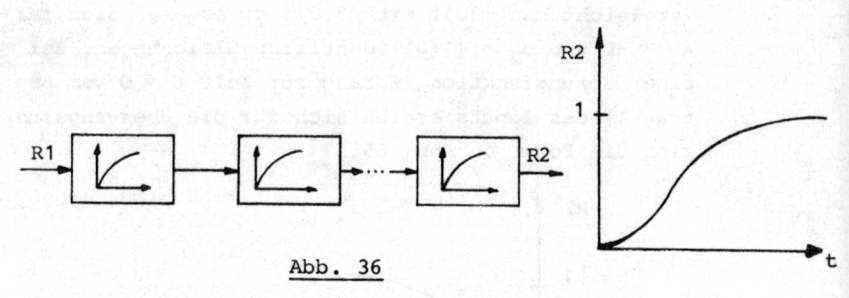

Für die Simulation in system dynamics werden ebenso DELAY-Funktionen 1. Ordnung gekoppelt (Abb. 37). Die Verzögerungszeit der einzelnen DELAY-Funktionen 1.Ordnung ist gleich groß und die Gesamtverzögerungszeit ergibt sich aus der Addition der Einzelverzögerungszeiten.

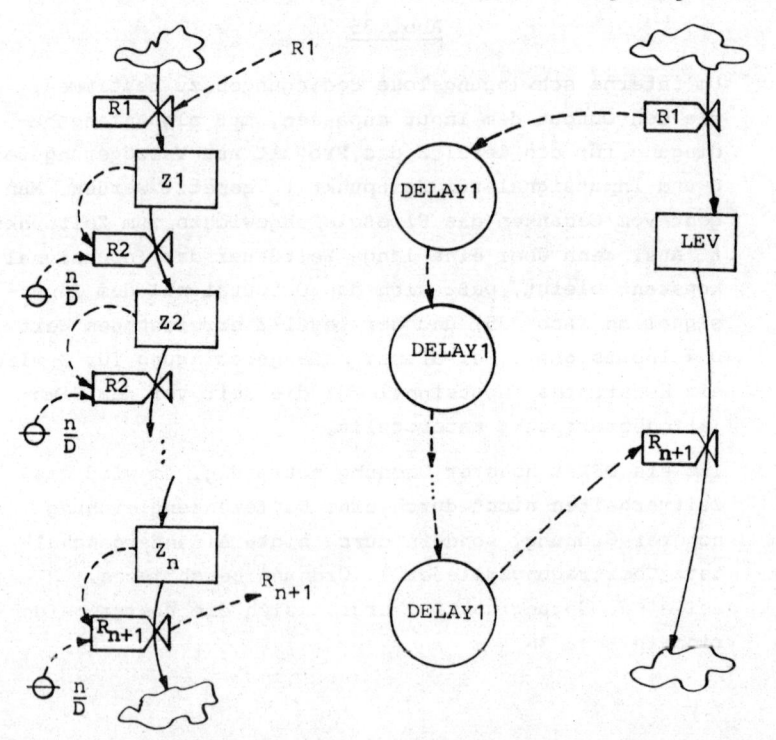

Abb. 37 (vgl. Niemeyer 1977a, 234)

b) Verzögerung der Abhängigkeit einer Flußrate
von einem Zustand

Bei Benutzung der Simulationssprache DYNAMO wird bei jedem Rückkopplungsprozeß eine Verzögerung unterstellt (vgl. Kap. 2.2.4).

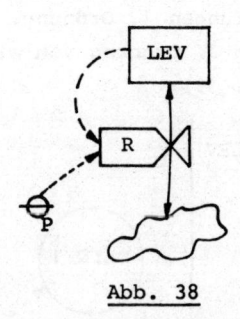

Abb. 38

Wird der Graph in Abb. 38 formal beschrieben durch

(3.6) $LEV_t = LEV_{t-1} + DT * R_{t-1}$

(3.7) $R_{t-1} = P * LEV_{t-1}$

und daraus

(3.8) $LEV_t = LEV_{t-1} + DT * P * LEV_{t-1} = (1+DT*P) * LEV_{t-1}$,

so ergibt sich als Lösung

(3.9) $LEV_t = (1+DT*P)^t * LEV_0$

Da system dynamics Modelle aus vermaschten Rückkopplungsschleifen bestehen, sind sie eine Kopplung von Verzögerungen 1. Ordnung und damit ein Differenzengleichungssystem 1. Ordnung. Sollen Einzelbeziehungen mit Verzögerung dargestellt werden, so steht in DYNAMO II die Funktion DLINF zur Verfügung. Sie darf nur verwendet werden,

wenn die auxiliary DLINF von einem level oder einer
anderen auxiliary abhängig ist. DLINF repräsentiert
den Prozeß der allmählichen, verzögerten Anpassung
einer Information zwischen einer wirklichen Situation
und dem Erkennen dieser Situation. Eine Verzögerung
höherer Ordnung ergibt sich wie bei DELAY durch eine
Kopplung von Verzögerungen 1. Ordnung. Ist eine rate
mit einer Verzögerung 3. Ordnung von einem level abhängig, so gilt (Abb. 39):

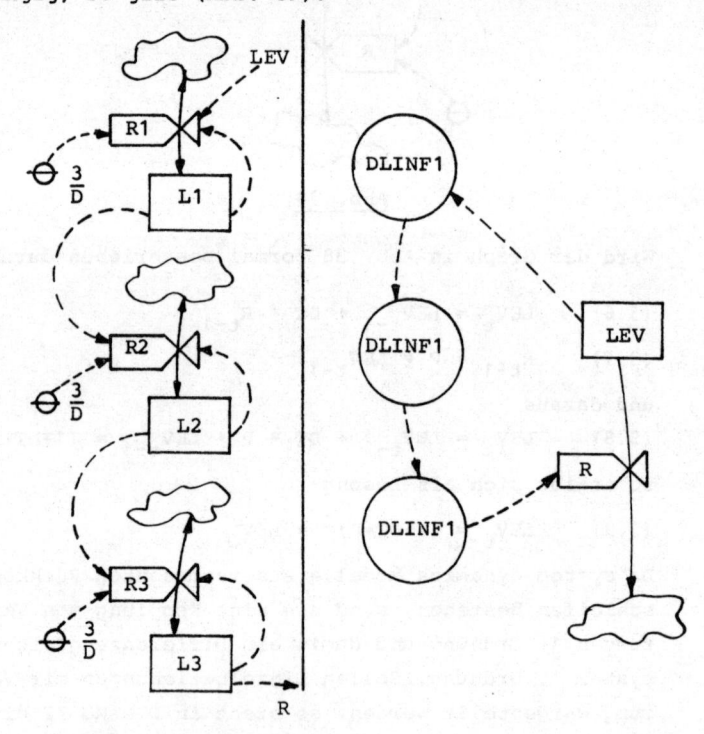

Abb. 39

$$
\begin{aligned}
L3_t &= L3_{t-1} + DT * R3_{t-1} \\
R3_{t-1} &= 3/D * (L2_{t-1} - L3_{t-1}) \\
L2_t &= L2_{t-1} + DT * R2_{t-1} \\
(3.10)\quad R2_{t-1} &= 3/D * (L1_{t-1} - L2_{t-1}) \\
L1_t &= L1_{t-1} + DT * R1_{t-1} \\
R1_{t-1} &= 3/D * (LEV_{t-1} - L1_{t-1})
\end{aligned}
$$

Die Übergangsfunktion ist durch das gleiche Verhalten wie bei der DELAY-Funktion charakterisiert. Die Anfangswerte für die level L1,L2,L3 müssen gleich dem ersten Wert des level LEV sein, um interne Schwingungen zu vermeiden. Die levels L1,L2,L3 stellen Informationslevel dar.

c) **Anpassungsprozesse als Prognoseinstrument**

System dynamics erlaubt die Prognoseschätzungen mit dem Verfahren der exponentiellen Glättung. Ereignisse S_t der Vergangenheit werden durch einen geringeren Einfluß der Werte, die weiter zurückliegen, unterschiedlich gewichtet. Ist T die exponentielle Glättungszeit, so gilt (vgl. dazu Brown 1963, 45-65).

$$(3.11)\quad A_t = \frac{1}{T}\left[S_{t-1} + \left(1-\frac{1}{T}\right)S_{t-2} + \left(1-\frac{1}{T}\right)^2 S_{t-3} + \ldots + \left(1-\frac{1}{T}\right)^{n-1} S_{t-n} + \ldots \right.$$

Die rekursive Form von (3.11)

$$(3.12)\quad A_t = A_{t-1} + \frac{1}{T}(S_{t-1} - A_{t-1})$$

ist identisch mit der Gleichung von DLINF1

$$(3.13)\quad L1_t = L1_{t-1} * \frac{1}{D}(LEV_{t-1} - L1_{t-1})$$

Setzt man statt des levels eine rate ein, so führt
die Funktion SMOOTH zur Prognoseschätzung für die
Entwicklung einer rate.

d) Betrachtet man die drei verschiedenen Anpassungsprozesse, so ist allen eine gleiche Übergangsfunktion eigen. Verzichtet man auf die klare Trennung zwischen Informations- und Materialströmen und verwendet man nicht die Simulationssprache DYNAMO, dann können die drei Funktionen DELAY, DLINF und SMOOTH durch eine einzige ersetzt werden.

2.3.4 BESONDERHEITEN EINER SIMULATIONSSPRACHE FÜR SYSTEM DYNAMICS

"Die bekannteste Sprache, die für die Darstellung industrieller Prozesse ... entworfen wurde, ist **DYNAMO**". (Emshoff 1972, 175). Für die digitale Simulation dynamischer Systeme können allgemeine Programmiersprachen wie **FORTRAN IV** oder spezielle Simulationssprachen wie **DYNAMO** (s.Pugh 1970), **DYMOSYS** (s. Bea u.a. 1976), **DYSMAP** (s.Ratnatunga 1975) oder **CSMP** verwendet werden.

Die Vorteile der Anwendung von FORTRAN IV sind eine größere Flexibilität und eine größere Verbreitungsmöglichkeit.[1] Andererseits ist das Erstellen von Ergebnislisten sehr mühsam, die Gleichungen müssen sortiert werden und eine Ausweitung der Modelle wird sehr oft kompliziert. Durch den graphischen Dialog können all diese Nachteile beseitigt werden (vgl. Kap. 3), und deshalb soll hier anhand der Programmiersprache FORTRAN IV argumentiert werden.

---

1 Vgl. Niemeyer 1973, 272.

Das Wesentliche bei der Simulation eines dynamischen
Systems ist die Berechnung der level-Werte zu jedem
Zeitpunkt während der Simulationsperiode. Dies erfordert (vgl. dazu Coyle 1977, 94):

(1) eine Zeitablaufsteuerung,
(2) Anfangswerte für die levels,
(3) Berechnung der Strömungsgrößen zu jedem durch die
    Ablaufsteuerung vorgegebenen Zeitpunkt,
(4) ein Integrationsverfahren für die levels,
(5) Berechnung der auxiliary und Zurverfügungstellung
    von Funktionen.

Die Zeitablaufsteuerung wird durch eine Schleife realisiert. Die Modellgleichungen innerhalb dieser Schleife werden so oft mal berechnet, wie Berechnungszeitpunkte vorhanden sein sollen. Der Abstand der Zeitpunkte, also der Zeitraum zwischen neuen Berechnungen, hängt von der Wahl des Zeitintervalls DT ab. Die richtige Wahl ist von großer Bedeutung. Als Anhaltspunkt kann man davon ausgehen, daß DT kleiner als die Hälfte der kleinsten auftretenden Verzögerungszeit(D = DEL) einer Verzögerung 1. Ordnung sein muß.[1] In Abb. 40 ist die Sprungfunktion einer Verzögerung 1. Ordnung für verschiedene Werte von DT/DEL wiedergegeben (vgl. Niehaus u.a. 1972, 548).

Ein zu großes Zeitintervall DT (Lösungsintervall) verursacht Instabilitäten, die nicht Folge aus dem System, sondern aus dem Rechenprozeß sind.
Daraus folgt:

(4.1) $\quad 0 < DT < \frac{1}{2} \text{ MINIMUM} \left(\frac{D_i}{K_i}\right)$

mit D_i : Gesamtverzögerungszeit des i-ten DELAYs k-ter Ordnung

K_i : Höhe der Ordnung des i-ten DELAYs.

---

[1] Vgl. Forrester 1961, 403.

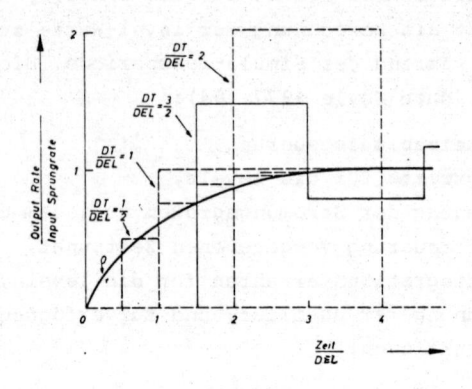

Abb. 40

Weiter ist das Lösungsintervall von den kürzesten Zeitkonstanten abhängig. Das Lagerbestandsmodell (vgl. Forrester 1972, 130-135)

(4.2)
$$L_0 = 0 \quad \text{Lagerbestand zum Zeitpunkt 0}$$
$$GL_t = 1000 \quad \text{gewünschter Lagerbestand}$$
$$T = 1 \quad \text{Anpassungszeit}$$
$$R_{t-1} = (GL-L_{t-1}) \cdot \frac{1}{T} \quad \text{Lagerzugangsrate = Bestellrate}$$
$$L_t = L_{t-1} + DT * R_{t-1} \quad \text{Lagerbestand}$$

bildet eine negative Rückkopplungsschleife 1. Ordnung mit der Verzögerung 1. Für DT < 1 vollzieht sich ein Anpassungsprozeß zu dem gewünschten Lagerbestand. Je kleiner das Zeitintervall gewählt wird, umso länger dauert eine Anpassung. Ist DT = 1, wird der gewünschte Lagerbestand schon nach einer Periode erreicht. Bei Werten größer 1 übersteigt der Lagerbestand den gewünschten

Wert und die Bestellrate wird negativ. Im Zeitablauf ergibt sich eine Schwingungsfunktion um den gewünschten Lagerbestand.

Die Veränderung des Zeitintervalls in einem Modell erfordert manchmal eine Veränderung des Modells. Ein Impuls von 1000 [ME] zu einem Zeitpunkt bedeutet, daß für DT = 1 [WOCHE] 1000 [ME] während einer Woche in das System einfließen. Wählt man DT = 1/20[WOCHE], so wird damit unterstellt, daß die 1000 [ME] während der ersten 1/20 Woche zugeführt werden. Um die freie Wählbarkeit nicht absurd erscheinen zu lassen, ist der Input auf die erste Woche zu verteilen und in fünf aufeinanderfolgenden Perioden wird je ein Impuls von 200 [ME] auf das System einwirken (vgl. Zwicker 1972, 24).

Für jedes Modell ist eine Wahlfreiheit des Zeitintervalls unter obiger Einschränkung gegeben. Forrester schlägt vor: "The solution intervall DT must be short enough so that its value does not seriously affect the computed results. It should be as long as permissible to avoid unnecessary digital computer time." (Forrester 1961, 79).

Vor der Zeitablaufsteuerung werden die Anfangswerte für die Zustandsvariablen und die Parameter zugewiesen. Die Modellgleichungen werden rekursiv angegeben. Auf einen Nullauf - wie in DYNAMO üblich - wird verzichtet (vgl. Anhang A 2).

2.4 ASPEKTE DER ANWENDUNG UND DER ERWEITERUNG VON SYSTEM DYNAMICS

2.4.1 ÖKONOMETRIE UND SYSTEM DYNAMICS

In einem dynamischen Marktmodell mit verzögerter Anpassung vollziehe sich die Bestimmung von Marktpreis und Absatzmenge gemäß folgendem Ansatz: [1]

(1.1) $\quad q_t^N = \alpha_0 + \alpha_1 \cdot p_t + \alpha_2 \cdot y_{t-1} \quad$ Nachfragefunktion

(1.2) $\quad q_t^A = \beta_0 + \beta_1 \cdot p_{t-1} \quad$ Angebotsfunktion

(1.3) $\quad q_t^N = q_t^A \quad$ Gleichgewichtsbedingung

worin q_t^N und q_t^A die nachgefragte und angebotene Gütermenge, p_t der Güterpreis und y_t das Einkommen der potentiellen Nachfrager sind.

Dem Ökonometriker stellen sich nun die Aufgaben
(1) Erweiterung der Gleichungen (1.1) und (1.2) durch Störkomponenten, die die nicht erklärten Einflüsse auf die Variablen q_t^N und q_t^A erklären sollen und die bestimmte formale Bedingungen erfüllen müssen.
(2) Schätzen der Parameter aus empirischen Daten.
(3) Untersuchen der Prognosegüte.

Bei der Simulation muß zwischen ökonometrischer und kybernetischer systemtheoretischer Vorgehensweise unterschieden werden. Die Vorgehensweise mittels ökonometrischer Simulation würde sich nur in Punkt (3) unterscheiden.

---

1 Vgl. Schönfeld 1969,6-9.

Mit dem Anfangswert von q werden durch Anwendung der
Gleichungen Zeitreihen für q_t und p_t erzeugt. Diese
hypothetischen Zeitreihen werden mit den tatsächlichen
Daten verglichen (vgl.Clarkson/Simon 1960, 920).
Während nun der Ökonometriker nach neuen Hypothesen
sucht, die ein höheres Signifikanzniveau für die
Schätzung seiner Parameter bringen, modifiziert der
Systemanalytiker die Annahmen in den Rückkopplungsschleifen, um Erklärungsanspruch und Modellfit zu
verbessern (vgl. Apel 1977, 131).
Oftmals kann die Vorgehensweise der Ökonometrie nicht
mit der Simulation verglichen werden, wenn analyti-
sche Lösungen für simultane, nichtlineare, stochasti-
sche Differenzengleichungen in reduzierter Form nur
schwer oder gar nicht gefunden werden können (vgl.
Naylor 1971, 143). Nicht quantifizierbare Variablen
können in der Ökonometrie ebenso wenig benützt werden.

Chu Kong wirft den ökonometrischen Simulationsmodellen
vor, daß mehr oder weniger nur Extrapolationen in die
Zukunft vorkommen, die auf bekannten Daten beruhen.
Beim kybernetischen Systemsimulationsmodell legt man
dagegen Wert auf das Finden von Kausalbeziehungen zwischen verschiedenen Systemkomponenten und macht Experimente mittels der Sensitivitätsanalyse, die zu einer
vernünftigen Politik führen sollen (vgl. Chu Kong 1969,
312).

Biermann behauptet sogar, daß in ökonometrischen Modellen im Gegensatz zu den kybernetischen Modellen zwar
Definitions- und Verhaltensgleichungen aber keine Rückkopplungen enthalten sind (vgl. Biermann 1971, 50).

Dem ist zuzustimmen, wenn man die lag-Modelle der
Ökonometrie außer Betracht läßt. Ein Grundsatz der
kybernetischen Systemtheorie besagt, daß Interaktionen immer Zeit benötigen (vgl. Niemeyer 1977a, 3).
Entscheidungen sind Interaktionen, und sie werden
durch die Verhaltensgleichungen ausgedrückt.

Unter diesem Gesichtspunkt müßte im dynamischen Marktmodell die Nachfragefunktion angezweifelt werden, denn
wenn die Nachfrage vom Preis abhängig ist, wird zuerst
Information über den Preis eingeholt und durch eine
Interaktionsbeziehung wird die Nachfrage bestimmt. Daß
die Nachfragemenge den gleichen Zeitindex wie der Preis
aufweist, ist nur unter der in der Kybernetik unzulässigen Annahme unendlicher Anpassungsgeschwindigkeit möglich.

Ferner wäre bei diesem Marktmodell zu fragen, ob die
exogene Variable y_t unabhängig von den endogenen Variablen ist und nicht als endogen aufgefaßt werden muß.
Denn durch die Verwendung exogener Größen können Rückkopplungsbeziehungen durchtrennt werden, die für das
Verhalten des untersuchten Systems wichtig sein können.
Exogene Variable bewirken eine Steuerung des Systemverhaltens und verschleiern womöglich die typischen
Eigenschaften des Systems. Exogene Variable dienen in
system dynamics als Testinput für Experimente mit dem
Modell (vgl. Harbordt 1974, 107). Diese Testinputs werden Störgrößen genannt, sind jedoch nicht mit den Störkomponenten in der Ökonometrie zu verwechseln. Die Störkomponenten sind Residuen, die die nicht erklärbaren
Einflüsse darstellen, während die Störgrößen das Verhalten eines Systems testen. Des weiteren würde der
lineare Ansatz der Gleichungen in Frage gestellt
werden. Den ökonometrischen Modellen

wird oft vorgeworfen, daß sie aus Gründen der Anwendbarkeit oder der Vereinfachung nichtlineare Zusammenhänge durch ein lineares Gleichungssystem abstrahieren.

Da der Ansatz von Forrester ohne Daten zu keinen valideren Ergebnissen kommt und die Ökonometrie auf den Bereich der analytischen Lösungen mit durch Daten konkretisierte Variablen beschränkt ist, liegt es nahe, die Ökonometrie in system dynamics miteinzubeziehen. Meißner u.a. entwickelten ein Modell[1], das die strukturellen Verflechtungen zwischen dem gesellschaftlichökonomischen und dem ökologischen System, der Umwelt, darstellt. Den Kern des Modellkomplexes bildet ein ökonomischer Modellteil, dessen Strukturgleichungen, soweit die statistischen Daten vorhanden sind, ökonometrisch geschätzt werden. Eines der Forschungsziele ist das methodische Problem der Verknüpfung harter und weicher Modellteile. Das Modell kann nach dem Informationsgehalt der Primärdaten in drei Bereiche gegliedert werden (Abb. 41). A stellt einen ökonometrischen

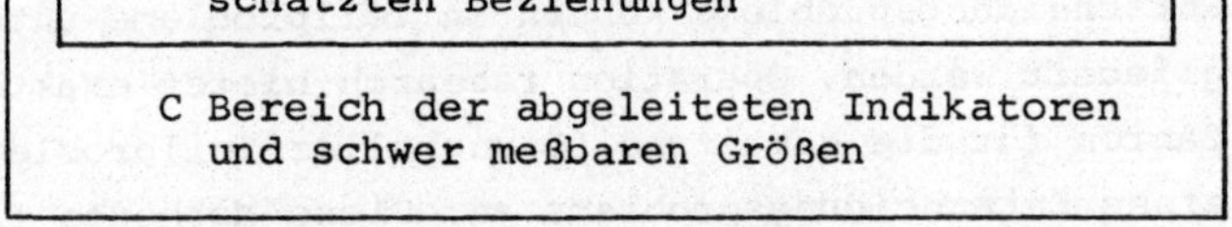

```
┌─────────────────────────────────────────────┐
│  ┌───────────────────────────────────────┐  │
│  │  A ökonometrisch abgesicherter        │  │
│  │    Strukturkern                       │  │
│  └───────────────────────────────────────┘  │
│                                             │
│     B Bereich der unvollständig ge-         │
│       schätzten Beziehungen                 │
│                                             │
│     C Bereich der abgeleiteten Indikatoren  │
│       und schwer meßbaren Größen            │
└─────────────────────────────────────────────┘
```

Abb. 41

---

1 Das Forschungsprojekt ist noch nicht abgeschlossen. (vgl. dazu Apel u.a. 1975a, 1975c; Fassing 1975; Meissner u.a. 1976).

Subbaustein dar. Die Parameter von Teil B werden ebenfalls nach der Methode der kleinsten Quadrate geschätzt obwohl die Zeitreihen durch subjektive Einschätzung des Modellkonstrukteurs entstehen und natürlich keine statistischen Signifikanzüberlegungen zulassen. Diese Vorgehensweise erinnert schon fast an Forresters Philosophie, nur daß dieser die empirischen Daten nicht selbst erzeugt. Teil C enthält meist qualitative Größen, die simulativ-modellexperimentell erzeugt werden. Durch die Beziehungen zu Teil A und B können die dort auftretenden Abweichungen von den empirischen Daten Schlüsse über die Güte zulassen.

Die Schätzung eines positiven Regelkreises

(1.1) $\quad LEV_t = \alpha \cdot LEV_{t-1} + \beta + u_t$

mit u_t als Zufallsstörung, ergibt einen verzerrten Schätzer. Deshalb wurde das Gleichungssystem auf Diagonalform gebracht, so daß die einzelnen Gleichungen geschätzt werden können. Für den Einbezug der weichen Techniken von B wird das von **Wold** entwickelte NIPALS-Verfahren erprobt.

2.4.2 OPERATION RESEARCH UND SYSTEM DYNAMICS

Entscheidungsprobleme können in Teilprobleme untergliedert werden. Operation research bietet exakte Verfahren für die simultane Lösung aller Teilprobleme eines Entscheidungsproblems an. Diese Methoden führen zu optimalen Lösungen, wenn zulässige Lösungen unter den gegebenen Voraussetzungen möglich sind. In Simulationsmodellen kann eine optimale Lösung nicht garantiert werden, und - falls die optimale Lösung zufällig berechnet wird - kann sie nicht nachgewiesen werden. Dieser Mangel führt K. Steinbach zur Kombination eines system dynamics Modells mit einem linearen Programmierungs Modell (vgl. Steinbach 1976, 470-483). Als weiteren Grund gibt er an:

> "In SD-Modellen definiert jede Ratengleichung ... eine Entscheidungsregel .... Es kann sein, daß in einem System ... mehrere Entscheidungsregeln ... enthalten sind. Allerdings ist dann darauf zu achten, daß kein simultanes Gleichungssystem entsteht. Die einzelnen Gleichungen werden nacheinander angewandt, d.h. es wird unterstellt, daß einzelne Teilentscheidungen sukzessive gefällt werden. Die aus den vorgelagerten Entscheidungen resultierenden Aktionen und deren Auswirkungen sind Daten für nachgelagerte Entscheidungen." (Steinbach 1976, 472).

Steinbach bezieht sich auf die Berechnung der Simulation. Bei folgenden Gleichungen mit den Ratengleichungen (2.1) und (2.3) und den level-Gleichungen (2.2) und (2.4)

(2.1) $\quad R1_t = a * LEV1_t \qquad\qquad R$

(2.2) $\quad LEV1_t = LEV1_{t-1} + R1_{t-1} \qquad L$

(2.3) $\quad R2_t = b * LEV1_t \qquad\qquad R$

(2.4) $\quad LEV2_t = LEV2_{t-1} + R2_{t-1} \qquad L$

wird zuerst die Entscheidung R1 und dann R2 vollzogen. Die Anordnung der Gleichungen erweckt den Anschein, daß die Auswirkung der Aktion R1 auf LEV1 zum Zeitpunkt t den Wert der rate R2 beeinflußt. Bei Verwendung der Simulationssprache DYNAMO oder bei den FORTRAN-Programmen

in Kap. 3 werden die Gleichungen vor der Berechnung
nach ihrem Typ sortiert, d.h. alle level werden in
einem level-Block und alle rates in einem rate-Block
gesammelt.

Die Reihenfolge der Gleichungen wird dadurch umge-
stellt ((2.2), (2.4), (2.1), (2.3)), so daß sich der
Wert von R1 nicht zum selben Zeitpunkt auf R2 auswir-
ken kann. Die Rechenschritte erfolgen zwar sukzessiv,
doch Entscheidungen können nur indirekt von Entscheidungen früherer Zeitpunkte abhängig sein.

Die Kombination des system dynamics Modells und des
linearen Programmierungs-Modells wird in einem Regelkreis (Abb. 42) dargestellt:

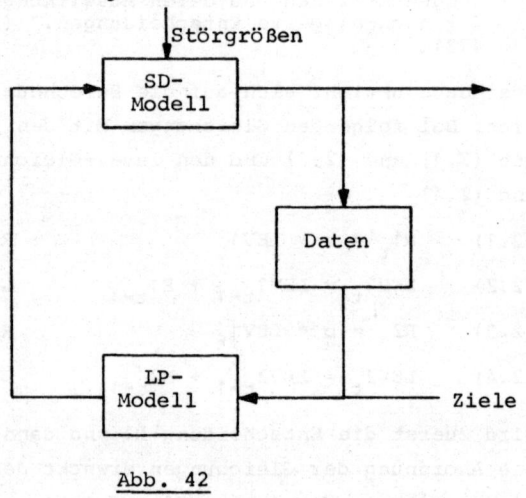

Abb. 42

Im LP-Modell sind alle Einflußgrößen des Entscheidungsproblems in aggregierter Form abgebildet. Die
Ziele legt man in Form von Nebenbedingungen und einer

Zielfunktion fest. Für jedes Teilproblem werden optimale Lösungen berechnet und dem system dynamics Modell als Führungsgrößen übergeben. Diese Größen gehen in die einzelnen Regelkreise als Sollgrößen des system dynamics Modells ein.
Bei der Simulation werden nun auch Störgrößen und Anpassungsprozesse betrachtet, so daß im allgemeinen ein Erreichen der Sollwerte nicht möglich ist, aber die Führungsgrößen wirken regelnd auf das System ein.
Die Zustandsveränderungen im SD-Modell werden in ein Datenfeld übergeben, das dem LP-Modell Informationen für eine neue Berechnung der Führungsgrößen liefert.
Der Aufruf des LP-Modells zur Ableistung der Sollgrößen sollte in Abhängigkeit von bestimmten Zustandswerten des SD-Modells erfolgen. Das Konzept stellt somit eine "rollende Planung" (Steinbach 1976, 476) dar. (Vgl. Niemeyer 1970, Kap. 4).

3. GRAPHISCHER DIALOG ZUR KONSTRUKTION UND AUSWERTUNG EINES SYSTEM DYNAMICS MODELLS

3.1 GRAPHISCHER DIALOG

3.1.1 CHARAKTERISTIK UND ALLGEMEINE VORTEILE DES GRAPHISCHEN DIALOGS

Beim Dialogbetrieb ist der Benutzer unmittelbar mit dem Rechner mittels eines Bildschirms verbunden, und der Rechner reagiert auf Anfragen und Instruktionen in vernachlässigbar kurzer Zeit. So werden die Vorteile des Computers wie Schnelligkeit, Zuverlässigkeit, große Speichermöglichkeit usw. und die Vorteile des Menschen wie Kreativität, Erkennen von Strukturen, Abstraktionsvermögen usw. innerhalb eines Regelkreises genützt, der durch die Rückkopplung Mensch - Maschine gekennzeichnet ist (Abb. 1). Das Problem dieser Beziehung besteht in der Kommunikation zwischen Anwender und Rechner. Der Benutzer muß eine eigene Sprache erlernen, die der Computer versteht.

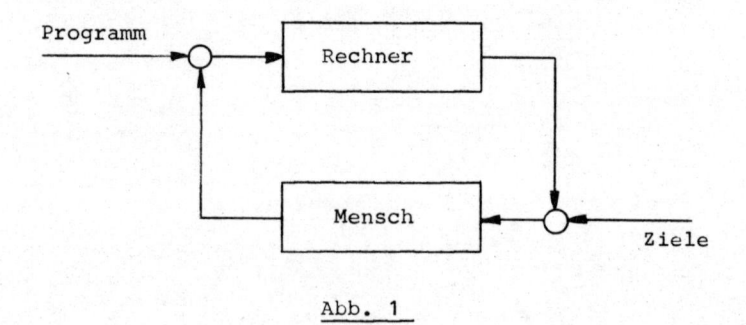

Abb. 1

Der graphische Dialog an einem Terminal versucht die
Verständigung zwischen Datenverarbeitungsanlage und
Mensch zu vereinfachen.
Die Antworten des Rechners sind geprägt durch

(1) "die Repräsentation von Programmfunktionen und
Daten als graphisch manipulierbare Objekte auf
dem Bildschirmterminal";

die Antworten des Benutzers durch

(2) "die Auswahl und/oder Veränderung der Objekte
nach dem 'Knopfdruckprinzip'".
(Niemeyer 1978b, 1).

Graphische Manipulierbarkeit deutet die Möglichkeit
an, die Objekte zu verändern und an jeder beliebigen
Stelle des Bildschirms zu erzeugen und zu bewegen.
Durch die Schaffung der programmtechnischen Voraussetzungen für die Abwicklung des graphischen Dialogs
auf Zeichenbildschirmgeräten ist es möglich, daß die
Programmfunktionen durch problembezogene graphische
Symbole und Texte veranschaulicht werden. Dadurch
werden vom Benutzer keinerlei Kenntnisse einer Simu-
lations- oder Kommandosprache verlangt. Man unterscheidet auswählbare und nichtauswählbare Objekte (vgl.
Niemeyer 1978c), die durch entsprechende symbolische
oder geometrische Darstellung verständlich gemacht
werden. Während die nichtauswählbaren Objekte Anweisungen und Informationen für den Benutzer sind, können die auswählbaren Objekte mittels Lichtstift oder
cursor und durch anschließende Programmunterbrechung
per Funktionstaste aktiviert werden.

Dieses 'Knopfdruckprinzip' wird im Fachjargon 'poking' genannt. Das ausgewählte Objekt wird vom Rechner identifiziert und führt zur Ausführung der betreffenden Programmfunktion, bzw. zum Zugriff zu den betreffenden Daten. Ferner können Steuerparameter des Programmablaufs und die zu verarbeitenden Daten über die Schreibtastatur des Terminals eingegeben werden. Die Antworten des Rechners erscheinen in graphischer, numerischer oder verbaler Form (vgl. Niemeyer 1978a, 1). Alle auswählbaren Objekte, die gleichzeitig auf dem Bildschirm erscheinen, heißen 'menu'.

Als Vorteile des graphischen Dialogs sind aufzuführen (vgl. Niemeyer 1978b, 2):

(1) Durchführung des Mensch/Maschine-Dialogs in menschlicher Sprache.

(2) Schnelleres Auswählen eines Objekts als beim Eintippen über die Schreibtastatur.

(3) Überprüfung von Dateneingaben nach Tipp- und Datenfehlern durch spezielle Prüfroutinen.

(4) Hinweise für den Benutzer auf die weitere Vorgehensweise.

(5) Verringerung der Kommandofehler durch Beschränkung auf den jeweiligen problemspezifischen und zulässigen Funktionsvorrat.

(6) Übersichtlichere Darstellung des Problemkreises.

(7) Schnelle und unkomplizierte Korrekturmöglichkeiten.

3.1.2 GRAPHICAL DIALOG SUBROUTINE PACKAGE (GDSP)
(vgl. Niemeyer 1977b, 10-21; vgl. Ferstl
1978, 9-21).

Das Programmpaket zur Erstellung und Auswertung eines
system dynamics Modells benützt als Unterprogramm-
paket GDSP.
Von den von GDSP zur Verfügung gestellten Objekttypen
wurden folgende benützt:
(1) Zeichenfolgen und Zeichenmatrizen über den Alpha-
beten A-Z, 0-9 und Sonderzeichen.
(2) Linien, die durch eine Zeichenfolge dargestellt
werden.
(3) Rechtecke, deren Begrenzung mit Hilfe von Linien
markiert wird.

Diese GDSP-Objekte können zum einen Datenobjekte, zum
anderen Programmfunktionen (Operatoren) der verwendeten Programmiersprache FORTRAN IV repräsentieren.
Neben den Ausgabe- und Eingabeprozeduren der verschiedenen Objekttypen stellt GDSP auch Prozeduren für die
Bildschirmverwaltung zur Verfügung. So werden Bewegun-
gen des Bildschirms über ein Koordinatensystem, der
Schreibschutz eines Bildschirmbereichs und das Löschen
von Bildschirmteilen ermöglicht. Ferner sorgt ein Programmteil von GDSP für die Vorbesetzung aller für die
Bildschirmbenutzung im Dialogmodus notwendigen Größen
und für die Verwaltung der auswählbaren Objekte. Die
dynamisch jederzeit veränderbare graphische Tastatur
ermöglicht es, bei jedem Funktionsauswahlschritt dem
Bediener nur die zu diesem Zeitpunkt zulässige Funktion vorzugeben.

3.1.3 AUFGABENSTELLUNG UND PROBLEME DES GRAPHISCHEN DIALOGS BEI DER MODELLKONSTRUKTION UND -AUSWERTUNG

Bei jedem Modellbildungsprozeß stellt sich neben dem Problem der gedanklichen Durchdringung die Aufgabe, die Komponenten und die Struktur eines Modells in einer verständlichen und übersichtlichen Form darzustellen. System dynamics stellt neben dem formalen auch ein graphisches Modell zur Verfügung, und so liegt es nahe, mittels graphischem Dialog einen system dynamics Graphen zu entwerfen und dem Rechner daraus einen Vorschlag für die Modellgleichungen erstellen zu lassen.
Nach Veränderung oder Annahme der Gleichungen wird aus diesen ein Simulationsprogramm erstellt und durchgeführt. Anschließend sollte die Möglichkeit bestehen, auf möglichst einfache Weise Sensitivitätsanalysen durchzuführen oder die Struktur und/oder die Komponenten des Systems zu verändern.

So sind einerseits vom Benutzer wenig EDV-Kenntnisse erforderlich, andererseits werden die Überprüfung der Modellvalidität und die Modellvariation erheblich erleichtert. Dabei ist zu berücksichtigen, daß der Anwender in seiner Freiheit beim Modellbau möglichst wenig eingeengt wird und Tipp- bzw. Datenfehler sowie nicht sinnvolle Reihungen von Programmfunktionen durch separate Prüfroutinen abgefangen werden. Möglichst viele Hinweise für das weitere Vorgehen und Informationen über die zulässige Gestaltung des Modells sind notwendig. Einmal getroffene Entscheidungen können wieder rückgängig gemacht werden. Sind die zu treffenden Pro-

grammfunktionen entscheidend für das weitere Vorgehen, so wird vom Anwender eine Bestätigung zur Ausführung dieser Operationen verlangt. Diese Zwischenabfragen und die Hinweise benötigen Rechenzeit, so daß bei der Erstellung des Programmpakets abzuwägen war, ob die Programmunterbrechung nötig ist. Ob Hinweise gegeben werden, kann der Anwender selbst entscheiden.
Durch geringe Auflösung der Zeichenbildschirmgeräte (1600 Zeichen) besteht die Gefahr, daß der Graph des system dynamics Modells entweder unübersichtlich wird oder der auf dem Bildschirm erscheinende Graphausschnitt eine Einordnung in das Gesamtmodell nicht mehr zuläßt. Zwar können die Systeme in Subsysteme untergliedert werden, aber die Zusammenhänge zu den anderen Subsystemen dürfen dabei nicht verloren gehen. Es wurde an ein "ZOOming" gedacht, also ein Verkleinern des gezeichneten Graphen, doch im Unterschied zum Vektorterminal gehen beim Zeichenbildschirmgerät Zeichen verloren und der Benutzer ist, um ein halbwegs übersichtliches Bild zu erhalten, an strenge Rasterung beim Erstellen des Graphen gezwungen.

Ein weiteres Problem aus der Bildschirmgröße ergibt sich bei der Festlegung der nicht verschiebbaren auswählbaren Objekte. Entscheidet man sich für wenige auswählbare Objekte, die in einem Zeichenschutzbereich liegen, so steht mehr Platz für das Modell zur Verfügung, aber es müssen Nebenmenus erstellt werden, wo eine nochmalige Entscheidung notwendig wird. So könnte auf dem Bildschirm bei der Wahl einer auxiliary nur ein pokebares Objekt stehen. In einem weiteren menu werden alle zur Verfügung stehenden auxiliaries aufgeführt, dort wird der zu verwendende Hilfslevel festgelegt. Jeder Pokeschritt sowie jeder Menuaufbau erfordert eine Bearbeitungszeit der Rechenanlage. Da es sich bei der Mensch-Rechner-Beziehung im Dialog um eine zeitkritische Rückkopplung handelt, bei der nur einer von beiden aktiv sein kann, also ein wechselseitiger Ausschluß besteht (vgl. Ferstl 1978, 4), wird die Wartezeit des Benutzers dadurch weiter verlängert. Es entsteht ein Kompromiß zwischen verlängerter Wartezeit und zur Verfügung stehender verkleinerter Bildgröße, so daß eine Vielzahl von Programmfunktionen sofort aufgeführt werden kann, andere erst nach zweimaligem Poken aufgerufen werden.

Ein anderer Gesichtspunkt ergab sich bei der Festlegung der Programmfunktionen. Einerseits sollte mit einer Anweisung möglichst viel ausgeführt werden, andererseits werden dadurch die Möglichkeiten des Modellbauers eingeschränkt, oder es ist eine große Auswahl von Programmfunktionen für ähnliche oder teilweise Ausführung von Anweisungen nötig. Aus diesem Grund wurden häufig benützte Anweisungen, wie zum Beispiel die Hilfsfunktion Maximum, eigens aufgeführt, während die Hilfsfunktion Sinus vom Modellkonstrukteur selbst erstellt werden muß.

3.2 MODELLBAU MIT GIPSYD (GRAPHICAL INTERACTIVE PROGRAMMING OF SYSTEM DYNAMICS)[1]

Das Programmpaket GIPSYD ist inter- und intramodular aufgebaut. Diese Arbeitsweise gewährleistet ein übersichtlicheres Programm und erleichtert Erweiterungen und Fehlersuche.
GIPSYD benützt als Basissoftware GDSP und wurde in der Programmiersprache FORTRAN IV geschrieben.

3.2.1 MENUAUFBAU, GDSP-PROZEDUREN, INFORMATION UND STOP

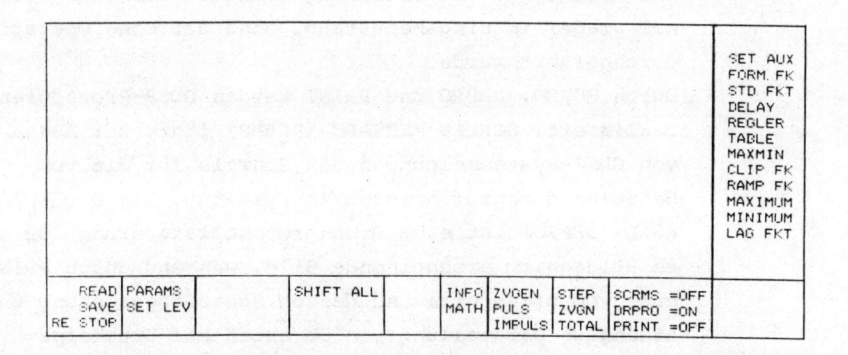

								SET AUX FORM. FK STD FKT DELAY REGLER TABLE MAXMIN CLIP FK RAMP FK MAXIMUM MINIMUM LAG FKT
READ SAVE RE STOP	PARAMS SET LEV		SHIFT ALL		INFO MATH	ZVGEN PULS IMPULS	STEP ZVGN TOTAL	SCRMS =OFF DRPRO =ON PRINT =OFF

Abb. 2: Start-menu

---

[1] Ein Seminar von Prof. Dr. G. Niemeyer an der Universität Regensburg, das sich mit der Parametermodifikation von Simulationsmodellen beim graphischen Dialog beschäftigte, gab die Anregung zur Erstellung des Programmpakets GIPSYD.

Alle Buchstabenfolgen in Abb. 2 sind auswählbare Objekte und liegen in einem Schreibschutzbereich. Sie repräsentieren Programmfunktionen und können nur in wenigen Ausnahmefällen gelöscht werden. Die Zeichenfolgen bilden Namen, die es erleichtern sollen, den Dialog in menschlicher Sprache abzuwickeln; sie sind größtenteils selbsterklärend. Auf jedem Buchstaben einer Folge kann der cursor abgeschickt werden, wobei jeweils die gleiche Operation durchgeführt wird.
Die Linien dienen der Abgrenzung der Objekte und einer größeren Übersichtlichkeit des Bildschirms. Durch poking auf eine der Linien oder in einem leeren Bereich werden keine auswählbaren Objekte angesprochen, und nach einer Unterbrechung befindet sich das Terminal wieder im Eingabezustand, ohne daß eine Operation durchgeführt wurde.
Durch SCRMS, DRPRO und PRINT werden GDSP-Prozeduren realisiert. SCREEN MESSAGE (SCRMS) führt zur Ausgabe von GDSP-Systemmeldungen als Hinweis für die vom Benutzer durchzuführenden Tätigkeiten. Das DRUCKPROTOKOLL (DRPRO) ist eine Druckprotokollsteuerung für das am Bildschirm erscheinende Bild, während durch PRINT eine vom Bildschirm und dessen Schreibbegrenzung unabhängige Darstellung von Objekten auf Druckerpapier möglich ist. Diese Funktion ermöglicht die Darstellung eines vorher erstellten Gesamtmodells über mehrere Druckbahnen. 'ON' und 'OFF' in den auswählbaren Objekten zeigen den Modus der GDSP-Prozeduren an. Durch poking auf SCRMS=ON wird das Objekt mittels eines Kippschalters (Abb. 3) in SCRMS=OFF geändert,

und es erscheinen keine Hinweise mehr für den Anwender.

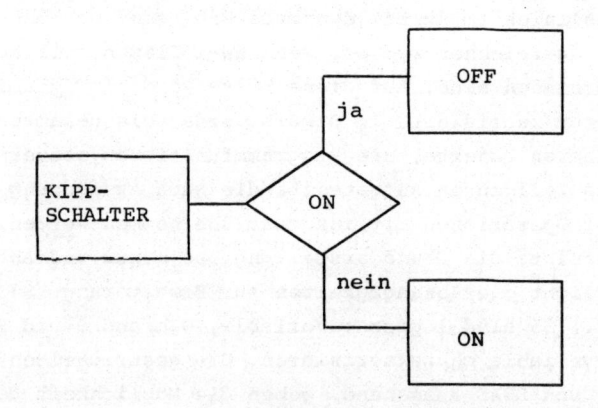

```
                          ┌──────┐
                      ja  │ OFF  │
                          └──────┘
┌──────────┐     ◇
│  KIPP-   │───  ON
│ SCHALTER │     ◇
└──────────┘
                          ┌──────┐
                     nein │  ON  │
                          └──────┘
```

Abb. 3: Kippschalter

STOP beendet einen Programmlauf,und durch das Objekt INFO werden Informationen über die Vorgehensweise und über die Möglichkeiten mit dem Programmpaket GIPSYD gegeben.

3.2.2 AUFBAU EINES DYNAMISCHEN MENU

Es ist möglich GDSP so zu benutzen, daß die menus sich im Zeitablauf ändern. Programmfunktionen, die noch nicht ausführbar sind, können durch Prüfroutinen verhindert und durch einen Hinweis für den Benutzer erklärt werden. Weitaus eleganter ist es jedoch, das auswählbare Objekt, das diese Operation

realisiert, erst bei einer möglichen Durchführung mit
ins menu aufzunehmen. Betrachtet man z.B. die Abhängigkeitslinien im system dynamics Programm, so können
sie erst gezeichnet werden, wenn zwei Elemente im Modell vorhanden sind. Auf diese Weise wird ein dynamisches menu realisiert. In GIPSYD werden die gesamten
auswählbaren Objekte, die Programmfunktionen steuern,
in sechs Teilmengen aufgeteilt, die nach Ausführung bestimmter Operationen mit ins menu übernommen werden.
Abb. 2 zeigte die Grunddarstellung des menus und Abb. 4
verdeutlicht die Abhängigkeiten zur Erweiterung. S1
S1,S2,...,S5 sind logische Variable, während S und ST
Integervariable charakterisieren. Die gestrichelten
Linien, von READ ausgehend, geben die Möglichkeit der
Abhängigkeit an, je nachdem, was von der Datei eingelesen wurde. So können Linien erst gezeichnet werden,
wenn eine der folgenden Bedingungen gilt:

(1) Konstruktion eines level mit rates
(2) Konstruktion zweier endogener auxiliaries
(3) Konstruktion einer endogenen und einer exogenen
    auxiliary
(4) Konstruktion einer endogenen auxiliary und eines
    Parameters.

Werden zwei Parameter erzeugt, so sind die beiden ex
definitione voneinander unabhängig; es muß programmtechnisch verhindert werden, daß eine Abhängigkeitslinie
zwischen beiden gezogen wird.
Die Abbildungen 5a-5b zeigen den Aufbau des dynamischen
menus und zugleich des Hauptprogramm in StruktogrammSchreibweise.

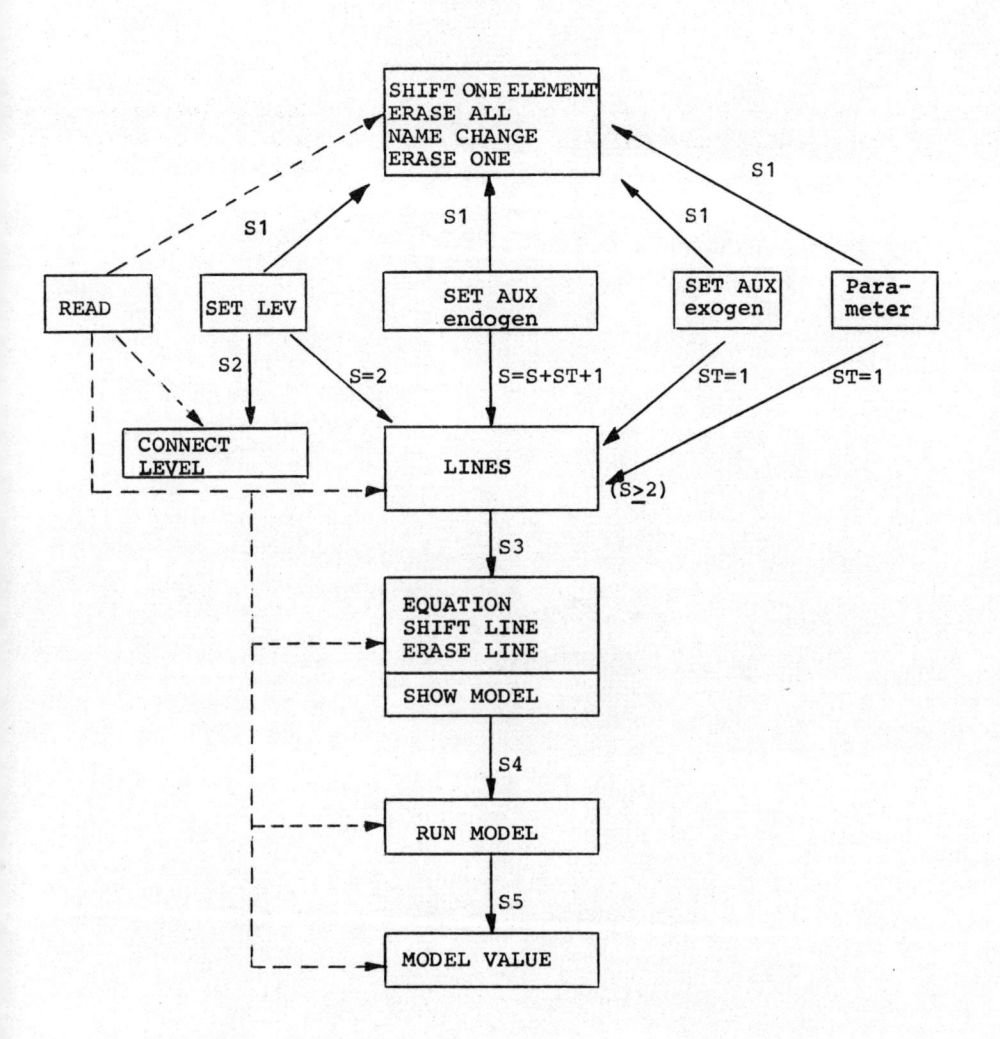

Abb. 4: Dynamischer Menuaufbau und seine Abhängigkeiten

Abb. 5a: Hauptprogramm

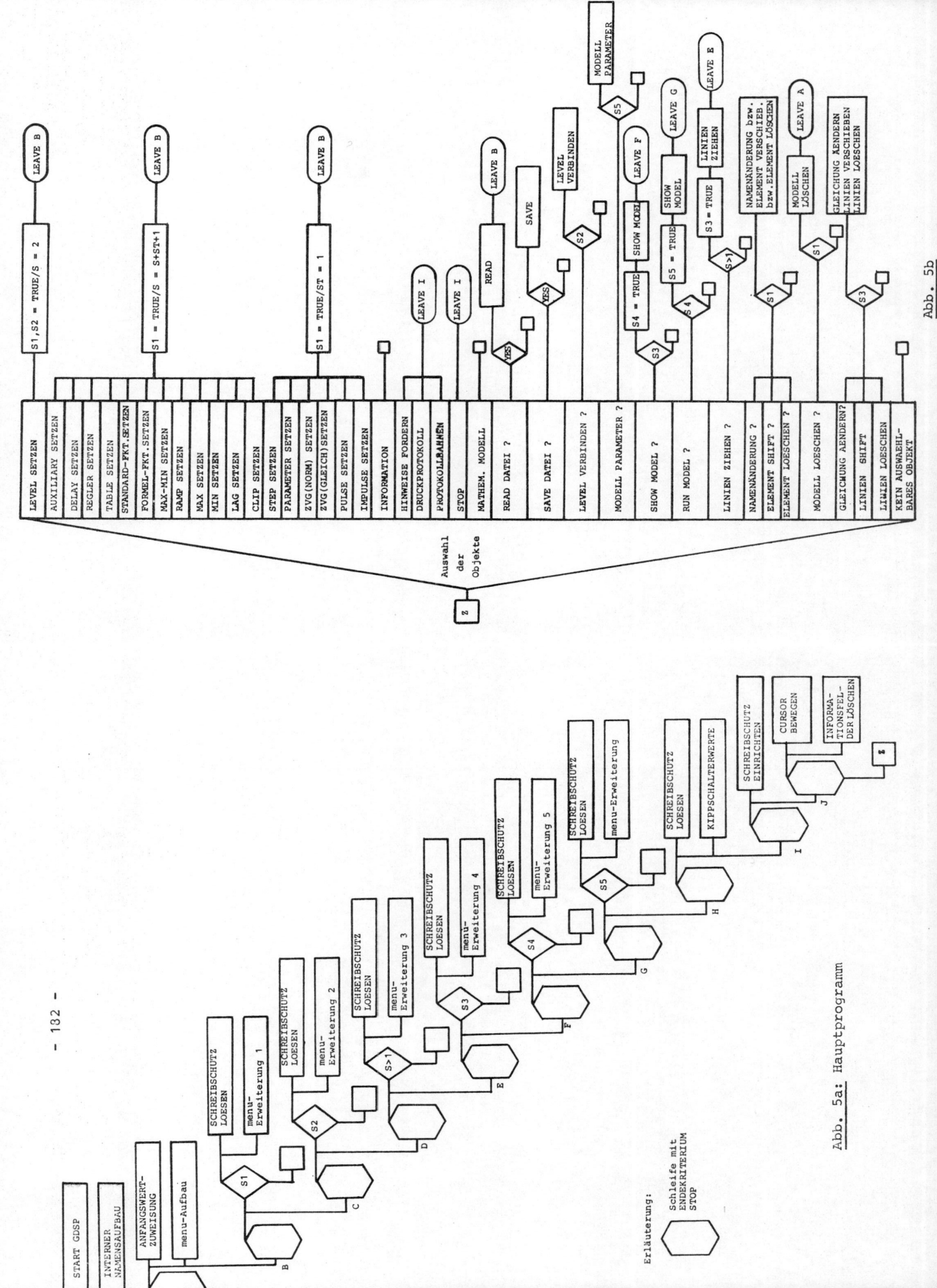

Abb. 5b

3.2.3 KONSTRUKTION VON LEVELS, AUXILIARIES, RATES UND PARAMETERN

Die Elemente von system dynamics bestehen aus levels, rates, auxiliaries und Parametern. Beim poking auf diese Elemente erscheint im oberen rechten Bildrand (Abb. 6) POKE POSITION als Benutzerhinweis. Dadurch wird jeder Punkt des gesamten nicht schreibgeschützten Bildschirms zum auswählbaren Objekt und die Stelle, an der der cursor sich bei der Auslösung der Programmunterbrechung befindet, wird Mittelpunkt des ausgewählten Elements.

				POKE POSITION
				SET AUX FORM FK STD. FKT DELAY REGLER TABLE MAXMIN CLIP FK RAMP FK MAXIMUM MINIMUM LAG FKT
READ PARAMS SAVE SET LEV RE STOP		SHIFT ALL		INFO ZVGEN STEP SCRMS =OFF MATH PULS ZVGN DRPRO =ON IMPULS TOTAL PRINT =OFF

Abb. 6: LEV SET

Entscheidet sich der Modellkonstrukteur, dieses Element doch nicht zeichnen zu lassen, so stellt ihm GIPSYD eine Revidierungsmöglichkeit seines Entschlusses zur Verfügung. Durch poking auf RE(TURN) wird ein Rücksprung

aus der jeweiligen Programmfunktion veranlaßt, so daß
sich das Bildschirmgerät wieder im Eingabezustand befindet. Diese Return'taste' gilt übrigens für alle
ausgesuchten Objekte.

Die rechte Seite des Bildschirms in Abb. 6 zeigt alle
in Kap. 2.3.2 aufgeführten endogenen auxiliaries.
STEP, PULS, IMPULS, ZVGN(Zufallszahlengenerator mit
Zufallszahl aus Normalverteilung) und ZVGEN (Zufallszahlengenerator aus Gleichverteilung) bilden die verfügbaren exogenen auxiliaries. Rates erscheinen nicht
als auswählbare Objekte, da rates und levels nur gemeinsam mit dem Aufruf SET LEV(EL) konstruiert werden.
Abb. 7 läßt die Ausführung dieser Anweisung erkennen.

									SET AUX FORM. FK STD. FKT DELAY REGLER TABLE MAXMIN CLIP FK RAMP FK MAXIMUM MINIMUM LAG FKT
	READ SAVE RE STOP	PARAMS SET LEV CON LEV		SHIFT ALL SHIFT ONE	ERASE LINES	INFO MATH NAME	ZVGEN PULS IMPULS	STEP ZVGN TOTAL	SCRMS =OFF DRPRO =ON PRINT =OFF	

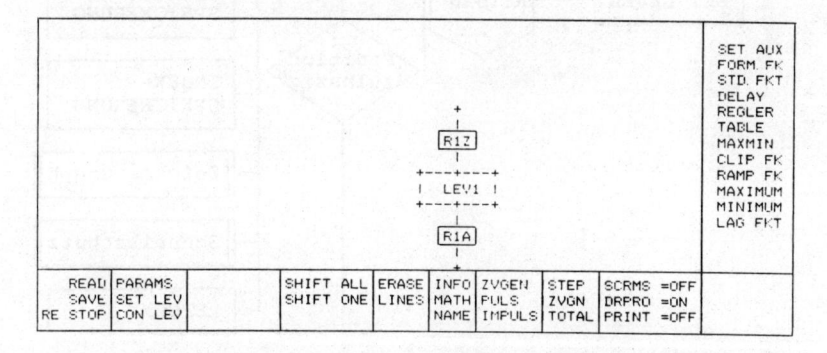

(Diagramm zeigt: R1Z → LEV1 → R1A)

<u>Abb. 7:</u> poking Mittelpunkt von LEV1

Den rates und dem level wurden durch das Programm Namen
zugeordnet, mit R1Z und R1A als Zugangs- bzw. Abgangsrate des ersten levels (LEV1). Die Symbole für die Fluß-

raten mußten aus Platzgründen im Vergleich zu
Forrester verändert werden. Jedes der drei Elemente
ist schreibgeschützt und beim Versuch, auf eines der
drei graphischen Symbole z.B. eine auxiliary zeichnen zu lassen, wird dies durch eine Prüfroutine verhindert. Abb. 7 zeigt zugleich die Erweiterung des
menus (vgl. Abb. 6), so daß jetzt zwei levels miteinander verbunden werden können (CON LEV).

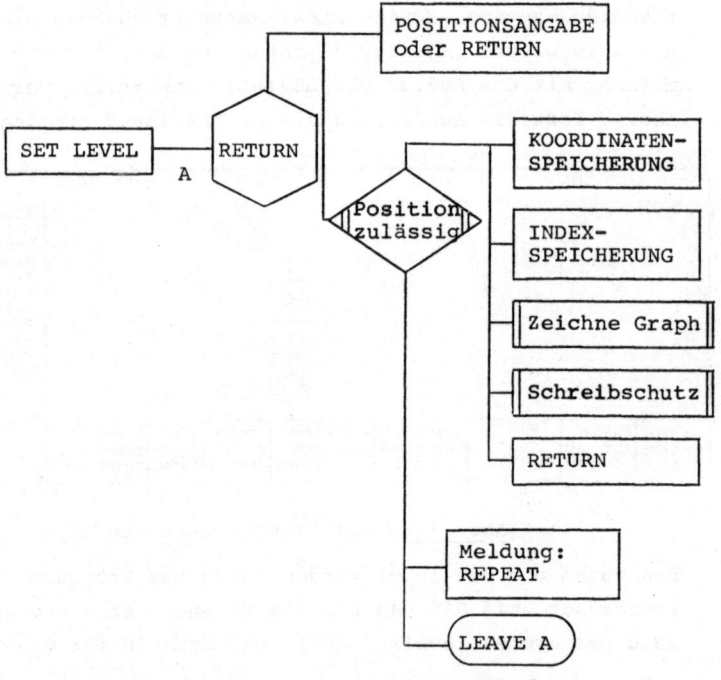

Abb. 8: Realisation von SET LEV [1]

---

1 Die Doppelstriche kennzeichnen ein intramodulares
   Unterprogramm. In der derzeitigen Version ist die
   Zahl der levels auf 50 beschränkt.

Soll die Inputrate des level 1 Outputrate eines anderen level werden (oder umgekehrt), so ist die Programmfunktion, die durch CON LEV (connected level) realisiert wird, aufzurufen. Als Benutzerhinweis erscheint POKE CON-RATE und durch poking auf ein Zeichen der rate R1Z erscheint Abb. 9. Die Ausführung erfolgt

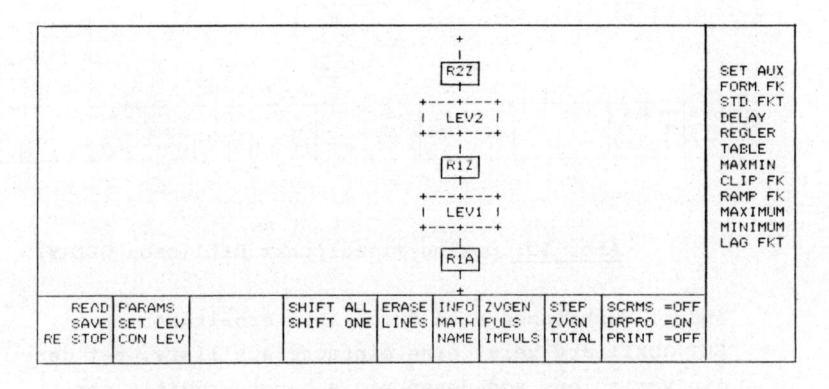

```
                        +
                        |
                      [R2Z]
                        +
                +---+---+
                | LEV2 |        SET AUX
                +---+---+       FORM. FK
                    |           STD. FKT
                  [R1Z]         DELAY
                    +           REGLER
                +---+---+       TABLE
                | LEV1 |        MAXMIN
                +---+---+       CLIP FK
                    |           RAMP FK
                  [R1A]         MAXIMUM
                    +           MINIMUM
                                LAG FKT

  READ  PARAMS          SHIFT ALL  ERASE  INFO  ZVGEN  STEP   SCRMS =OFF
  SAVE  SET LEV         SHIFT ONE  LINES  MATH  PULS   ZVGN   DRPRO =ON
RE STOP CON LEV                           NAME  IMPULS TOTAL  PRINT =OFF
```

Abb. 9: poking R1Z (nach CON LEV)

ähnlich wie in Abb. 8 mit einer weiteren Speicherung der rate, die die vorhandenen levels gemeinsam aufweisen. Die Darstellung einer auxiliary verdeutlicht Abb. 10. Sie zeigt die Wahl einer DELAY Funktion, wobei die 1 angibt, daß es sich um die erste Konstruktion einer auxiliary vom Typ DELAY handelt. O1 und D1 sind Parameter mit festem Namen, die selbständig in einem weiteren menu aufgeführt werden und denen vor dem Simulationslauf Werte zugewiesen werden müssen. Im Beispiel gibt O1 die Ordnung und D1 die Verzögerungszeit der ersten DELAY-Funktion an. Die Bedeutung der Parameter für diese und

```
                    +
                    |
                  +R2Z+
                    |
              +---+---+
              | LEV2  |
              +---+---+
                    |
                  +R1Z+
  O1  D1            |
  /-----\     +---+---+
  | DEL1 |    | LEV1  |      SET AUX
  \-----/     +---+---+      FORM FK
                    |        STD FKT
                  +R1A+      DELAY
                    +        REGLER
                             TABLE
                             MAXMIN
                             CLIP FK
                             RAMP FK
                             MAXIMUM
                             MINIMUM
                             LAG FKT

+-----+-------+---+---------+-----+------+------+------+-----------+
|READ |PARAMS |   |SHIFT ALL|ERASE|INFO  |ZVGEN |STEP  |SCRMS =OFF |
|SAVE |SET LEV|   |SHIFT ONE|LINES|MATH  |PULS  |ZVGN  |DRPRO =ON  |
|RE STOP|CON LEV| |         |     |NAME  |IMPULS|TOTAL |PRINT =OFF |
+-----+-------+---+---------+-----+------+------+------+-----------+
```

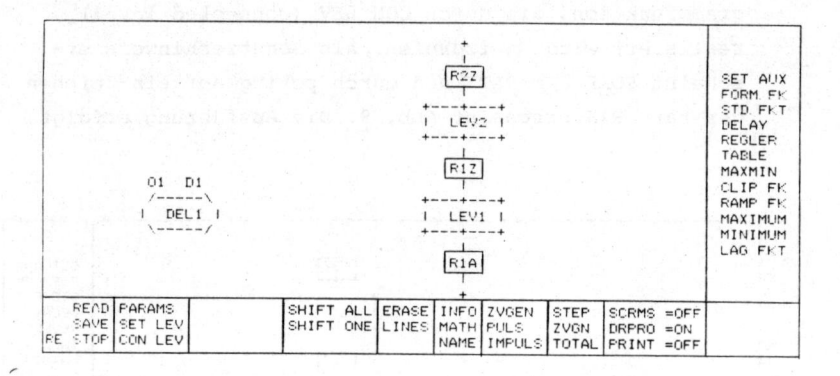

<u>Abb. 10:</u> poking Mittelpunkt DEL1(nach DELAY)

andere Funktionen sind durch INFO erhältlich.
SET AUXiliary zeigt eine einfache auxiliary, bei der
die Variablen, von denen sie abhängt, additiv ver-
knüpft sind. Diese Verknüpfungsart kann durch die
arithmetischen Operatoren (+, -, *, /, **) ersetzt
werden (vgl. Kap. 3.2.4). Von diesen auxiliaries unterscheiden sich die FORM FK (Formelfunktion) und die
STD FKT (Standardfunktion), da vor dem poking der Position die Formelfunktionsanweisung definiert bzw. die
Standardfunktion angegeben werden muß. Abb. 11 zeigt
den Hinweis GIB ANWEISUNG und der cursor wird in die
oberste Zeile positioniert, um ab dieser Stelle die
Formelfunktionsanweisung eingeben zu können.

```
┌─────────────────────────────────────────────────────────────────┐
│  ▪                                               GIB ANWEISUNG  │
│                                                  SET AUX        │
│                                                  FORM. FK       │
│                                                  STD. FKT       │
│                                                  DELAY          │
│                                                  REGLER         │
│                                                  TABLE          │
│                                                  MAXMIN         │
│                                                  CLIP FK        │
│                                                  RAMP FK        │
│                                                  MAXIMUM        │
│                                                  MINIMUM        │
│                                                  LAG FKT        │
├─────┬───────┬──┬──────────┬─────┬─────┬──────┬─────┬────────────┤
│READ │PARAMS │  │SHIFT ALL │ERASE│INFO │ZVGEN │STEP │SCRMS =OFF  │
│SAVE │SET LEV│  │SHIFT ONE │     │MATH │PULS  │ZVGN │DRPRO =ON   │
│RE STOP│     │  │          │     │NAME │IMPULS│TOTAL│PRINT =OFF  │
└─────┴───────┴──┴──────────┴─────┴─────┴──────┴─────┴────────────┘
```

<u>Abb. 11:</u> FORM FK

Durch Programmunterbrechung per Funktionstaste, wobei der cursor am Ende der Anweisung positioniert ist, wird diese dem Rechner übergeben. Sie darf eine Länge von 66 Zeichen nicht überschreiten.

Bei der Funktion REGLER wird das Verhalten eines Reglers berechnet, ohne daß die in Kap. 2.2.4 vorgestellten system dynamics Graphen dargestellt werden. Nach der Auswahl des Objekts REGLER muß sein Typ festgelegt werden. Dazu erscheinen am unteren rechten Bildrand die möglichen Festlegungen (Abb. 12).

								POKE ON TYP
								SET AUX
								FORM. FK
								STD. FKT
								DELAY
								REGLER
								TABLE
								MAXMIN
								CLIP FK
								RAMP FK
								MAXIMUM
								MINIMUM
								LAG FKT
READ	PARAMS		SHIFT ALL		INFO	ZVGEN	STEP	SCRMS =OFF	P PD PID
SAVE	SET LEV				MATH	PULS	ZVGN	DRPRO =ON	I PI
RE STOP						IMPULS	TOTAL	PRINT =OFF	D DI OFF

Abb. 12: REGLER

Während der Testphase hat sich gezeigt, daß es notwendig ist, den Typ eines bestehenden Reglers ändern zu können. Dies gelingt durch poking auf OFF, anschliessendes poking auf den zu ändernden Regler und Auswahl des neuen Reglertyps. OFF kann nicht ein zweites Mal hintereinander ausgewählt werden, da OFF dann nicht mehr als auswählbares Objekt im menu erscheint. Abb. 13 zeigt ein grobes Struktogramm zur Programmfunktion REGLER. Die Programmfunktionen der anderen auxiliaries sind ähnlich aufgebaut. Bei den exogenen Hilfslevels wird zusätzlich ihre mathematische Gleichung erzeugt, da jede dieser Gleichungen unveränderbar ist.

Um Parameter(PARAMS) mit ins Modell aufnehmen zu können, muß nach der Angabe der Position ein Parametername mit zwei Buchstaben eingegeben werden. Dies geschicht ähnlich

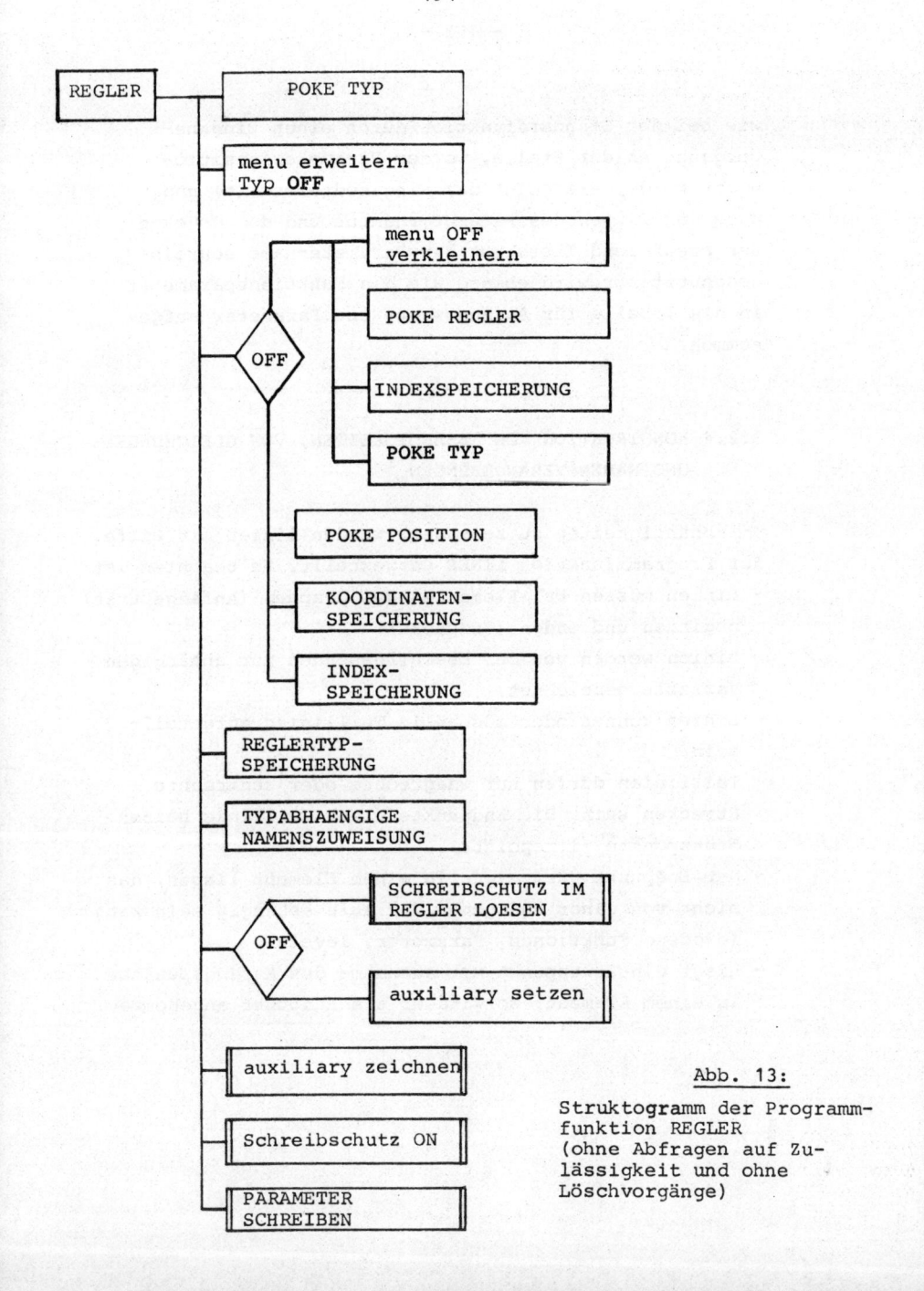

```
REGLER ─┬─ POKE TYP
        │
        ├─ menu erweitern
        │  Typ OFF
        │
        ├─ ⟨OFF⟩ ─┬─ menu OFF
        │         │  verkleinern
        │         ├─ POKE REGLER
        │         ├─ INDEXSPEICHERUNG
        │         └─ POKE TYP
        │
        ├─ POKE POSITION
        ├─ KOORDINATEN-
        │  SPEICHERUNG
        ├─ INDEX-
        │  SPEICHERUNG
        │
        ├─ REGLERTYP-
        │  SPEICHERUNG
        │
        ├─ TYPABHAENGIGE
        │  NAMENSZUWEISUNG
        │
        ├─ ⟨OFF⟩ ─┬─ SCHREIBSCHUTZ IM
        │         │  REGLER LOESEN
        │         └─ auxiliary setzen
        │
        ├─ auxiliary zeichnen
        ├─ Schreibschutz ON
        └─ PARAMETER
           SCHREIBEN
```

<u>Abb. 13:</u>

Struktogramm der Programmfunktion REGLER (ohne Abfragen auf Zulässigkeit und ohne Löschvorgänge)

wie bei der Standardfunktion durch einen Eingabevorgang. An der Stelle, wo der Parameter positioniert wurde, erscheint das Eingabedreieck (▶) und nach dem Tippen des Parameternamens und dem Drücken der break send Taste ist der Parametername schreibgeschützt. Er wird ebenso wie die Funktionsparameter in die Tabelle für Anfangswerte und Parameter aufgenommen.

3.2.4 KONSTRUKTION VON ABHÄNGIGKEITEN, VON GLEICHUNGEN UND NAMENSVERÄNDERUNGEN

Um Abhängigkeiten zu zeichnen, werden Linien mit Hilfe der Programmfunktion LINES dargestellt. Zu beachten ist:
- Linien müssen bei Elementen des Graphen (Anfangspunkt) beginnen und enden (Endpunkt).
- Linien werden von der beeinflussenden zur abhängigen Variable gezeichnet.
- Linien können oder müssen in Teillinien aufgeteilt sein.
- Teillinien dürfen nur waagrechte oder senkrechte Strecken sein. Die Endpunkte einer Teillinie heißen Stützpunkte (linepoints).
- Der Endpunkt darf nicht in einem Element liegen, das nicht von einer endogenen Variable abhängig sein kann (exogene Funktionen, Parameter, levels).
- Liegt ein Stützpunkt mit Ausnahme des Anfangspunktes in einem Element, so wird er als Endpunkt angenommen.

Vorgehensweise zum Erzeugen einer Abhängigkeit und
Antwortsignale des Rechners:

```
        poking        Hinweis        Aktion des Rechners

(1)     LINES         LINE FROM             -                    (Abb.14)
(2)     Element                       Abfrage, ob
        (LEV1)        LINEPOINT       zulässig                   (Abb.15)
(3)     zulässi-                      Zeichnen einer Linie
        ges                           von LEV1 zu DEL1;
        Element                       Angabe der Gleichung
        (DEL1)        LINE FROM       von DEL1                   (Abb.16)
```

```
                                       +                          LINE FROM
                                       |
                                     |R2Z|
                                       |                          SET AUX
                                   +---+---+                      FORM. FK
                                   | LEV2 |                       STD. FKT
                                   +---+---+                      DELAY
                                       |                          REGLER
                                     |R1Z|                        TABLE
           O1   D1                     |                          MAXMIN
          /-----\                  +---+---+                      CLIP FK
          | DEL1 |                 | LEV1 |                       RAMP FK
          \-----/                  +---+---+                      MAXIMUM
                                       |                          MINIMUM
                                     |R1A|                        LAG FKT
                                       |
                                       +
    READ  |PARAMS    |       |SHIFT ALL|ERASE|INFO|ZVGEN |STEP |SCRMS =OFF|
    SAVE  |SET LEV   |       |SHIFT ONE|LINES|MATH|PULS  |ZVGN |DRPRO =ON |
  RE STOP |CON LEV   |       |         |     |NAME|IMPULS|TOTAL|PRINT =OFF|
```

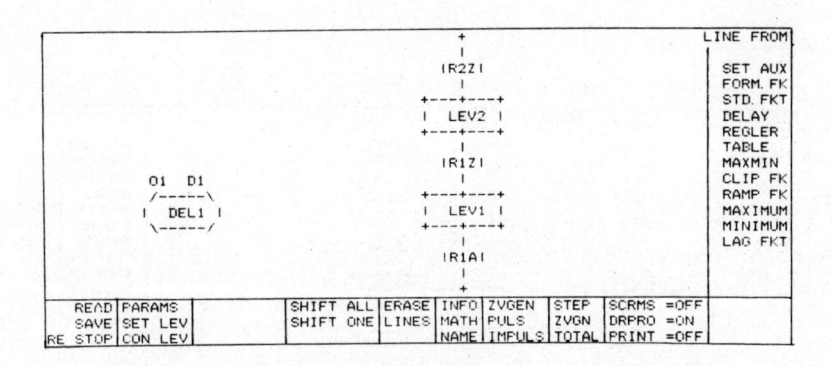

Abb. 14: LINES

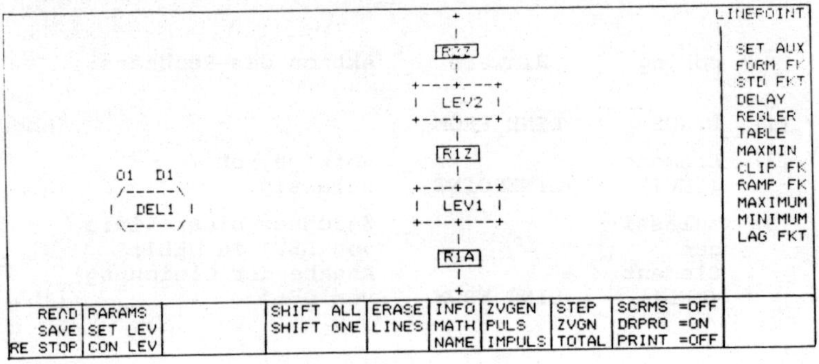

```
                                    +                           LINEPOINT
                                    |
                                  [R2Z]                         SET AUX
                                    |                           FORM FK
                               +----+----+                      STD FKT
                               | LEV2 |                         DELAY
                               +----+----+                      REGLER
                                    |                           TABLE
                                  [R1Z]                         MAXMIN
       O1   D1                      |                           CLIP FK
      /-----\                  +----+----+                      RAMP FK
      | DEL1 |                 | LEV1 |                         MAXIMUM
      \-----/                  +----+----+                      MINIMUM
                                    |                           LAG FKT
                                  [R1A]
                                    +
  READ | PARAMS  |        | SHIFT ALL | ERASE | INFO | ZVGEN | STEP  | SCRMS =OFF |
  SAVE | SET LEV |        | SHIFT ONE | LINES | MATH | PULS  | ZVGN  | DRPRO =ON  |
RE STOP| CON LEV |        |           |       | NAME | IMPULS| TOTAL | PRINT =OFF |
```

Abb. 15: LEV1

```
              DEL1 = DELAY(O1 ,1 ,D1 ,DT, LEV1)                 LINE FROM
                                    |
                                  [R2Z]                         SET AUX
                                    |                           FORM. FK
                               +----+----+                      STD. FKT
                               | LEV2 |                         DELAY
                               +----+----+                      REGLER
                                    |                           TABLE
                                  [R1Z]                         MAXMIN
       O1   D1                      |                           CLIP FK
      /-----\                  +----+----+                      RAMP FK
      | DEL1 |*................| LEV1 |                         MAXIMUM
      \-----/                  +----+----+                      MINIMUM
                                    |                           LAG FKT
                                  [R1A]
                                    +
  READ | PARAMS  |        | SHIFT ALL | ERASE | INFO | ZVGEN | STEP  | SCRMS =OFF |
  SAVE | SET LEV |        | SHIFT ONE | LINES | MATH | PULS  | ZVGN  | DRPRO =ON  |
RE STOP| CON LEV |        |           |       | NAME | IMPULS| TOTAL | PRINT =OFF |
```

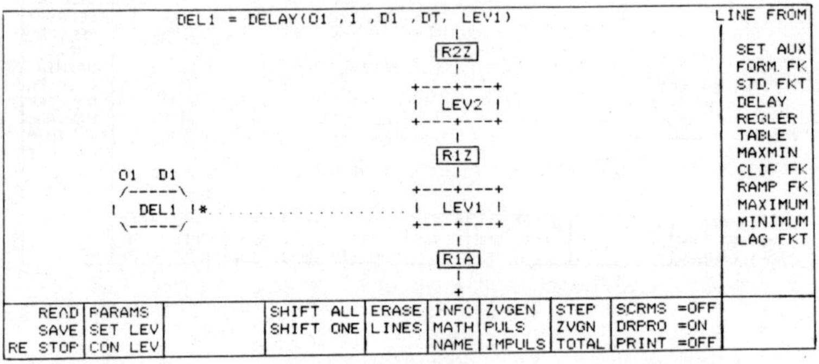

Abb. 16: DEL1

Die abhängige Variable wird durch ein Sonderzeichen markiert.

Sind die beiden Elemente nicht durch eine senkrechte oder waagrechte Gerade zu verbinden, so müssen linepoints eingeführt werden. Würde trotzdem eine direkte Verbindung versucht, so erscheint der Hinweis REPEAT. Die Programmfunktion, die durch LINES ausgeführt wird, ermöglicht mehrere Abhängigkeiten hintereinander zu definieren, ohne daß immer wieder LINES aufgerufen werden muß. Dies erleichtert einerseits den Aufbau eines Modells, andererseits ist ein **Beenden** der Programmfunktion nur durch REturn möglich.
Soll in Abb. 16 eine weitere Abhängigkeit von R1A durch **DEL1** vorgesehen werden, so wird Schritt (3) aufgelöst in:

	poking	Hinweis	Aktion des Rechners	
(3a)	linepoint	LINEPOINT	Zeichnen einer Teillinie	(Abb.17)
(3b)	zulässiges Element(DEL1)	LINE FROM	Zeichnen einer Teillinie; Angabe der Gleichung von R1A	(Abb.18)
(3c)	REturn	-	menu-Erweiterung	(Abb.19)

Der Schritt(3a) kann öfter wiederholt werden. Die Anzahl ist nur dadurch begrenzt, daß zuviele Stützpunkte die Übersichtlichkeit des Graphen vermindern und in der derzeitigen Version die Gesamtanzahl der Stützpunkte aus Speicherplatzgründen auf tausend beschränkt ist. Soll sich der Stützpunkt außerhalb des dargestellten Bereichs befinden, so **wird** durch poking auf den Rand des Bildes das gesamte Bild verschoben (vgl. 3.2.5).

```
            DEL1 = DELAY(O1 ,1 ,D1 ,DT, LEV1)                LINEPOINT
                                                             SET AUX
                                    [R2Z]                    FORM FK
                                      |                      STD FKT
                                  +---+---+                  DELAY
                                  | LEV2 |                   REGLER
                                  +---+---+                  TABLE
                                      |                      MAXMIN
                                    [R1Z]                    CLIP FK
          O1  D1                      |                      RAMP FK
         /-----\                  +---+---+                  MAXIMUM
         | DEL1 |*................| LEV1 |                   MINIMUM
         \-----/                  +---+---+                  LAG FKT
             :                        |
             +                      [R1A]
                                      +
   READ  PARAMS        SHIFT ALL ERASE INFO ZVGEN STEP  SCRMS =OFF
   SAVE  SET LEV       SHIFT ONE LINES MATH PULS  ZVGN  DRPRO =ON
 RE STOP CON LEV                       NAME IMPULS TOTAL PRINT =OFF
```

Abb. 17: poking +

```
         R1A    = DEL1                                       LINE FROM
                                                             SET AUX
                                    [R2Z]                    FORM FK
                                      |                      STD FKT
                                  +---+---+                  DELAY
                                  | LEV2 |                   REGLER
                                  +---+---+                  TABLE
                                      |                      MAXMIN
                                    [R1Z]                    CLIP FK
          O1  D1                      |                      RAMP FK
         /-----\                  +---+---+                  MAXIMUM
         | DEL1 |*................| LEV1 |                   MINIMUM
         \-----/                  +---+---+                  LAG FKT
                                      |
                          .........*[R1A]
                                      +
   READ  PARAMS        SHIFT ALL ERASE INFO ZVGEN STEP  SCRMS =OFF
   SAVE  SET LEV       SHIFT ONE LINES MATH PULS  ZVGN  DRPRO =ON
 RE STOP CON LEV                       NAME IMPULS TOTAL PRINT =OFF
```

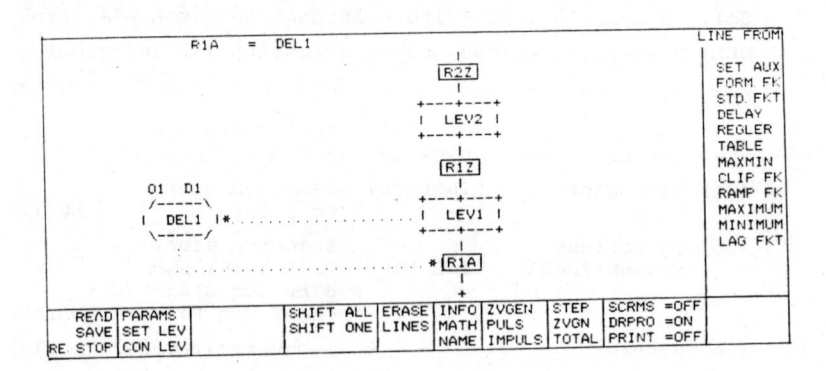

Abb. 18: R1A

```
         R1A    = DEL1
                                    [R2Z]                    SET AUX
                                      |                      FORM FK
                                  +---+---+                  STD FKT
                                  | LEV2 |                   DELAY
                                  +---+---+                  REGLER
                                      |                      TABLE
                                    [R1Z]                    MAXMIN
          O1  D1                      |                      CLIP FK
         /-----\                  +---+---+                  RAMP FK
         | DEL1 |*................| LEV1 |                   MAXIMUM
         \-----/                  +---+---+                  MINIMUM
                                      |                      LAG FKT
                          .........*[R1A]
                                      +
   READ  PARAMS SHOW MODL SHIFT ALL ERASE INFO ZVGEN STEP  SCRMS =OFF
   SAVE  SET LEV          SHIFT ONE LINES MATH PULS  ZVGN  DRPRO =ON
 RE STOP CON LEV           SHIFT LIN EQUAT NAME IMPULS TOTAL PRINT =OFF
```

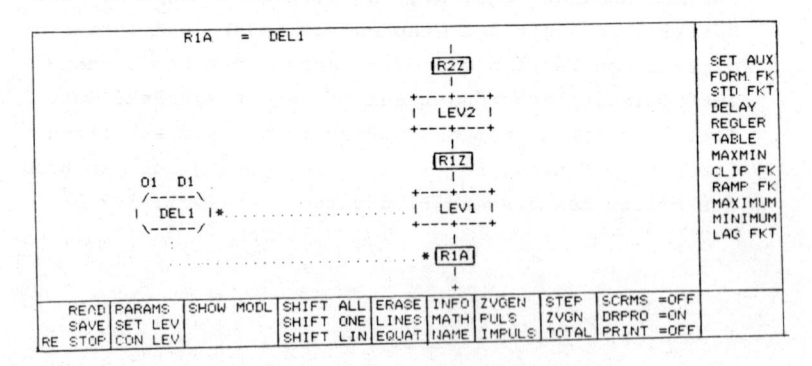

Abb. 19: REturn

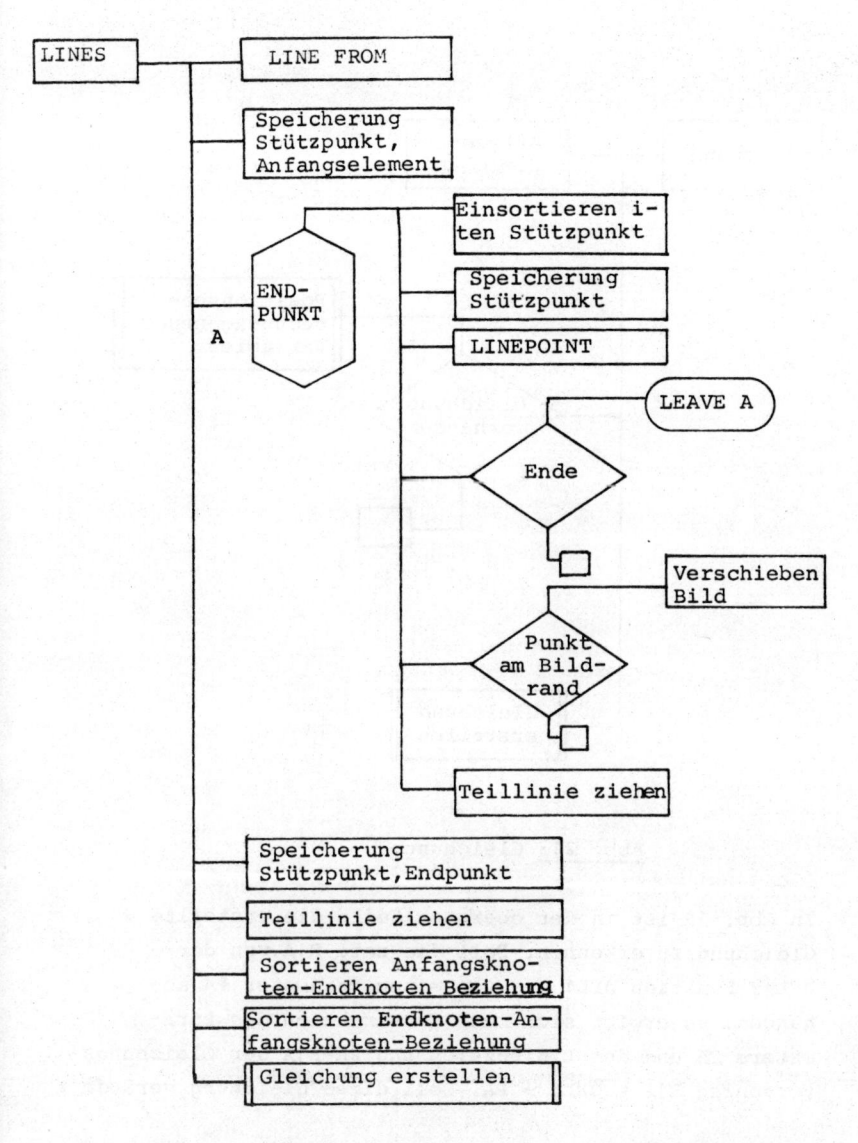

Abb. 20: Struktogramm von LINES (ohne Prüf- und Löschroutinen)

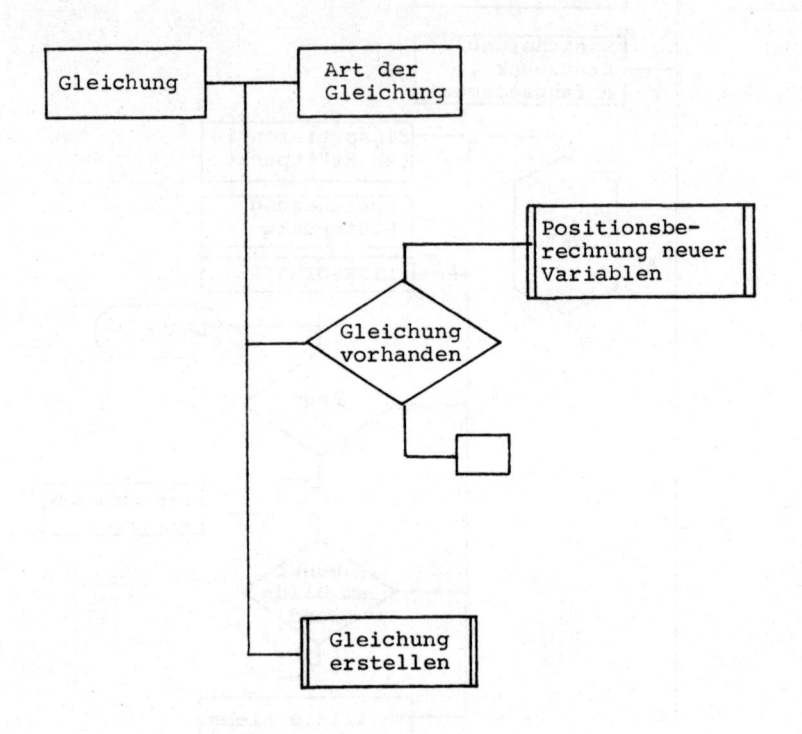

```
┌──────────┐   ┌──────────┐
│Gleichung │───│Art der   │
└──────────┘ │ │Gleichung │
             │ └──────────┘
             │
             │                    ┌──────────────┐
             │                    │Positionsbe-  │
             │                    │rechnung neuer│
             │                    │Variablen     │
             │                    └──────────────┘
             │         ╱╲              │
             │        ╱  ╲─────────────┘
             ├───────╱Gleichung╲
             │       ╲vorhanden╱
             │        ╲       ╱
             │         ╲     ╱
             │          ╲   ╱──┐
             │           ╲ ╱   │
             │            V   ┌┴┐
             │                └─┘
             │
             │ ┌──────────┐
             └─│Gleichung │
               │erstellen │
               └──────────┘
```

<u>Abb. 21:</u> Gleichung

In Abb. 19 ist in der obersten Zeile die erstellte
Gleichung zu erkennen. Soll die rate R1A von der
DELAY-Funktion DEL1 und von einem Parameter PA abhängen, so ergibt sich nach Konstruktion des Para-
me**ters** PA und der **Linien**zeichnung PA-R1A der Gleichungs-
vorschlag R1A = DEL1 + PA. Soll diese Gleichung verändert

werden, so ist dies durch EQUATe möglich. Erfolgt
das poking auf EQUAT direkt nach der Konstruktion
einer Linie (Abb. 22), so bezieht sich das Verändern
auf die am Bildschirm stehende Gleichung. Es erscheint
der Hinweis SEND ALL, d.h. die gesamte Gleichung soll
Inhalt des Abschickbereiches[1] sein, und die neue Form
der Gleichung muß mittels Tastatur eingegeben werden.

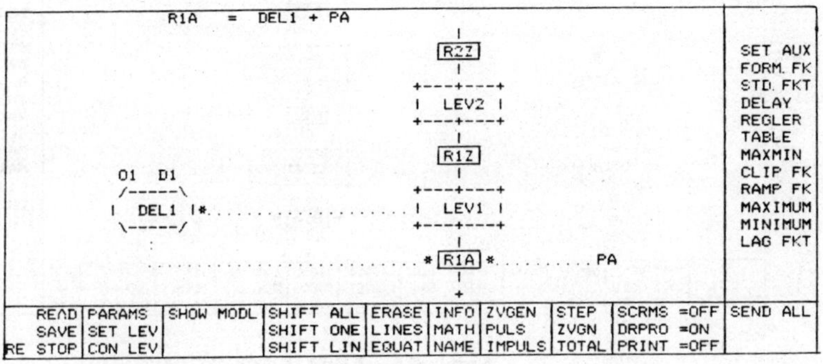

```
                R1A  =  DEL1 + PA                                    
                                  |                                  
                                 [R2Z]                               
                                  |                                  
                              +---+---+                              
                              | LEV2 |                  SET AUX      
                              +---+---+                 FORM. FK     
                                  |                     STD. FKT     
                                 [R1Z]                  DELAY        
                                  |                     REGLER       
        O1   D1               +---+---+                 TABLE        
       /-----\                | LEV1 |                  MAXMIN       
       | DEL1 |*..............+---+---+                 CLIP FK      
       \-----/                    |                     RAMP FK      
         :                     *[R1A]*..........PA      MAXIMUM      
         :                        |                     MINIMUM      
                                  +                     LAG FKT      
                                                                     
   READ |PARAMS|SHOW MODL|SHIFT ALL|ERASE|INFO|ZVGEN|STEP |SCRMS =OFF|SEND ALL
   SAVE |SET LEV|         |SHIFT ONE|LINES|MATH|PULS |ZVGN |DRPRO =ON|
RE STOP |CON LEV|         |SHIFT LIN|EQUAT|NAME|IMPULS|TOTAL|PRINT =OFF|
```

Abb. 22: EQUAT nach LINE

```
                R1A  =  DEL1 * PA                       POKE ON NAME 
                                  |                                  
                                 [R2Z]                               
                                  |                                  
                              +---+---+                              
                              | LEV2 |                  SET AUX      
                              +---+---+                 FORM. FK     
                                  |                     STD. FKT     
                                 [R1Z]                  DELAY        
                                  |                     REGLER       
        O1   D1               +---+---+                 TABLE        
       /-----\                | LEV1 |                  MAXMIN       
       | DEL1 |*..............+---+---+                 CLIP FK      
       \-----/                    |                     RAMP FK      
         :                     *[R1A]*..........PA      MAXIMUM      
         :                        |                     MINIMUM      
                                  +                     LAG FKT      
                                                                     
   READ |PARAMS|SHOW MODL|SHIFT ALL|ERASE|INFO|ZVGEN|STEP |SCRMS =OFF|
   SAVE |SET LEV|         |SHIFT ONE|LINES|MATH|PULS |ZVGN |DRPRO =ON|
RE STOP |CON LEV|         |SHIFT LIN|EQUAT|NAME|IMPULS|TOTAL|PRINT =OFF|
```

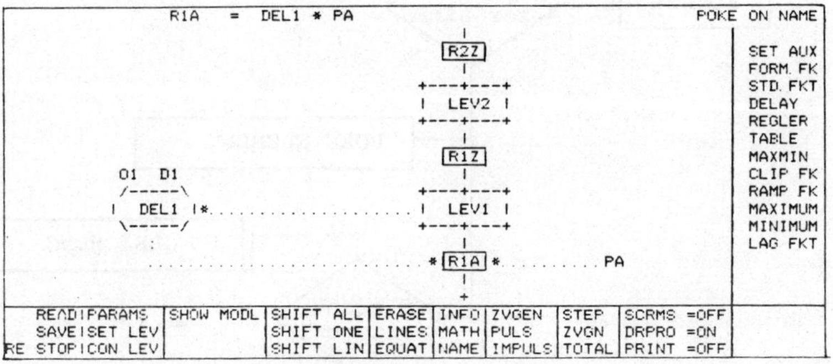

Abb. 23: EQUAT

---

[1] Der cursor muß bei der Funktionsunterbrechung hinter
dem letzten Zeichen der Gleichung stehen.

Erfolgt EQUATe nicht direkt nach der Konstruktion einer
Linie, so muß das Element, dessen Gleichung betrachtet
oder verändert werden soll, durch poking (**POKE ON NAME**)
angezeigt werden. Abb. 24 zeigt das Ergebnis, wenn der
level LEV1 ausgesucht wurde. **Eine Änderung dieser Gleichung ist nicht möglich.**

```
              LEV1 = LEV1 + DT * (R1Z - R1A)
                                 |R2Z|
                                   |
                                 +---+---+
                                 | LEV2  |
                                 +---+---+
                                     |
                                   |R1Z|
           O1  D1                    |
          /-----\                 +---+---+
          | DEL1 |*................| LEV1  |
          \-----/                 +---+---+
                 :                   |
                 ..............*|R1A|*........ PA
                                     |
                                     +
 READ |PARAMS |SHOW MODL|SHIFT ALL|ERASE|INFO|ZVGEN |STEP |SCRMS =OFF
 SAVE |SET LEV|         |SHIFT ONE|LINES|MATH|PULS  |ZVGN |DRPRO =ON
RE STOP|CON LEV|         |SHIFT LIN|EQUAT|NAME|IMPULS|TOTAL|PRINT =OFF
                                                     SET AUX
                                                     FORM. FK
                                                     STD. FKT
                                                     DELAY
                                                     REGLER
                                                     TABLE
                                                     MAXMIN
                                                     CLIP FK
                                                     RAMP FK
                                                     MAXIMUM
                                                     MINIMUM
                                                     LAG FKT
```

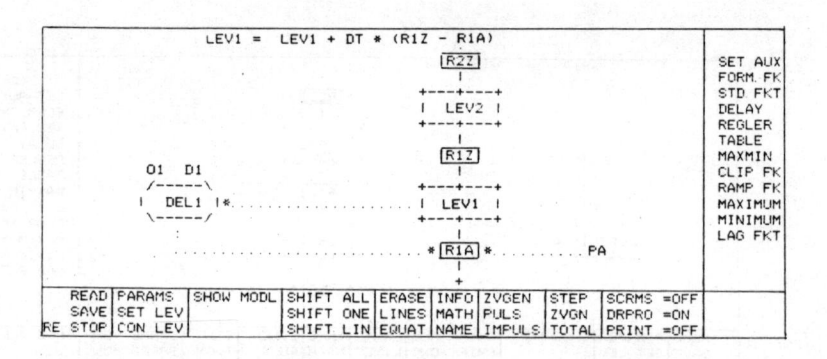

<u>Abb. 24</u>   LEV1 nach EQUAT

<u>Abb. 25:</u>   Struktogramm zu EQUAT

In der Programmfunktion, die durch EQUAT aufgerufen
wird, ist eine Prüfroutine enthalten, ob genügend
Abhängigkeiten vorhanden sind. Würde man die Gleichung
von R2Z verlangen, so würde der Hinweis MANKO:
1 VARIABLE gegeben. Dies ist im allgemeinen selbst ersichtlich, doch bei der MAXMIN-Funktion müssen 2
Variablen oder Parameter und bei der FORMEL-Funktion
n Parameter oder Variablen vorhanden sein.

Oftmals ist es wünschenswert, daß die Namen der Elemente vom Benutzer selbst bestimmt werden können, um
damit einen Hinweis auf das abgebildete System zu
schaffen. Dies ist durch das auswählbare Objekt NAME
möglich, wobei die Namen bei levels und auxiliaries
5 Buchstaben bzw. Ziffern, bei rates drei Buchstaben
bzw. Ziffern enthalten dürfen.

Vorgehensweise:

poking	Hinweis	Aktion des Rechners
(1) NAME	POKE ON NAME	-
(2) Element	-	Abfrage, ob zulässig; Eingabebereich charakterisieren durch
(3) Namenseingabe	-	Name wird geschrieben (Abb. 26)

Abb. 26 zeigt die Namensänderung von **LEV1** in **LAGER**.

```
                              +
                              |
                           | R2Z |
                              |
                         +---+---+
                         | LEV2  |               SET AUX
                         +---+---+               FORM. FK
                              |                  STD. FKT
                           | R1Z |               DELAY
                              |                  REGLER
         O1  D1          +---+---+               TABLE
         /-----\         | LAGER |               MAXMIN
         | DEL1 |*.......+---+---+               CLIP FK
         \-----/              |                  RAMP FK
              :.........* R1A *.........PA       MAXIMUM
                              |                  MINIMUM
                              +                  LAG FKT

| READ  | PARAMS  | SHOW MODL | SHIFT ALL | ERASE | INFO | ZVGN  | STEP  | SCRMS =OFF |
| SAVE  | SET LEV |           | SHIFT ONE | LINES | MATH | PULS  | ZVGN  | DRPRO =ON  |
|RE STOP| CON LEV |           | SHIFT LIN | EQUAT | NAME |IMPULS | TOTAL | PRINT =OFF |
```

Abb. 26: LAGER **nach** NAME

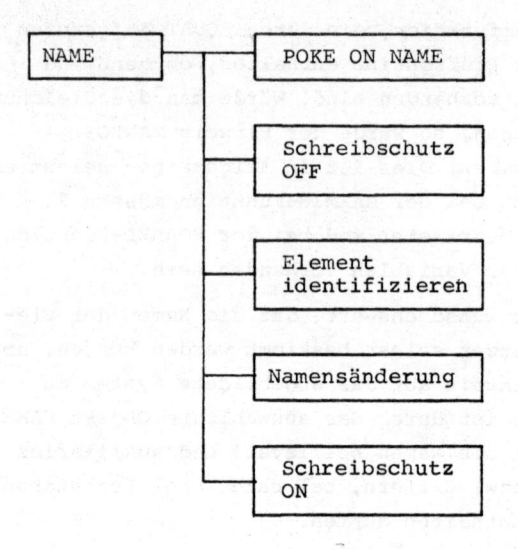

```
NAME ─┬─ POKE ON NAME
      │
      ├─ Schreibschutz
      │  OFF
      │
      ├─ Element
      │  identifizieren
      │
      ├─ Namensänderung
      │
      └─ Schreibschutz
         ON
```

Abb. 27:   Struktogramm von NAME

3.2.5 VERSCHIEBEN - LÖSCHEN - LESEN UND SCHREIBEN AUF EXTERNE DATEIEN

Durch die geringe Auflösung des Zeichenbildschirmgerätes kann nur ein Ausschnitt des Modells am Terminal betrachtet werden. Deshalb wird die Möglichkeit geboten, die Koordinaten des Bildschirmbereichs durch SHIFT ALL zu verschieben. Die linke untere Ecke des Ausgangsbildes hat die (X,Y)-Koordinaten (0,0). Da beim verwendeten Terminal 20 Zeilen und 80 Spalten zur Verfügung stehen, werden dem Punkt in der oberen rechten Ecke die Koordinaten (80,20) zugeordnet.

Durch poking auf SHIFT ALL erwartet der Rechner eine
Eingabe der Veränderung der X- und Y-Koordinate (DX,
DY). Abb. 28 zeigt eine Eingabe zur Änderung der Ordinate um 20 Zeichen.

```
                                |
                              [R2Z]
                                |
                           +---+---+
                           | LEV2  |
                           +---+---+
                                |
                              [R1Z]
                                |
      O1  D1                +---+---+
     /-----\                |       |
     | DEL1 |*..............| LAGER |
     \-----/                |       |
          :                 +---+---+
          :                     |
          :...................*[R1A]*.........PA
                                +
```

```
                                                SET AUX
                                                FORM. FK
                                                STD. FKT
                                                DELAY
                                                REGLER
                                                TABLE
                                                MAXMIN
                                                CLIP FK
                                                RAMP FK
                                                MAXIMUM
                                                MINIMUM
                                                LAG FKT
                                                SHIFT
                                                XX=  0.0
                                                YY=  0.0
```

READ	PARAMS	SHOW MODL	SHIFT ALL	ERASE	INFO	ZVGEN	STEP	SCRMS =OFF	DX=
SAVE	SET LEV		SHIFT ONE	LINES	MATH	PULS	ZVGN	DRPRO =ON	DY=
RE STOP	CON LEV		SHIFT LIN	EQUAT	NAME	IMPULS	TOTAL	PRINT =OFF	

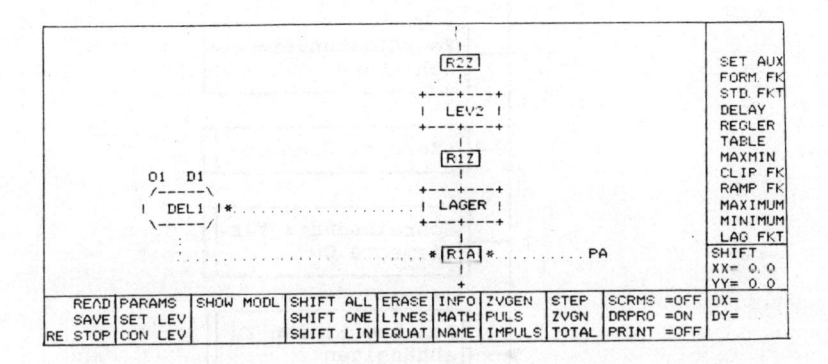

Abb. 28: SHIFT ALL

Bei den Linien, deren Beziehungselemente nicht im Bildausschnitt zu erkennen sind, wird der Name des abhängigen bzw. beeinflussenden Elements auf die Linie geschrieben (Abb. 29):

```
                                +
                                |
                              [R2Z]
                                |
                           +---+---+
                           | LEV2  |
                           +---+---+
                                |
                              [R1Z]
                                |
                           +---+---+
     DEL1.................. | LAGER |
                           +---+---+
                                |
     DEL1..................*[R1A]*.........PA
                                +
```

```
                                                SET AUX
                                                FORM. FK
                                                STD. FKT
                                                DELAY
                                                REGLER
                                                TABLE
                                                MAXMIN
                                                CLIP FK
                                                RAMP FK
                                                MAXIMUM
                                                MINIMUM
                                                LAG FKT
                                                SHIFT
                                                XX=  20.0
                                                YY=   0.0
```

READ	PARAMS	SHOW MODL	SHIFT ALL	ERASE	INFO	ZVGEN	STEP	SCRMS =OFF	DX= 20.0
SAVE	SET LEV		SHIFT ONE	LINES	MATH	PULS	ZVGN	DRPRO =ON	DY= 0.0
RE STOP	CON LEV		SHIFT LIN	EQUAT	NAME	IMPULS	TOTAL	PRINT =OFF	

Abb. 29: Eingabe DX und DY bei SHIFT ALL

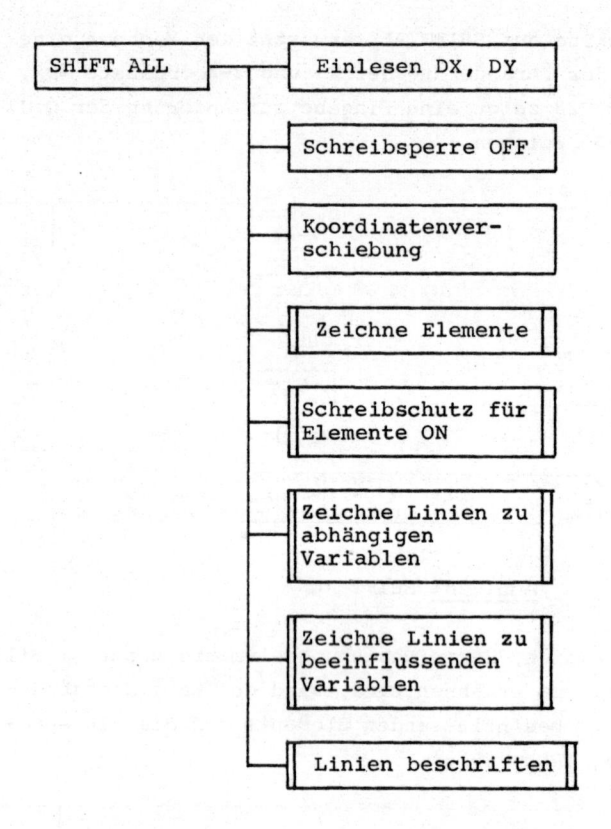

```
┌──────────┐  ┌─────────────────────┐
│ SHIFT ALL│──┤ Einlesen DX, DY     │
└──────────┘  └─────────────────────┘
      │       ┌─────────────────────┐
      ├───────┤ Schreibsperre OFF   │
      │       └─────────────────────┘
      │       ┌─────────────────────┐
      ├───────┤ Koordinatenver-     │
      │       │ schiebung           │
      │       └─────────────────────┘
      │       ┌─────────────────────┐
      ├───────┤ Zeichne Elemente    │
      │       └─────────────────────┘
      │       ┌─────────────────────┐
      ├───────┤ Schreibschutz für   │
      │       │ Elemente ON         │
      │       └─────────────────────┘
      │       ┌─────────────────────┐
      ├───────┤ Zeichne Linien zu   │
      │       │ abhängigen          │
      │       │ Variablen           │
      │       └─────────────────────┘
      │       ┌─────────────────────┐
      ├───────┤ Zeichne Linien zu   │
      │       │ beeinflussenden     │
      │       │ Variablen           │
      │       └─────────────────────┘
      │       ┌─────────────────────┐
      └───────┤ Linien beschriften  │
              └─────────────────────┘
```

<u>Abb. 30:</u>   Struktogramm SHIFT ALL

Beim Verschieben der Bildschirmkoordinaten wird nicht
der gesamte Bildschirm für das Modell genutzt. Soll
auch der Platz der auswählbaren Objekte, die Programmfunktionen initiieren, zur Verfügung stehen, so ist
dies durch TOTAL, nach einer Eingabe von DX und DY

möglich. Abbildung 31 zeigt einen Graph des erweiterten Modells (Abb. 29, S.203).
Durch weitere Eingaben von DX und DY können restliche Teile des Modells abgebildet werden. Wird kein Wert mehr für DX und DY eingegeben, und wird die Funktionsunterbrechertaste bedient, so erscheinen wieder die Objekte, durch die Programmfunktionen ausgeführt werden.
Meist aus ästhetischen Gründen entsteht der Wunsch, durch SHIFT ONE und SHIFT LINe ein Verschieben der Elemente bzw. einer Linie zu erreichen.

Vorgehensweise bei SHIFT ONE:

```
     poking        Hinweis           Aktion des Rechners
(1) SHIFT ONE    POKE ELEMENT
(2) Element      POKE POSITION     Abfrage, ob zulässig
(3) Position         -             Abfrage, ob zulässig;
                                   Löschen Element;
                                   Zeichnen Element
```

```
                                                    R1  W1
                                                   /-----\
                         !R2Z!*  ................ ! P RG1 !
                                                   \-----/
                       +---+---+                      &
                       ! LEV2 ! .....................  :
                       +---+---+                      N1
                           !                        /-----\
                         !R1Z!.................... *! TAB1 !
  O1  D1                   !                        \-----/
 /-----\               +---+---+
 ! DEL1 !*.............! LAGER !
 \-----/               +---+---+
                           !
        ................ *!R1A!* ........ PA
                           +                    XX=  5.00
                                                YY=  0.0
                                                DX=
                                                DY=
```

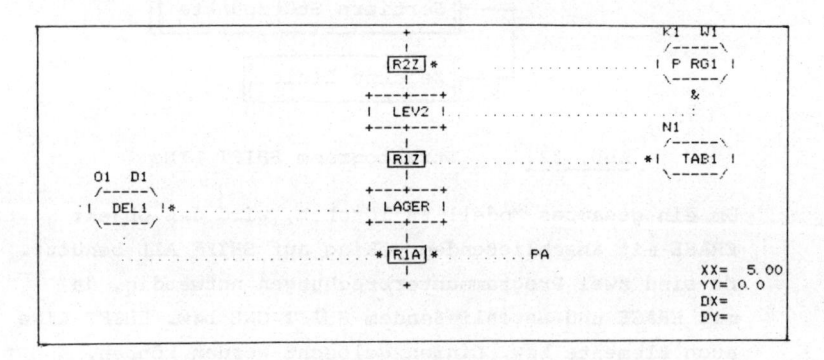

Abb. 31: TOTAL

Soll ein level verschoben werden, der mit anderen
verbunden ist, so werden alle verbundenen levels
verschoben.

Vorgehensweise bei SHIFT LINe:

	poking	Hinweis	Aktion des Rechners
(1)	SHIFT LIN	LINE FROM	-
(2)	Element	POKE ENDPOINT	Abfrage, ob zulässig;
			Lösche Linie
(3)	wie bei LINE		

```
┌───────────┐   ┌──────────────────┐
│ SHIFT LIN │───┤ Lösche Linie     │
└───────────┘   └──────────────────┘
           │    ┌──────────────────────┐
           ├────┤ Lösche Stützpunkte   │
           │    └──────────────────────┘
           │    ┌────────────────────────┐
           ├────┤ Sortiere Stützpunkte   │
           │    └────────────────────────┘
           │    ┌──────────────────┐
           └────┤ Zeichne Linie    │
                └──────────────────┘
```

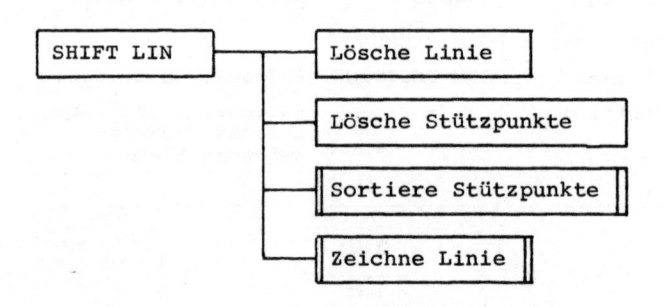

Abb. 32:   Struktogramm SHIFT LINe

Um ein gesamtes Modell zu löschen, wird das Objekt
ERASE mit anschließendem poking auf SHIFT ALL benützt.
Es sind zwei Programmunterbrechungen notwendig, da
mit ERASE und anschließendem SHIFT ONE bzw. SHIFT LINe
auch Elemente bzw. Linien gelöscht werden können.
Die Vorgehensweise ist dem ersten Teil von SHIFT ähnlich, wobei vom Programm her das Löschen des Index für
Elemente bzw. der Indizes für Stützpunkte und Beziehungen erforderlich ist.

Um ein erstelltes Modell über einen längeren Zeitraum benützen zu können, wird es durch SAVE auf eine externe Datei geschrieben. READ liest das Modell von der erstellten Datei. Da Fehler beim Lesen und Schreiben sehr verhängnisvoll sein können, wurde eine Kontrollabfrage eingebaut. Wird diese nicht mit poking auf YES beantwortet, so wird die Programmfunktion REturn ausgeführt.

Vorgehensweise:

	poking	Hinweis	Aktion des Rechners
(1)	READ SAVE		Erstellen eines auswählbaren Objekts YES
(2)	YES	READ SAVE	Lesen bzw. Schreiben der externen Datei

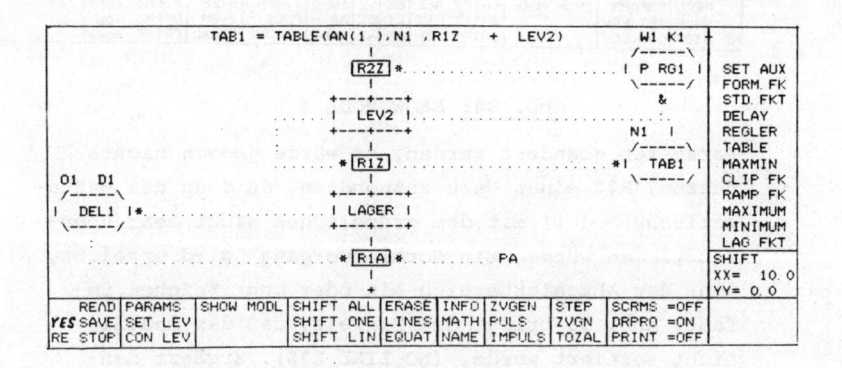

```
                TAB1 = TABLE(AN(1 ),N1 ,R1Z   +   LEV2)      W1 K1
                                I                           /-----\
                               [R2Z]*.......................I P RG1 I    SET AUX
                                I                           \-----/      FORM. FK
                            +---+---+                          &         STD. FKT
                     ......I LEV2 I........................:.            DELAY
                     :      +---+---+                         N1  I      REGLER
                     :          I                           /-----\      TABLE
                     .......*[R1Z]........................*I  TAB1 I     MAXMIN
  01  D1                        I                           \-----/      CLIP FK
 /-----\                    +---+---+                                    RAMP FK
 I DEL1 I*..................I LAGER I                                    MAXIMUM
 \-----/                    +---+---+                                    MINIMUM
    :                           I                                        LAG FKT
    ........................*[R1A]*........ PA                          SHIFT
                                I                                       XX=  10. 0
                                +                                       YY=  0. 0
      READ  PARAMS  SHOW MODL  SHIFT ALL  ERASE  INFO  ZVGEN  STEP   SCRMS =OFF
    YES SAVE SET LEV            SHIFT ONE  LINES  MATH  PULS   ZVGN   DRPRO =ON
     RE  STOP CON LEV           SHIFT LIN  EQUAT  NAME  IMPULS TOZAL  PRINT =OFF
```

Abb. 33: YES bei SAVE

3.2.6 ERSTELLUNG DES MATHEMATISCHEN MODELLS UND DES SIMULATIONSPROGRAMMS

Das mathematische Modell zur Abbildung 33 erscheint
durch SHOW MODL (Abb. 34). Man erkennt, daß der
Variablen R1Z noch kein Wert zugeordnet wurde. Dabei
können die Verknüpfungen der einzelnen Variablen bzw.

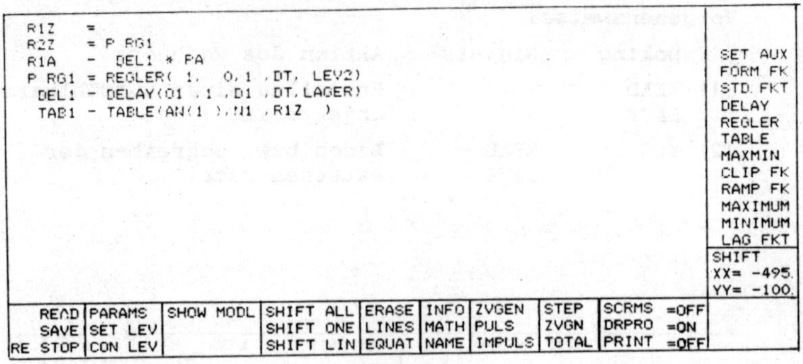

```
R1Z    =
R2Z    = P RG1
R1A    - DEL1 * PA
P RG1  = REGLER( 1,  0,1 ,DT, LEV2)
DEL1   - DELAY(O1 ,.1 ,D1 ,DT,LAGER)
TAB1   - TABLE(AN(1 ),N1 ,R1Z  )
```

SET AUX
FORM FK
STD. FKT
DELAY
REGLER
TABLE
MAXMIN
CLIP FK
RAMP FK
MAXIMUM
MINIMUM
LAG FKT
SHIFT
XX= -495.
YY= -100.

READ	PARAMS	SHOW MODL	SHIFT ALL	ERASE	INFO	ZVGEN	STEP	SCRMS	=OFF
SAVE	SET LEV		SHIFT ONE	LINES	MATH	PULS	ZVGN	DRPRO	=ON
RE STOP	CON LEV		SHIFT LIN	EQUAT	NAME	IMPULS	TOTAL	PRINT	=OFF

Abb. 34: SHOW MODL I

Parameter geändert werden, es würde jedoch nichts
nützen, R1Z einen Wert zuzuordnen, da dann das mathematische Modell mit dem graphischen nicht mehr über-
einstimmen würde. Ein Sortiervorgang wird erreicht,
wenn der Abschickbereich ein oder mehr Zeichen umfaßt. Abb. 35 bringt den Hinweis, daß das Modell
nicht sortiert wurde, (NO LINE R1Z). Ergänzt man
Abb. 33 durch die Beziehung R1Z = LEV2 (Abb. 36),
so erscheinen beim Aufruf von SHOW MODL Abb. 37 und
nach dem Sortiervorgang Abb. 38.

```
 LAGER = LAGER + DT * (R1Z - R1A)                            POKE
 LEV2  = LEV2  + DT * (R2Z - R2A)                            SET AUX
                                                             FORM. FK
                                                             STD. FKT
                                                             DELAY
                                                             REGLER
                                                             TABLE
                                                             MAXMIN
                                                             CLIP FK
                                                             RAMP FK
                                                             MAXIMUM
                                                             MINIMUM
                                                             LAG FKT
                                                             SHIFT
                                                             XX=  -495.
                                                             YY=  -100.
 READ |PARAMS  |SHOW MODL|SHIFT ALL|ERASE|INFO |ZVGN |STEP |SCRMS =OFF| NO LINE
 SAVE |SET LEV |RUN MODEL|SHIFT ONE|LINES|MATH |PULS |ZVGN |DRPRO =ON | R1Z
 RE STOP|CON LEV|         |SHIFT LIN|EQUAT|NAME |IMPULS|TOTAL|PRINT =OFF|
```

Abb. 35: SHOW MODL II

```
                   R1Z  = LEV2                               LINE FROM
                                            /-----\
                       |R2Z|*..............| P RG1 |         SET AUX
                                            \-----/          FORM. FK
                     +---+---+                      &        STD. FKT
                     | LEV2 |.......................         DELAY
                     +---+---+                     N1 |      REGLER
                                                /-----\      TABLE
                       *|R1Z|.................*| TAB1 |      MAXMIN
 O1  D1                                         \-----/      CLIP FK
 /-----\             +---+---+                               RAMP FK
 | DEL1|*............| LAGER |                               MAXIMUM
 \-----/             +---+---+                               MINIMUM
                         |                                   LAG FKT
                       *|R1A|*.......... PA                  SHIFT
                         +                                   XX=   10.0
                                                             YY=   0.0
 READ |PARAMS |SHOW M DL|SHIFT ALL|ERASE|INFO |ZVGN |STEP |SCRMS =OFF|
 SAVE |SET LEV|         |SHIFT ONE|LINES|MATH |PULS |ZVGN |DRPRO =ON |
 RE STOP|CON LEV|       |SHIFT LIN|EQUAT|NAME |IMPULS|TOTAL|PRINT =OFF|
```

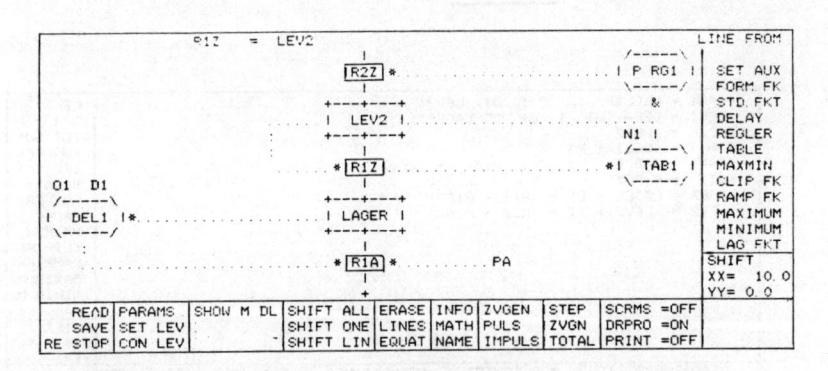

Abb. 36: LINE R1Z - LEV2

```
R1Z     =   LEV2
R2Z     =  P RG1
R1A     =   DEL1 * PA
P RG1 = REGLER( 1,  0,1 ,DT, LEV2)
 DEL1 = DELAY(O1 ,1 ,D1 ,DT,LAGER)
 TAB1 = TABLE(AN(1 ),N1 ,R1Z    + LEV2)
```

							SET AUX FORM. FK STD. FKT DELAY REGLER TABLE MAXMIN CLIP FK RAMP FK MAXIMUM MINIMUM LAG FKT
							SHIFT XX= -490 YY= -100
READ	PARAMS	SHOW MODL	SHIFT ALL	ERASE	INFO	ZVGEN	STEP	SCRMS =OFF
SAVE	SET LEV		SHIFT ONE	LINES	MATH	PULS	ZVGN	DRPRO =ON
RE STOP	CON LEV	:	SHIFT LIN	EQUAT	NAME	IMPULS| TOTAL	PRINT =OFF

Abb. 37: SHOW MODL I

```
P RG1 = REGLER( 1,  0,1 ,DT, LEV2)
 DEL1 = DELAY(O1 ,1 ,D1 ,DT,LAGER)
R1Z     -   LEV2
R1A     -   DEL1 * PA
 TAB1 - TABLE(AN(1 ),N1 ,R1Z    + LEV2)
R2Z     =  P RG1
LAGER = LAGER + DT * (R1Z - R1A)
LEV2  = LEV2  + DT * (R2Z - R2A)
```

								POKE
								SET AUX FORM. FK STD. FKT DELAY REGLER TABLE MAXMIN CLIP FK RAMP FK MAXIMUM MINIMUM LAG FKT
								SHIFT XX= -490 YY= -100
READ	PARAMS	SHOW MODL	SHIFT ALL	ERASE	INFO	ZVGEN	STEP	SCRMS =OFF
SAVE	SET LEV	RUN MODEL	SHIFT ONE	LINES	MATH	PULS	ZVGN	DRPRO =ON
RE STOP	CON LEV	MOD-VALUE	SHIFT LIN	EQUAT	NAME	IMPULS	TOTAL	PRINT =OFF

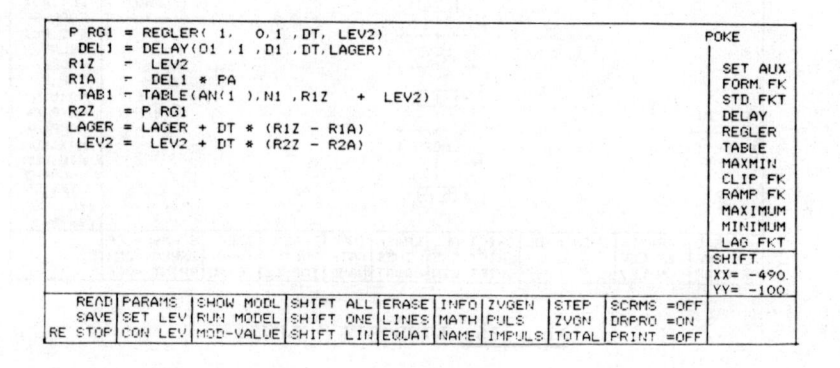

Abb. 38: SHOW MODL II

Ist das mathematische Modell größer als eine Seite, so wird durch poking die nächste Seite angefordert. Erwähnenswert wäre noch, daß vor Erstellen des mathematischen Modells eine Verschiebung auf die Koordinaten(-490, -100) vorgenommen wird, um das graphische Modell nicht zu zerstören.

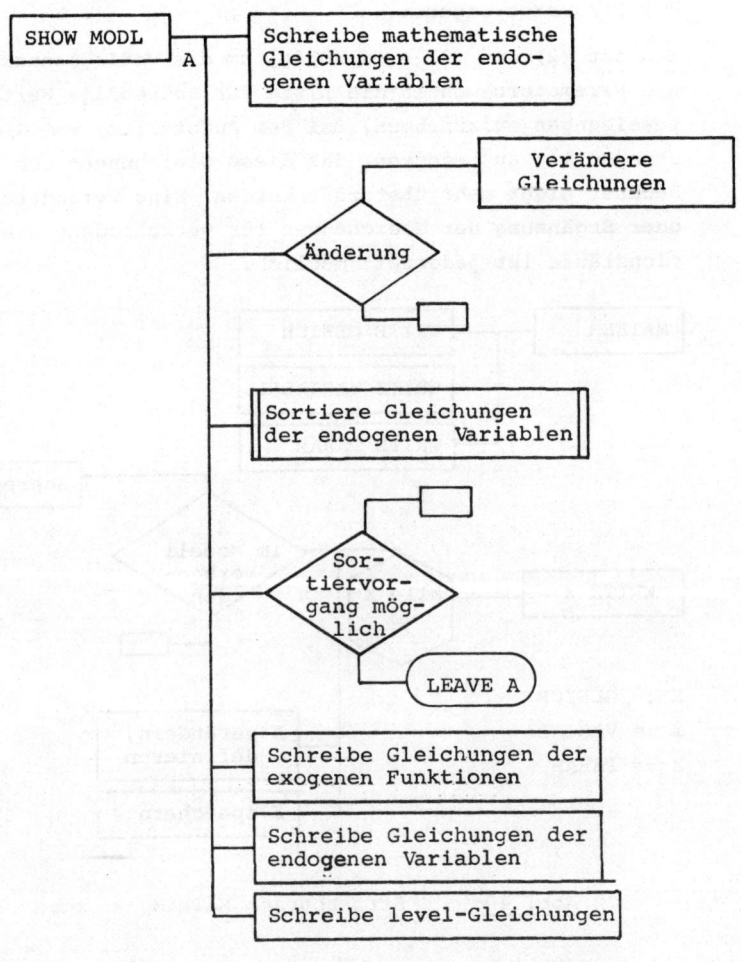

Abb. 39: Struktogramm SHOW MODL

Für geübte Modellkonstrukteure ist die Erstellung
eines Graphen meist zu zeitaufwendig; sie wollen das
mathematische Modell direkt eingeben. Dazu wurde die
Prozedur MATHEMatische Modellgleichungen geschaffen.
Der Aufbau wird in drei Teile untergliedert:
(1) Gleichungen aufstellen
(2) Variable angeben, für die ein Anfangswert nötig ist
(3) Parameter angeben.

Schritt (2) und (3) sind nötig, um die Variablennamen
und Parameternamen in die Liste für notwendige Wert-
zuweisungen aufzunehmen. Bei dem Aufstellung **von Glei**-
chungen ist zu bedenken, daß diese Gleichungen vom
Rechner nicht mehr überprüft werden. Eine Veränderung
oder Ergänzung der Gleichungen für verschiedene Simulationsläufe ist jederzeit möglich.

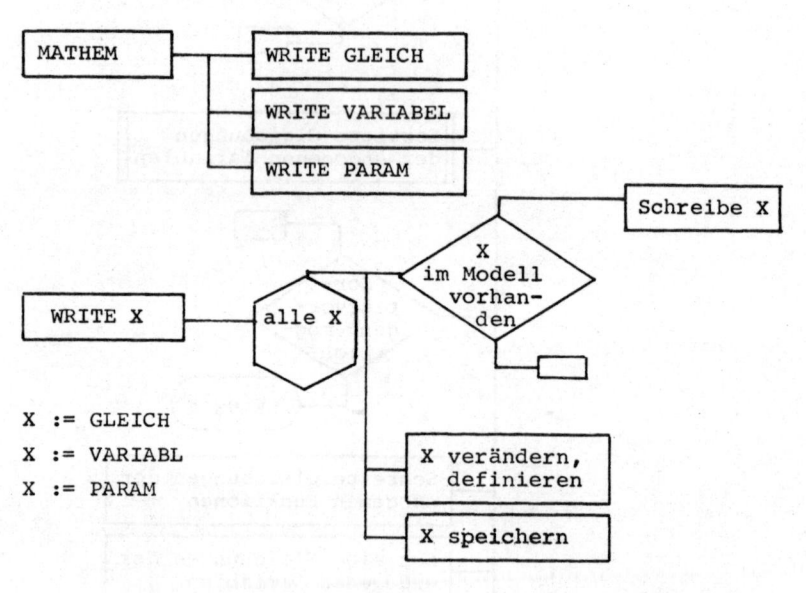

```
MATHEM ── WRITE GLEICH
       ── WRITE VARIABEL
       ── WRITE PARAM
```

```
WRITE X ── alle X ── X im Modell vorhanden ── Schreibe X
                                            ── X verändern, definieren
                                            ── X speichern
```

X := GLEICH
X := VARIABL
X := PARAM

Abb. 40:   Struktogramm MATHEM

Der Einbau der Gleichungen, egal ob sie vom Rechner aus dem Graph oder vom Modellbauer selbst erzeugt wurden, wird durch RUN MODEL in ein Simulationsprogramm vorgenommen. Dabei wird zuerst ein Simulationsprogramm mit den Modellgleichungen erstellt und auf eine Datei geschrieben. Danach wird es übersetzt und die Namen der levels und der Parameter werden ebenfalls auf eine externe Datei übertragen. Nach dem Schließen der beiden Dateien wird der Programmteil zur Modellauswertung aufgeführt (Kap. 3.3).

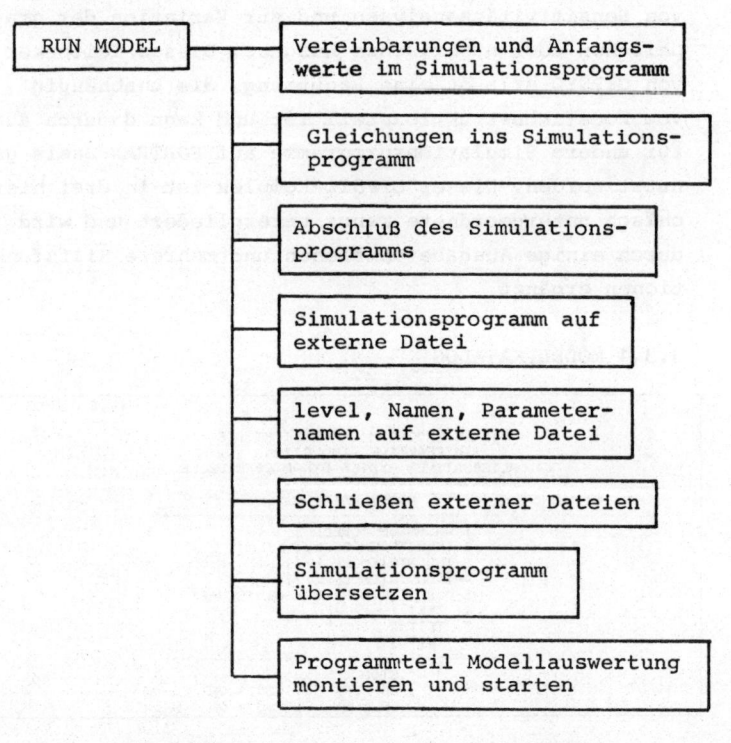

```
RUN MODEL ─┬─ Vereinbarungen und Anfangs-
           │   werte im Simulationsprogramm
           ├─ Gleichungen ins Simulations-
           │   programm
           ├─ Abschluß des Simulations-
           │   programms
           ├─ Simulationsprogramm auf
           │   externe Datei
           ├─ level, Namen, Parameter-
           │   namen auf externe Datei
           ├─ Schließen externer Dateien
           ├─ Simulationsprogramm
           │   übersetzen
           └─ Programmteil Modellauswertung
               montieren und starten
```

<u>Abb. 41:</u>   Struktogramm RUN MODEL

MOD-VALUE startet den Programmteil Modellauswertung.
Wurde schon ein Simulationslauf gestartet und wird
bei der Modellkonstruktion nichts umgestaltet, so
daß sich das erstellte Simulationsmodell nicht verändert, kann RUN MODEL durch MOD-VALUE ersetzt werden.

3.3 PROGRAMMTEIL MODELLAUSWERTUNG [1]

Der Programmteil Modellauswertung dient zur Erstellung
von Sensitivitätsanalysen und zur Variation der graphischen oder numerischen Ausgabe. Dieses Teilpaket
von GIPSYD erlaubt eine Benützung, die unabhängig
vom Modellkonstruktionsteil ist und kann dadurch auch
für andere Simulationsprogramme auf FORTRAN-Basis genutzt werden. Dieser GIPSYD-Komplex ist in drei hierarchisch untergeordnete menus untergliedert und wird
durch einige Ausgabefunktionen und mehrere Hilfsfunktionen ergänzt.

3.3.1 MODELLKATALOG

```
                                                        !MOVE CURSOR
              DIESES PROGRAMM ERMOEGLICHT DIE
                   INTERAKTIVE SIMULATION
              ALTERNATIVER SYSTEM DYNAMICS MODELLE
              +---------------------------------+
                          MODELLKATALOG
              +---------------------------------+
                     1-WACHSTUMSMODELL
                     2-INDUSTRIEMODELL/I
                     3-INDUSTRIEMODELL/II
                     4-INDUSTRIEMODELL/III
                     5-MODELL EINER VOLKSWIRTSCHAFT
                     6- TEST 1
                     7- TEST 2
                     8- TEST 3
              +---------------------------------+
                          STOP
                          AENDERN KATALOG = OFF
                          DR = ON  SCRMSG = ON
```

Abb. 42: menu MODELLKATALOG

---

[1] Der nachfolgend beschriebene Programmteil entstand
in enger Zusammenarbeit mit Prof. Dr. G. Niemeyer
zur Vorbereitung des Seminars "Simulationsmodelle
mit dem graphischen Dialog".

Das Haupt-menu MODELLKATALOG ermöglicht es dem Benutzer, zwischen acht verschiedenen Simulationsmodellen auszuwählen. Desweiteren können die Namen der Simulationsmodelle geändert werden (poking auf AENDERN KATALOG, dann auf den zu ändernden Namen und die anschließende Namenseingabe).
Je nach Wunsch des Benutzers können die GDSP-Systemmeldung im oberen rechten Rand des Bildschirms als Hinweis auf die durchzuführende Tätigkeit (SCRSMG=ON) und(oder) die Ausgabe eines Druckprotokolls auf Schnelldrucker (DR=ON) unterdrückt werden.

Durch poking auf eines der Simulationsmodelle wird das Neben-menu MODELLBESCHREIBUNG aufgebaut. Wird der Programmteil Modellauswertung vom Modellkonstruktionsteil (RUN MODEL, MOD-VALUE) aufgerufen, ist eine Modellwahl nicht nötig; es wird sofort ins menu MODELLBESCHREIBUNG verzweigt.

3.3.2 PARAMETERVARIATION UND SIMULATION

Abbildung 43 zeigt die Anfangs- und Parameterwerte und in den unteren drei Zeilen auswählbare Objekte, die Programmfunktionen ausführen lassen.
Da bis zu 100 Anfangswerte der Variablen und 300 Parameter vom Typ REAL gesetzt bzw. abgeändert werden können, auf dem Bildschirm jedoch nur 10 % davon sichtbar sind, wurde das ROLLING-Verfahren übernommen (vgl. Niemeyer 1978c). Dazu werden die senkrechten Striche

zu auswählbaren Objekten und eine Nullachse durch O
definiert. Poking oberhalb der Nullachse führt zu
einer Verschiebung des Bildes nach oben, poking unter-
halb der Nullachse zu einer Verschiebung nach unten.
Der Zeilenabstand zur Nullachse bestimmt die Zeilenanzahl, um die das Bild verschoben wird. Durch poking
auf die Schnittpunkte der geraden und senkrechten
Striche wird das Bild um eine Seite, d.h. zehn Zeilen,
nach oben bzw. unten 'gerollt'. Soll ein bestimmtes

```
                                                          MOVE CURSOR
    MODELL-BESCHREIBUNG        TEST 2

       ANFANGSWERTE            L A U F P A R A M E T E R
    ------------------+---------------------------+----------------------
     LAGER = 0.0       PERIOD= 1.000000  PA  = 0.0    P101 = 0.0
     LEV2  = 0.0       DELT  = 1.000000  O1  = 0.0    P102 = 0.0
     R1Z   = 0.0       TX  1 = 1.000000  D1  = 0.0    P103 = 0.0
     R1A   = 0.0       TY  1 = 1.000000  W1  = 0.0    P104 = 0.0
   O R2Z   = 0.0       TX  2 = 1.000000  K1  = 0.0    P105 = 0.0
                       TY  2 = 1.000000  N1  = 0.0    P106 = 0.0
                       TX  3 = 1.000000  P 7 = 0.0    P107 = 0.0
                       TY  3 = 1.000000  P 8 = 0.0    P108 = 0.0
                       TX  4 = 1.000000  P 9 = 0.0    P109 = 0.0
                       TY  4 = 1.000000  P10 = 0.0    P110 = 0.0
    ------------------+---------------------------+----------------------
       READ MENU          START AT T=1      STOP PROGRAM      ISCRN
       SAVE MENU          GRAPHIC = OFF     RETURN KATALOG    DRP = ON
       ZERO MENU          NUMERIC = ON      SCHRITTWEITE = 1
```

Abb. 43: menu MODELLBESCHREIBUNG

Element in der Mitte des menus erscheinen, so muß nach
poking auf der Nullachse die Nummer des Elements angegeben werden. Wenn zum Beispiel die Integerzahl 20
eingegeben wird, werden auf dem Bildschirm die levels
LEV16 bis LEV25 geschrieben.

Die verschiedenen Senkrechten erlauben es, nur gewisse Teile des Bildschirmbereichs zu verschieben:

1. Senkrechte: Anfangswert und alle Laufparameter
2. Senkrechte: nur Anfangswerte
3. Senkrechte: nur die linke Spalte der Laufparameter
4. Senkrechte: nur die mittlere und rechte Spalte der Laufparameter.

Die Dateneingabe (READ MENU) bzw. die Datenspeicherung (SAVE MENU) werden mittels externer Dateien realisiert. Wie bei der Modellkonstruktion ist eine Kontrollabfrage zu beantworten.

Durch ZERO MENU wird allen Werten O zugewiesen. Die Dateneingabe kann auch durch den Benutzer für einzelne Werte durch poking auf die zu verändernde Größe, für den gesamten Bildschirm durch die Programmfunktion ISCRN erfolgen. Dabei können alle Anfangs- und Parameterwerte, die auf dem Bildschirm ersichtlich sind, verändert werden.

STOP PROGRAM beendet das Programm und RETURN KATALOG erlaubt einen Rücksprung zum menu KATALOG und die Wahl eines anderen Modells. Durch DRP kann das Druckprotokoll aus- bzw. eingeschaltet werden und die SCHRITTWEITE legt fest, daß zu jedem n-ten berechneten Zeitpunkt eine Ausgabe zu erfolgen hat.

PERIOD und DELT, der erste und zweite Laufparameter, bestimmen die Zeitdauer der Simulation und das Lösungsintervall DT. Die weiteren Laufparameter TX_i und TY_i stehen für die Stützpunktkoordinaten der TABLE-Funktionen. Auf die richtige Reihenfolge ist zu achten; die Anzahl der Stützpunkte für jede TABLE-Funktion ist durch die Parameter N_i bestimmt.

START AT T=1 initiiert einen Simulationslauf, wobei
die Ausgabe der Ergebnisse alternativ graphisch oder
numerisch erfolgt. Die Wahl wird durch den Wechsel-
schalter GRAPHIK - NUMERIC realisiert, d.h. durch
poking auf eines der beiden auswählbaren Objekte wird
der Modus von beiden geändert.

TIME	ANLAGN	ROHST	Z-LGER	F-LGER	LIQU M	PERSNL
1.00	1995833.33	400.000000	0.0	95.0000000	95000.0000	199.666667
2.00	1994592.01	365.000000	3.39062500	90.1093750	93508.3333	199.500556
3.00	1994222.20	320.265625	9.82426758	85.5991699	92895.8194	199.417777
4.00	1994112.03	275.273877	18.6387807	81.8652379	92554.8021	199.376525
5.00	1994079.21	235.638828	28.8590149	79.3393372	92322.7851	199.355969
6.00	1994069.43	206.067009	39.2713846	78.3894314	92122.0746	199.345724
7.00	1994066.52	190.546122	48.5531220	79.2350920	91902.0323	199.340619
8.00	1994065.65	191.809481	55.4331254	81.8905243	91642.2176	199.338075
9.00	1994065.39	210.776514	58.8601581	86.1401245	91358.3854	199.336808
10.00	1994065.31	246.213826	58.1547292	91.5474662	91100.8035	199.336176
11.00	1994065.29	294.696411	53.1231632	97.4958059	90945.4016	199.335861
12.00	1994065.28	350.879565	44.1164704	103.255435	90980.2672	199.335704
13.00	1994065.28	385.263869	34.2303384	108.141567	91290.0633	199.335626
14.00	1994065.28	395.579161	25.6918999	111.680005	91940.7073	199.335587
15.00	1994065.28	398.673748	18.7077246	113.664180	92886.6156	199.335567
16.00	1994065.28	399.602124	13.2559657	114.115939	94019.2566	199.335558
17.00	1994065.28	399.880637	9.16713667	113.204768	95258.0932	199.335553
18.00	1994065.28	399.964191	6.20356250	111.168342	96554.6090	199.335551
19.00	1994065.28	399.989257	4.11772964	108.254175	97881.8272	199.33554

Abb. 44: Numerische Ergebnisse

Abbildung 44 zeigt die numerischen Ergebnisse eines
Simulationsmodells (vgl. Niemeyer 1977a, 250-266).
Hierbei wurde wieder das ROLLING-Verfahren - wie bei
allen Ergebnisbildern - angewendet, und zwar sowohl
für die Zeit in vertikaler als auch für die Variablen
in horizontaler Richtung. Die vertikale Veränderung
erfolgt wie beim menu MODELLBESCHREIBUNG. Durch poking
auf die linke Hälfte der ersten Zeile werden die Ergebnisse der acht vorhergehenden Variablen ausgedruckt,
durch poking auf die rechte Hälfte die der acht nach-
folgenden Variablen. Ein Rücksprung in das menu MODELL-
BESCHREIBUNG wird durch poking außerhalb der ersten

Zeile und Spalte erreicht (Abb. 45).

```
                                                   | MOVE CURSOR
M O D E L L - B E S C H R E I B U N G    INDUSTRIEMODELL/II
             +
             |
 ANFANGSWERTE          |        L A U F P A R A M E T E R
+----------------------+---------------------+----------------------+--------------------
 ANLAGN= 2000000.0   | PERIOD=      40 | DELAY1= 480.00000 | P56  = 25.000000
 ROHST. = 400.00000  | IP   2 =      0 | DELAY2= 10.000000 | W1   = 2000000.0
 Z-LGER= 0.0         | IP   3 =      0 | DELAY6= 600.00000 | W2   = 400.00000
 F-LGER= 100.00000   | IP   4 =      0 | DELAY7= 3.0000000 | W4   = 100.00000
O LIQU.M= 100000.00  | IP   5 =      0 | DELAY8= 2.0000000 | W6   = 200.00000
 PERSNL= 200.00000   | IP   6 =      0 | DELT  = 1.0000000 | K1   = 0.7000000
 FORDGN= 0.0         | IP   7 =      0 | P1    = 0.300E-01 | K2   = 0.7000000
 VERBDL= 0.0         | IP   8 =      0 | P2    = 10.000000 | K4   = 0.7000000
 GEWINN= 0.0         | IP   9 =      0 | P4    = 2100.0000 | K6   = 0.5000000
 X1Z   = 4154.3027   | IP  10 =      0 | P52   = 10.000000 | STEPM= 1.0000000
+----------------------+---------------------+----------------------+--------------------
      READ MENU    MODIFY OUTPUT    START AT T=1      STOP PROGRAM       ISCRN
      SAVE MENU    NEXT PERIOD      GRAPHIC = OFF     RETURN KATALOG     DRP = ON
      ZERO MENU    NEXT STEP        NUMERIC = ON      SCHRITTWEITE =  1
```

Abb. 45: menu MODELLBESCHREIBUNG nach einem Simulationslauf

Das menu ist um die Funktionen NEXT PERIOD und NEXT STEP erweitert worden. Während bei der Programmfunktion NEXT PERIOD die Endwerte der Variablen des vorhergehenden Simulationslaufes als neue Anfangswerte benützt werden, werden bei NEXT STEP die Ergebnisse der letzten 18 Zeitschritte und die neu berechneten Werte für den nächsten Zeitschritt angegeben (19 Zeilen).
Um die graphische und numerische Ausgabe übersichtlicher zu gestalten, muß durch MODIFY OUTPUT ein neues menu aufgerufen werden.

3.3.3 VARIATION DER GRAPHISCHEN UND NUMERISCHEN AUSGABE

```
+----------+---+--------------------+----------------+------------+--+----------+
| MODIFY   O U T P U T   INDUSTRIEMODELL/II           |MOVE CURSOR            |
|                 +                         +         ||  DRP = ON            |
| SELECT   +           GRAPHISCHE PARAMETER           ||  AUTO SKALE          |
| VARIABLE |CHR| SKALENEINTEILUNG | + VERSCHIEBUNG | SKLMULTIPLY||             |
+----------+---+--------------------+----------------+------------+--  LIST FROM
|   ANLAGN   1   SKL  1= 1.0000000   IAD  1=    0     MSK =  100 ||
|   ROHST.   2   SKL  2= 1.0000000   IAD  2=    0     MSK =   10 ||  LIST *
|   Z-LGER   3   SKL  3= 1.0000000   IAD  3=    0     MSK =    5 ||
|   F-LGER   4   SKL  4= 1.0000000   IAD  4=    0     MSK =    3 ||  ERASE *
| O LIQU.M   5   SKL  5= 1.0000000   IAD  5=    0     MSK =    2 ||
|   PERSNL   6   SKL  6= 1.0000000   IAD  6=    0     MSK =  .50 ||  NUMB GR = 8
|   FORDGN   7   SKL  7= 1.0000000   IAD  7=    0     MSK =  .33 ||
|   VERBDL   8   SKL  8= 1.0000000   IAD  8=    0     MSK =  .20 ||  NUMB NU = 6
|   GEWINN   9   SKL  9= 1.0000000   IAD  9=    0     MSK =  .10 ||
|     X1Z   0   SKL 10= 1.0000000   IAD 10=    0     MSK =  .01 ||  SCHRWIT = 1
+----------+---+--------------------+----------------+------------++-----------+
|         READ MENU      GRAPHIC = OFF    DISPLAY ALL   RETURN KATAL ||  DISPLAY ONE
|         SAVE MENU      NUMERIC = ON     DISPLAY SEL   RETURN MENU  ||  FUER ANLAGN
|         ZERO MENU      INITIALIZE       DISPLAY ONE   STOP PROGRAM ++
```

Abb. 46: menu MODIFY OUTPUT

Durch das menu MODIFY OUTPUT ergeben sich die Alternativen, die Simulationsergebnisse aller Variablen (DISPLAY ALL), ausgewählter Variablen (DISPLAY SELECT) oder nur einer einzigen Variable (DISPLAY ONE) graphisch oder numerisch auszugeben. Variablen wählt man durch poking auf den Variablennamen aus. Diese Variable wird dann durch einen Stern hinter dem Variablennamen gekennzeichnet. Durch Auswahl des Objektes LIST* werden nur die Variablen mit Sternen aufgelistet, durch LIST FROM erscheinen wieder alle Variablen auf dem Bildschirm. Das Streichen aller selektiven Variablen erfolgt durch poking auf ERASE*, einer einzigen Variable durch poking auf den Variablennamen. Der Name der zuletzt ausgewählten oder gestrichenen Variable erscheint im rechten unteren Bildrand und die Simulationsergebnisse,dieser Variablen werden beim Aufruf der Programmfunktion DISPLAY ONE ausgegeben.

Die Dateneingabe erfolgt wie im menu MODELLBESCHREIBUNG. Ergänzt wurde sie durch die partielle spaltenweise Eingabe. So können durch poking auf SELECT VARIABLE mehrere Variablen auf einmal selektiert werden und durch die Aufrufe der Programmfunktionen CHR, SKALENEINTEILUNG oder VERSCHIEBUNG können für die graphische Ausgabe alle auf dem Bildschirm sichtbaren Charakteristika, Skalierungsfaktoren oder die Verschiebungsfaktoren (Verschiebung um n Bildschirmeinheiten) verändert werden. Durch die Programmfunktion AUTO SKALE werden die Skalierungs- und Verschiebungsfaktoren durch ein Hilfsprogramm berechnet, durch poking auf MSK werden die Skalierungsfaktoren mit dem MSK-Faktor multipliziert. Durch NUMBGR und NUMBNV werden die maximal auszugebenden Variablen für Graphik und Numerik pro Bildschirmseite festgelegt, die Zeitabstände der Simulationsergebnisse werden durch die Programmfunktion SCHRWIT bestimmt.

Sollen bestimmte Skaleneinteilungen und Verschiebungsfaktoren öfter benützt werden, so kann eine Wertzuweisung nicht nur durch READ MENU, sondern auch durch die unveränderbaren Werte von INITIALIZE erfolgen (Abb. 47).

```
MODIFY    OUTPUT    INDUSTRIEMODELL/II          |MOVE CURSOR
                                                ||   DRP = ON
         +                                 +    ||
 SELECT  +         GRAPHISCHE PARAMETER         ||   AUTO SKALE
VARIABLE |CHR  SKALENEINTEILUNG  + VERSCHIEBUNG  SKLMULTIPLY||
+--------+---+--------------------+--------------+----------|| LIST FROM
 ANLAGN    1  SKL  1= 50000.000   IAD  1=    0   MSK = 100 ||
 ROHST.    2  SKL  2= 10.000000   IAD  2=    0   MSK =  10 || LIST *
 Z-LGER    3  SKL  3=  3.0000000  IAD  3=   50   MSK =   5 ||
 F-LGER    4  SKL  4= 10.000000   IAD  4=   30   MSK =   3 || ERASE *
0 LIQU.M   5  SKL  5= 1000.0000   IAD  5=  -50   MSK =   2 ||
 PERSNL    6  SKL  6=  4.0000000  IAD  6=    0   MSK = .50 || NUMB GR = 8
 FORDGN    7  SKL  7= 1000.0000   IAD  7=   -5   MSK = .33 ||
 VERBDL    8  SKL  8= 400.00000   IAD  8=    0   MSK = .20 || NUMB NU = 6
 GEWINN    9  SKL  9= 3000.0000   IAD  9=    0   MSK = .10 ||
 X1Z       0  SKL 10= 100.00000   IAD 10=    0   MSK = .01 || SCHRWIT = 1
+--------+---+--------------------+--------------+----------||------------
      READ MENU    GRAPHIC = ON    DISPLAY ALL   RETURN KATAL || DISPLAY ONE
      SAVE MENU    NUMERIC = OFF   DISPLAY SEL   RETURN MENU  || FUER ROHST
      ZERO MENU    INITIALIZE      DISPLAY ONE   STOP PROGRAM ++
```

Abb. 47: INITIALIZE

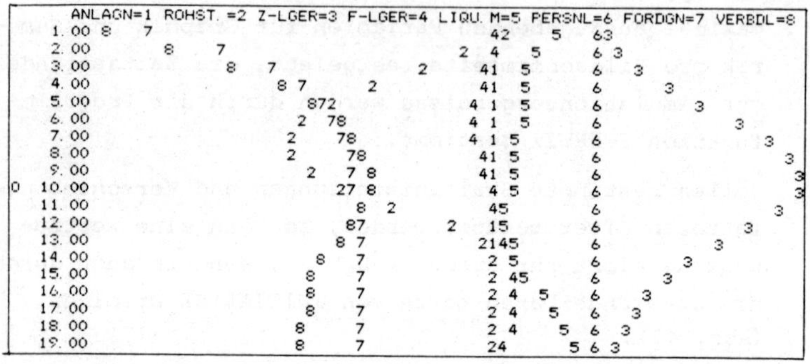

```
      ANLAGN=1 ROHST.=2 Z-LGER=3 F-LGER=4 LIQU.M=5 PERSNL=6 FORDGN=7 VERBDL=8
 1.00 8   7                                42     5    6 3
 2.00        8    7                      2  4     5    6 3
 3.00             8    7              2    41     5    6     3
 4.00                 8 7     2            41     5    6        3
 5.00                   872                4 1    5    6          3
 6.00                     2  78            4 1    5    6             3
 7.00                    2    78           4 1    5    6               3
 8.00                    2     78          41 5   6                      3
 9.00                        2  7 8        41 5   6                       3
0 10.00                         27 8        4 5   6                       3
 11.00                            8   2      45   6                     3
 12.00                             87      2 15   6                  3
 13.00                            8 7       2145  6              3
 14.00                           8     7     2 5  6           3
 15.00                           8     7     2 45 6        3
 16.00                           8     7     2 4  5  6    3
 17.00                           8     7     2 4     5 6 3
 18.00                           8     7     2 4     5 6 3
 19.00                           8     7      24     5 6 3
```

Abb. 48: DISPLAY ALL

Abbildung 48 zeigt die graphische Ausgabe der ersten
8 Variablen durch den Aufruf DISPLAY ALL. Durch
poking in die rechte Hälfte der ersten Zeile erscheinen die Werte der nächsten 8 **Variablen** (Abb. 49).

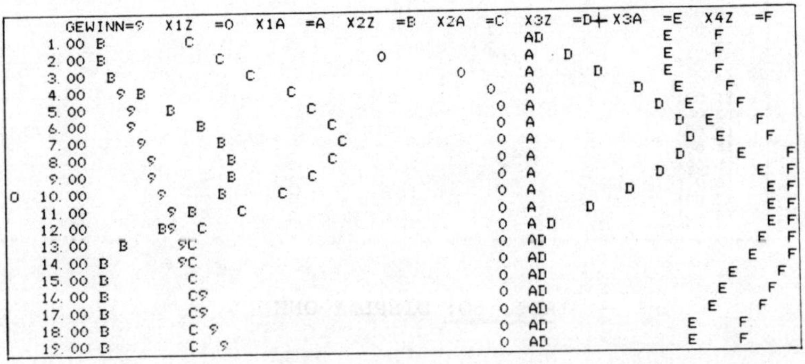

```
       GEWINN=?  X1Z   =O   X1A  =A   X2Z  =B   X2A  =C   X3Z  =D+ X3A  =E   X4Z  =F
   1.00 B        C                                          AD             E    F
   2.00 B              C                 O                  A  ·D          E    F
   3.00 B                    C                 O            A    D         E    F
   4.00    ? B                    C                       O A         D    E    F
   5.00    ?    B                     C                   O A            D E    F
   6.00    ?        B                      C              O A              D E   F
   7.00    ?           B                      C           O A                D E  F
   8.00    ?             B                        C       O A                  D E F
   9.00    ?              B                          C    O A                    E F
 O 10.00   ?              B   C                          O A                D    E F
   11.00    ? B              C                           O A                     E F
   12.00       B? C                                      O A D                   E F
   13.00 B        ?C                                     O  AD                   E F
   14.00 B        ?C                                     O  AD                   E F
   15.00 B         C                                     O  AD                   E F
   16.00 B         C?                                    O  AD                 E   F
   17.00 B         C?                                    O  AD                 E   F
   18.00 B         C ?                                   O  AD                   E F
   19.00 B         C  ?                                  O  AD                   E F
```

<u>Abb. 49</u>: +

Bestimmt man, daß nur eine Variable (DISPLAY ONE)
oder nur einzelne Variablen (DISPLAY SEL) in der
Ausgabefunktion berücksichtigt werden, so wird zusätzlich eine Rasterung eingeführt, und es erfolgt
eine numerische Skalierung mit den tatsächlichen
Werten der Variablen (Abb. 50, Abb. 51).

Ein Rücksprung ins menu MODIFY OUTPUT wird durch
poking außerhalb der ersten Zeile und Spalte möglich.

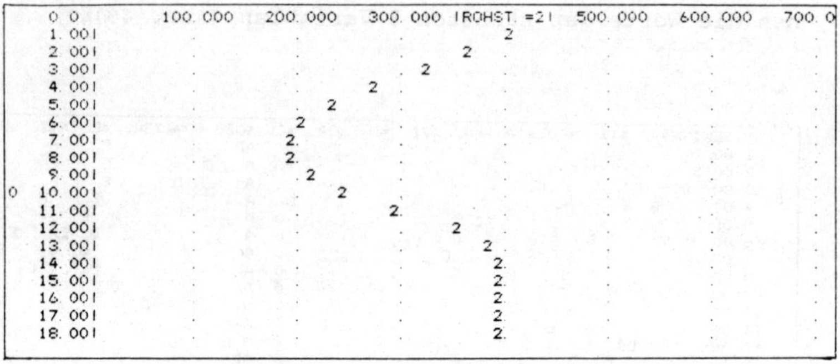

```
   0.0         100.000    200.000    300.000  IROHST.=2|  500.000    600.000    700.0
 1.00|                                        2
 2.00|                                   2
 3.00|                              2
 4.00|                         2
 5.00|                    2
 6.00|               2
 7.00|              2.
 8.00|              2.
 9.00|                .2
 10.00|              2
 11.00|                        2.
 12.00|                         2
 13.00|                              2
 14.00|                               2.
 15.00|                                2.
 16.00|                                2.
 17.00|                                2.
 18.00|                                2.
```

Abb. 50: DISPLAY ONE

```
    0.0          100.000    200.000    300.000  IROHST.=2|  500.000    600.000    700.0
 -150.000       -120.000    -90.0000  -60.0000  IZ-LGER=3|  0.0        30.0000    60.00
  50000.0        60000.0    70000.0   80000.0   ILIQU.M=5|  100000.    110000.    0.E+06
    0.0          30000.0    60000.0   90000.0   IGEWINN=9|  150000.    180000.    0.E+06
  1.00|9                                     2    5    3
  3.00| 9                              2          5               3
  5.00|   9                     2                 5                    3.
  7.00|      9              2.                    5                         3
  9.00|       9               .2                  5                          3
 11.00|         9                 2.              5                       3
 13.00|          9.                          2.  5                 3
 15.00|             9.                           2. 5        3
 17.00|              .9                          2.    5   .3
 19.00|                 .9                       2.   5   .3
 21.00|                   9.                     2.        5
 23.00|                     .9                   2        .3  5
 25.00|                        9.        2.                        5
 27.00|                              29                                5.  3
 29.00|                        2       .9                               5      3.
```

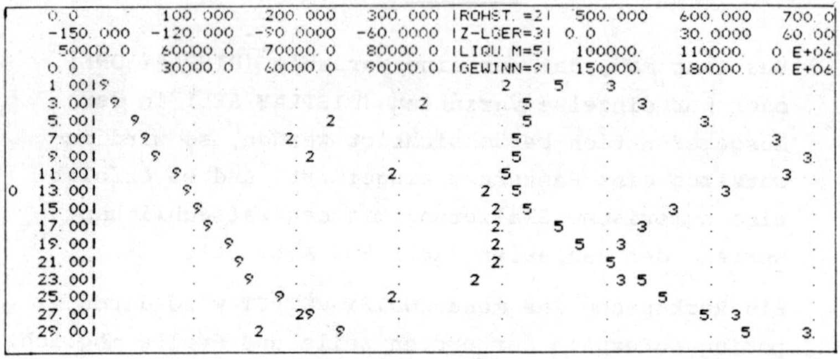

Abb. 51: DISPLAY SELECT

```
 M O D I F Y    O U T P U T    INDUSTRIEMODELL/II          ++
                                                           ||    DRP = ON
                 +                              +          ||
   SELECT    +          GRAPHISCHE PARAMETER               ||    AUTO SKALE
   VARIABLE  |CHR  SKALENEINTEILUNG  + VERSCHIEBUNG  SKLMULTIPLY||
  +----------+---+--------------------+----------------+-----------++   LIST FROM
    ANLAGN    | 1 | SKL  1= 50000.000 | IAD  1=    0   | MSK = 100 ||
    ROHST. *  | 2 | SKL  2= 10.000000 | IAD  2=    0   | MSK =  10 ||   LIST *
    Z-LGER *  | 3 | SKL  3= 3.0000000 | IAD  3=   50   | MSK =   5 ||
    F-LGER    | 4 | SKL  4= 10.000000 | IAD  4=   30   | MSK =   3 ||   ERASE *
  O LIQU.M *  | 5 | SKL  5= 1000.0000 | IAD  5=  -50   | MSK =   2 ||
    PERSNL    | 6 | SKL  6= 4.0000000 | IAD  6=    0   | MSK = .50 ||   NUMB GR = 8
    FORDGN    | 7 | SKL  7= 1000.0000 | IAD  7=   -5   | MSK = .33 ||
    VERBDL    | 8 | SKL  8= 400.00000 | IAD  8=    0   | MSK = .20 ||   NUMB NU = 6
    GEWINN *  | 9 | SKL  9= 3000.0000 | IAD  9=    0   | MSK = .10 ||
    X1Z       | 0 | SKL 10= 100.00000 | IAD 10=    0   | MSK = .01 ||   SCHRWIT = 2
  +----------+---+-------------------+----------------+------------++---------------
            READ MENU    GRAPHIC = ON     DISPLAY ALL    RETURN KATAL   ||  DISPLAY ONE
            SAVE MENU    NUMERIC = OFF    DISPLAY SEL    RETURN MENU    ||  FUER ROHST.
            ZERO MENU    INITIALIZE       DISPLAY ONE    STOP PROGRAM   ++
```

Abb. 52

Durch RETURN MENU können im menu MODELLBESCHREIBUNG
neue Parameter für Sensitivitätsanalysen gesetzt
werden.
Durch STOP PROGRAM ist eine Beendigung des Programms
bzw. ein Rücksprung in die Modellkonstruktionsphase
möglich.

ANHANG

1.1 SUBMODELL ZU FORRESTERS WELTMODELL (Kap. 1.6.2)

KAPITAL, EXOG. BEVOELKER.

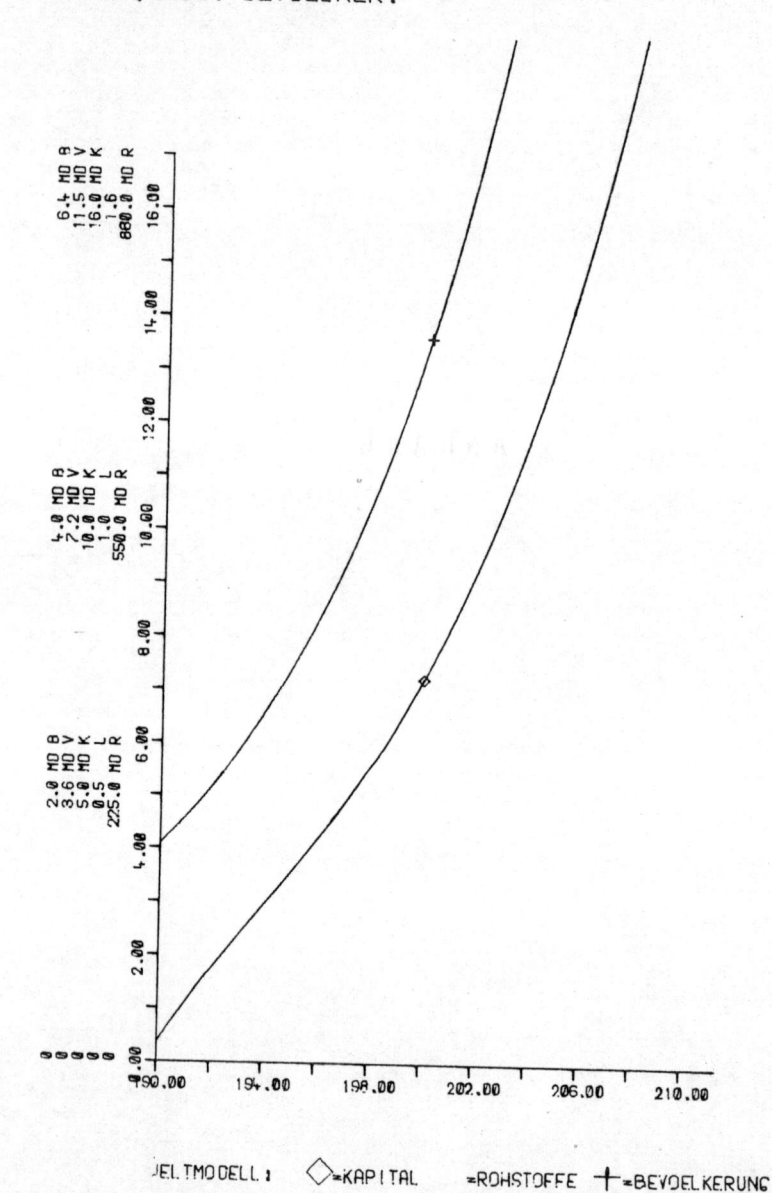

WELTMODELL: ◇=KAPITAL =ROHSTOFFE +=BEVOELKERUNG

1.2 NEOKLASSISCHES WACHSTUMSMODELL (Kap. 1.6.3)

NEOKLASSISCHES WACHSTUMSMODELL OHNE T.F. MIT ENDOG. ARBEIT

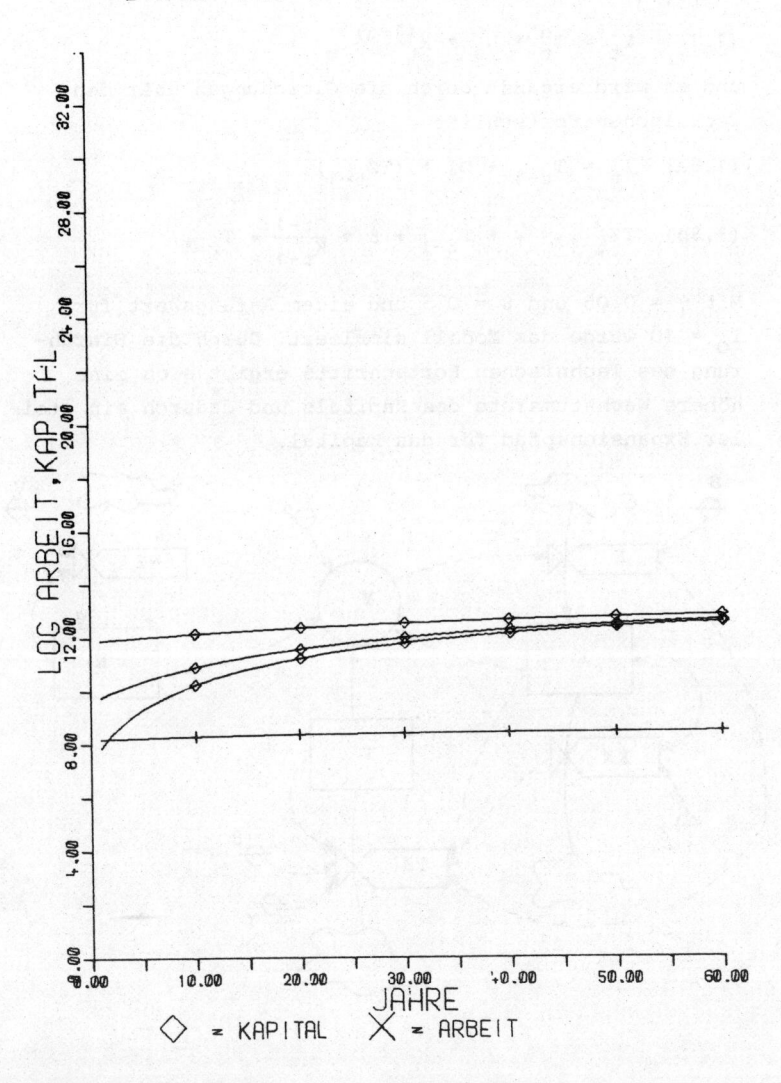

◇ = KAPITAL   ✕ = ARBEIT

1.3 ERWEITERUNG DES NEOKLASSISCHEN MODELLS MIT ARBEITSVERMEHRENDEM TECHNISCHEN FORTSCHRITT BEI EXOGENER BEVÖLKERUNGWACHSTUMSRATE (Kap.1.6.1)

Aus dem Modell 1.6.1 ändert sich Gleichung (1.1) in

(1.1') $Y_t = T_t^\alpha * N_t^\alpha * K_t^{(1-\alpha)}$

und es wird ergänzt durch die Gleichungen über den Technischen Fortschritt

(1.8a) $T_t = T_{t-1} + DT * (TZ_{t-1})$

(1.8b) $TZ_{t-1} = \gamma * T_{t-1} + \beta * \dfrac{I_{t-1}}{K_{t-1}} * T_{t-1}$

Mit $\gamma = 0.05$ und $\beta = 0.5$ und einem Anfangswert für $T_0 = 10$ wurde das Modell simuliert. Durch die Einführung des Technischen Fortschritts ergibt sich eine höhere Wachstumsrate des Kapitals und dadurch ein steiler Expansionspfad für das Kapital.

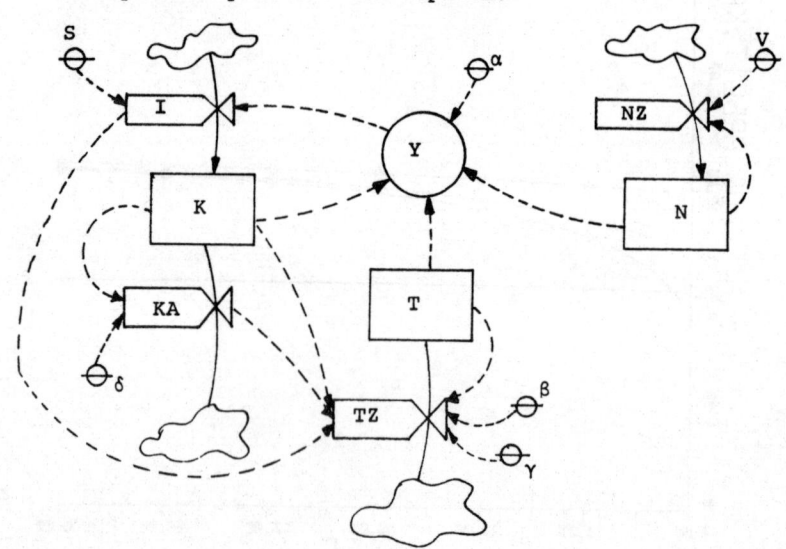

NEOKLASSISCHES WACHSTUMSMODELL MIT TECHNISCHEM FORTSCHRITT

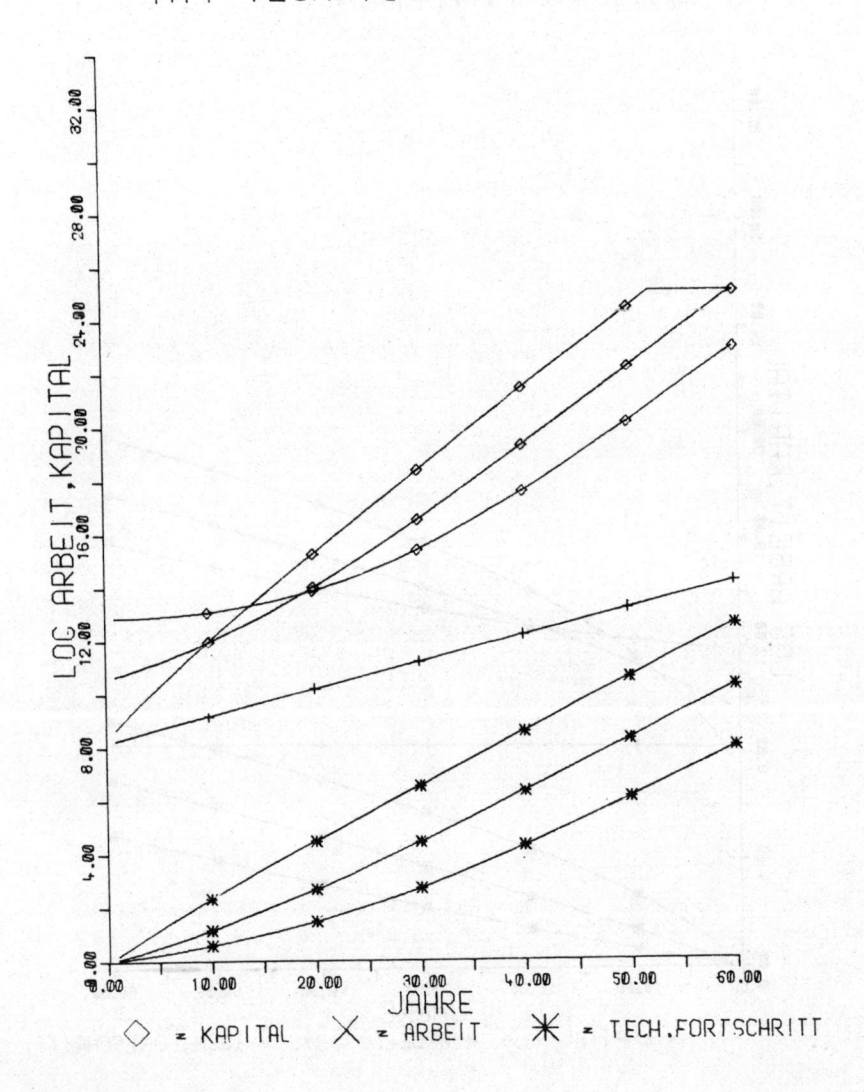

◇ = KAPITAL   ✕ = ARBEIT   ✳ = TECH.FORTSCHRITT

1.4 DAS NEOKLASSISCHE MODELL MIT ARBEITSVERMEHRENDEM TECHNISCHEN FORTSCHRITT UND ENDOGENER BEVÖLKERUNG

NEOKLASSISCHES WACHSTUMSMODELL MIT TECHNISCHEM FORTSCHRITT

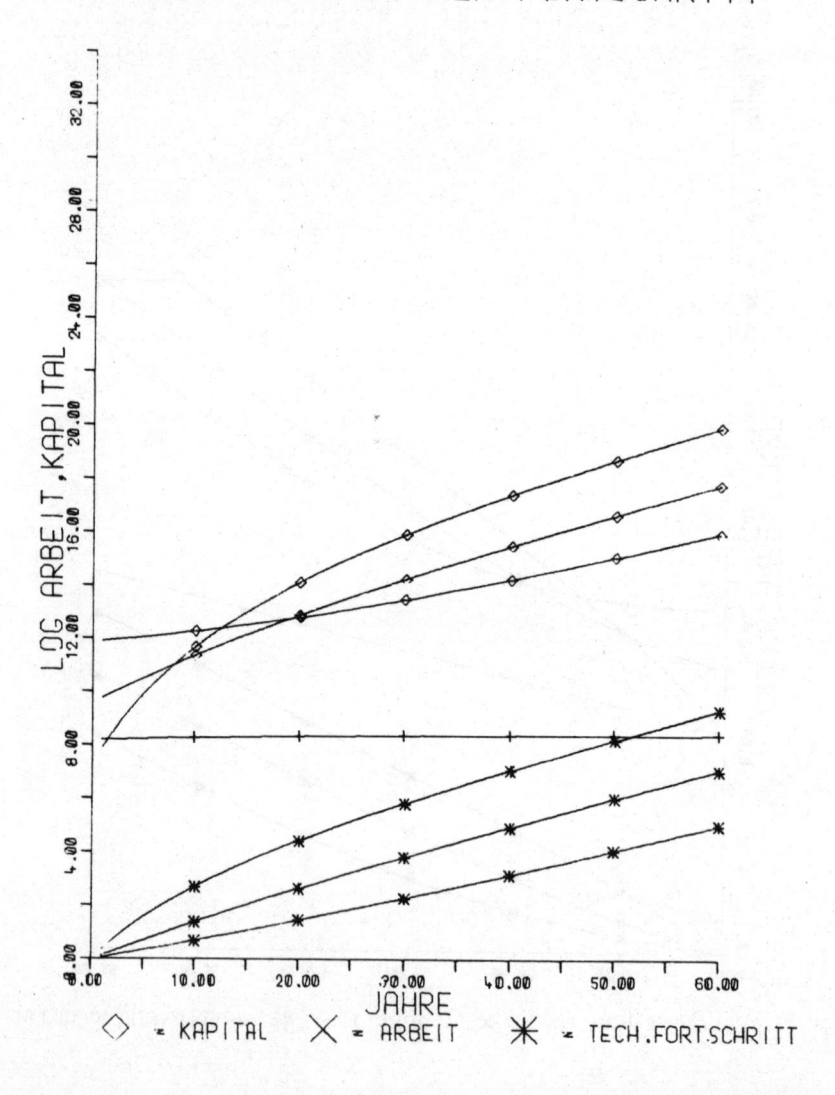

◇ = KAPITAL   × = ARBEIT   ✳ = TECH.FORT.SCHRITT

1.5 bis 1.10 zeigen Submodelle zu Forresters
Weltmodell (vgl. Kap. 1.6.5).

1.5 Kapital - Bevölkerung - Rohstoffe

1.6 Kapital - Bevölkerung - Verschmutzung

1.7 Weltmodell ohne Rohstoffe und ohne Verschmutzung

1.8 Weltmodell ohne Lebensqualität und ohne Verschmutzung

1.9 Weltmodell ohne Verschmutzung

1.10 Originalmodell[1]

---

1 Bei der Simulation ergeben sich zu Forresters Ergebnissen geringfügige Unterschiede, da die Simulationssprache DYNAMO durch FORTRAN IV ersetzt wurde (siehe dazu Niemeyer 1973, 211-233).

- 232 -

KAPITAL, BEVOELK, ROHSTOFF

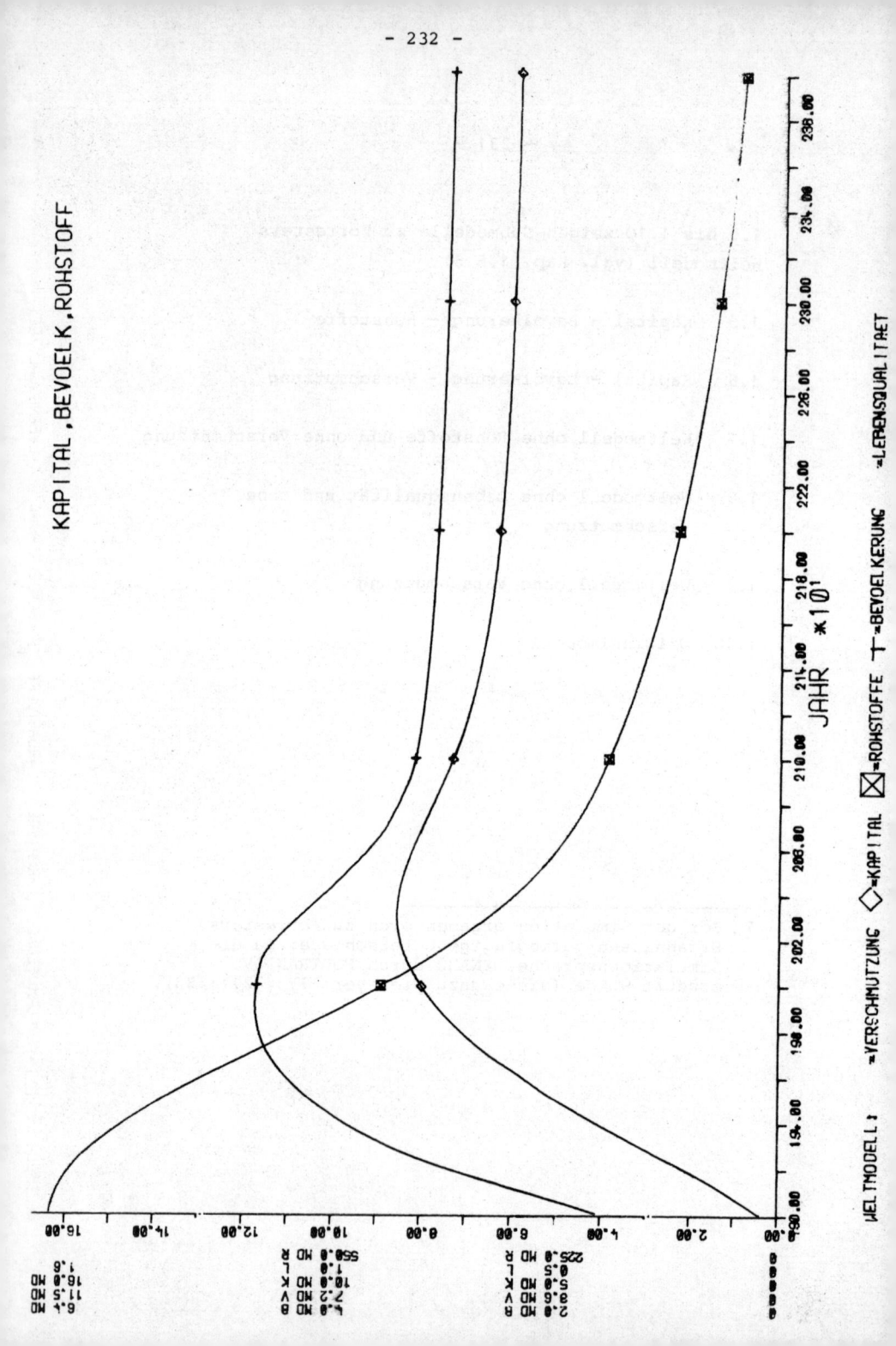

WELTMODELL 1: +=VERSCHMUTZUNG ◇=KAPITAL ☒=ROHSTOFFE T=BEVOELKERUNG =LEBENSQUALITAET

BEVOELK.,KAPITAL,VERSCHM

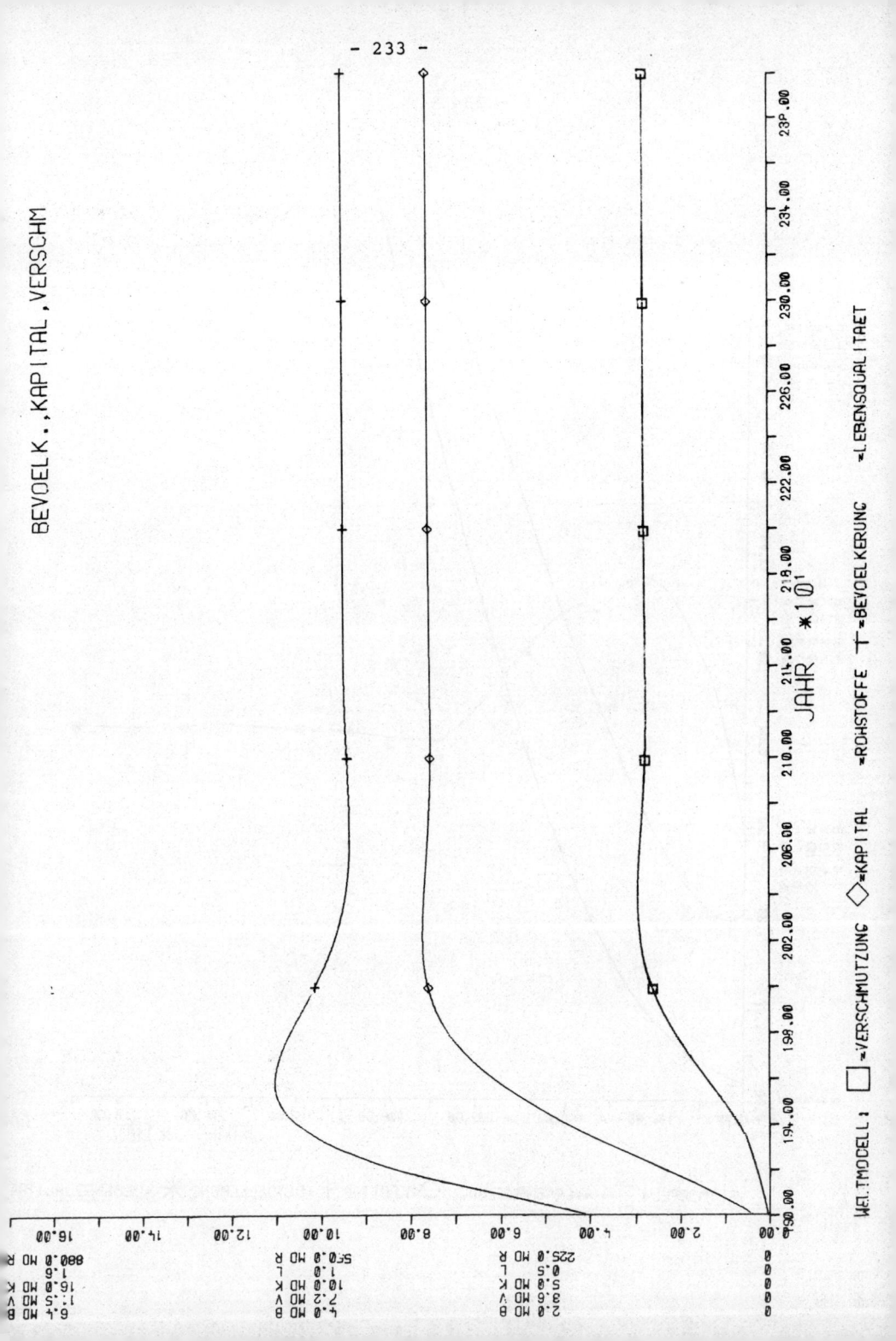

WELTMODELL 2   ☐ =VERSCHMUTZUNG   ◇ =KAPITAL   =ROHSTOFFE   + =BEVOELKERUNG   =LEBENSQUALITAET

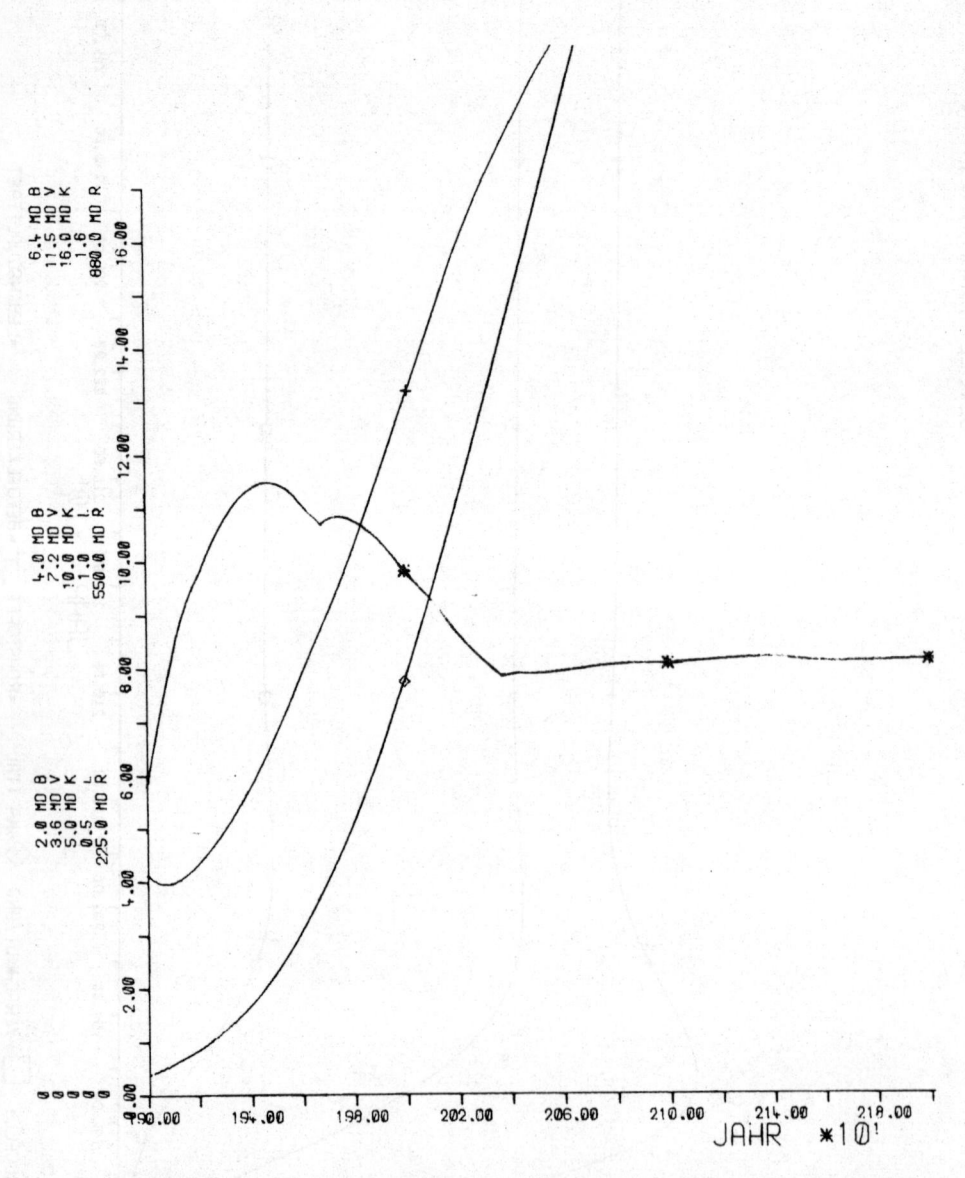

6.4 MD B	4.0 MD B	2.0 MD B
11.5 MD V	7.2 MD V	3.6 MD V
16.0 MD K	10.0 MD K	5.0 MD K
1.6	1.0 MD L	0.5 L
880.0 MD R	550.0 MD R	225.0 MD R

WELTMODELL : ∗=VERSCHMUTZUNG ◇=KAPITAL +=BEVOELKERUNG ✷=LEBENSQUALITAE

WELTMODELL OHNE LEBENSQUALIT.
OHNE VERSCHMUTZUNG

WELTMODELL: ☐ =VERSCHMUTZUNG ◇ =KAPITAL ☒ =ROHSTOFFE + =BEVOELKERUNG ⋆ =LEBENSQUALITAET

- 236 -

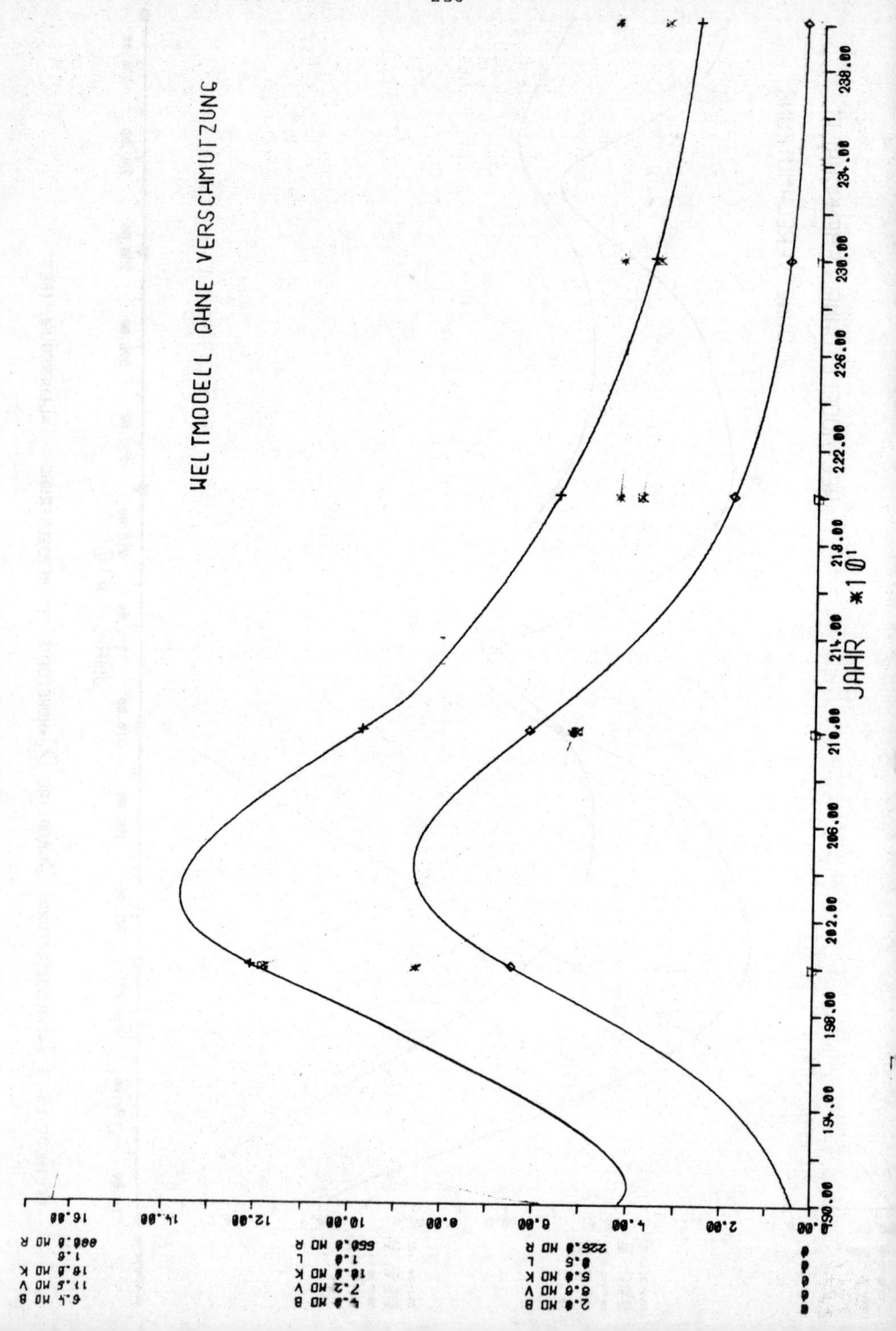

FORRESTERS ORGINALMODELL

WELTMODELL L: ☐ =VERSCHMUTZUNG ◇ =KAPITAL ⊠ =ROHSTOFFE + =BEVOELKERUNG ✳ =LEBENSQUALITAET

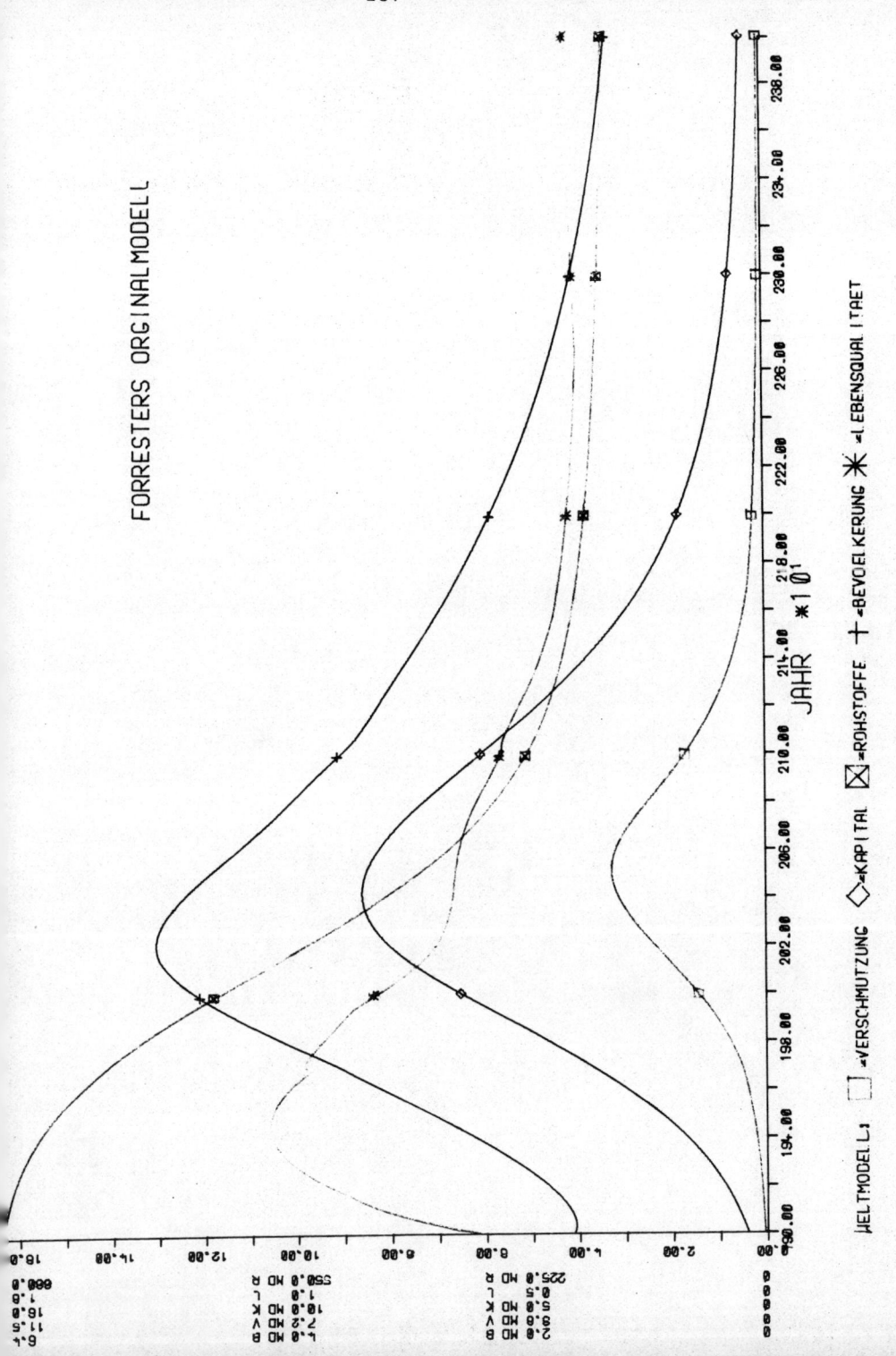

2.1 PROGRAMM ZU ANHANG 1.4

```
A FORTRAN IV (VER L41.3) SOURCE LISTING:                    DATE 04/14/77    TIME 0:42:00   PAGE (C01

    1         PROGRAM YWECMO
    2   C
    3   C     N E O K L A S S I S C H E S   W A C H S T U M M O D E L L
    4   C
    5   C     MIT TECHNISCHEN FORTSCHRITT
    6   C
    7   C     UND ENDOGENER ARBEIT
    8   C
    9   C     V E R E I N B A R U N G E N
   10   C
   11         REAL KA,XA1,KA2,KZ
   12         REAL K,KZ1,KZ2,KL,N,NZ,NL,K1,K2,KL1,KL2,ND
   13         INTEGER DZEILE(125)
   14         DATA IN,IK,IT/'*','.',' '/
   15         DIMENSION AK2(130),AK1(130),AT1(130),AT2(130)
   16         DIMENSION AN(130),AK(130),AT(130)
   17         DIMENSION TPLOT(130)
   18         DIMENSION XA1(13),YA1(13)
   19   C
   20   C     PLOTEROEFFNUNG
   21   C
   22         CALL ZFILE(223(4(C6,35)
   23         SCALE = 5.
   24         SCALE = 5.
   25         R = 0.
   26         KS = 60
   27   C
   28   C     E I N L E S E N
   29   C
   30         READ(5,11) (XA1(I),YA1(I),I = 1,13)
   31   11    FORMAT(16F5.3)
   32         WRITE(6,11CO)   (IT,I = 1,2),(IT,XA1(I),IT,YA1(I),I = 1,13)
   33   1100  FORMAT('1',' ABHAENIGKEIT DES ARBEITSZUGANGS NZ VOM ARBEITSBESTAND
   34        *'//'2',5X,*'/36GO',2X,A1,2X,'NZ'/'*   ===============',A1,'===========
   35        *'/(' ',13X,A1,'*',6X,F5.1,2X,A1,2X,F5.1))
   36         READ(5,10 END=4) A,DT
   37   10    FORMAT (F4.2)
   38   C
   39   C     P A R A M E T E R
   40   C
   41         V = 0.2
   42         L = 0.05
   43         TEX = 0.05
   44         TEN = 0.5
   45         SK = 1.
   46         SN = 0.
   47         S = 1.-A
   48   C
   49   C     A N F A N G S W E R T E
   50   C
   51         NZ = 0.
   52         KZ = 0.
   53         KA = 0.
   54         KA1 = 0.
   55         KA2 = 0.
   56         TNZ = 0.
   57         TNZ1 = 0.
   58         TNZ2 = 0.
   59         AL = 0.
```

A FORTRAN IV (VER L41.3) SOURCE LISTING: YWBOWG PROGRAM   DATE 04/14/77 TIME 0:42:00 PAGE CC02

```
  61         TL  = 0.
  62         TL1 = 0.
  63         TL2 = 0.
  64         KL  = 0.
  65         KL1 = 0.
  66         KL2 = 0.
  67         WN  = 0.
  68         WT  = 0.
  69         WT1 = 0.
  70         WT2 = 0.
  71         WK  = 0.
  72         WK1 = 0.
  73         WK2 = 0.
  74         T   = 0.
  75         TN  = 0.
  76         TN1 = 1.
  77         TN2 = 1.
  78         A   = 3600.
  79         K   = ((S/(V+D))**(1./A)* N)
  80         K1  = K / 10.
  81         K2  = K * 10.
  82         Y   = TN**A * N**A * K**(1.-A)
  83         Y1  = TN**A * N**A *K1**(1.-A)
  84         Y2  = TN**A * N**A *K2**(1.-A)
  85   C
  86   C     NULLAUF
  87   C
  88         WRITE(6,21) A,DT,( (P,MK=1,7),N=1,2)
  89         WRITE(6,23) T,N,WN,NL,TN,WT,IL ,Y,K,WK,KL,TN1,WT1,TL1, Y1,K1,WK1,
  90        *KL1,TN2,WT2,TL2,Y2,K2,WK2,KL2
  91   C
  92         IG = INT(DT+10C.+C.5)
  93         IL = KS *10C/IG
  94   C
  95   C     Z E I T S C H L E I F E
  96   C
  97         DO 1 I = 1,IL
  98   C
  99   C     VERAENDERUNGSRATEN
 100   C
 101         KZ = S * Y
 102         KZ1= S * Y1
 103         KZ2= S * Y2
 104         KA = K1 * D
 105         KA1= K1 * D
 106         KA2= K2 * D
 107   C
 108         ND = N / 36C0.
 109         V  = YWROZY(ND,XA1,YA1,13)
 110         NZ = N *V
 111         TNZ1 = TEX * TN1 + TEN * TN1 + WK1
 112         TNZ2 = TEX * TN2 + TEN * TN2 + WK2
 113         TNZ  = TEX * TN  + TEN * TN  + WK
 114   C
 115   C     ERSPARNIS
 116   C
 117         S = SK * (1.-A)+ SK * A
 118   C
 119   C     WACHSTUMSRATEN
 120   C
```

```
A FORTRAN IV (VER L41.3) SOURCE LISTING: YWBCWC  PROGRAM      DATE 04/14/77   TIME 0:42:00   PAGE 0004

181         *,12X,'WK',7X,'KL',2(/T45,'TN',I1,10X,'WT',I1,6X,'TL',I1,7X,'Y',I1,
182         *13X,'K',I1,11X,'WK',I1,6X,'KL',I1)))
183   C
184         T = T + 1.
185   C
186   C    A U S G A B E
187   C
188         WRITE(6,20) T,N,WN,NL,TN,WT,TL ,Y,K,WK,KL,TN1,WT1,TL1, Y1,K1,WK1,
189        *KL1,TN2,WT2,TL2,Y2,K2,WK2,KL2
190    20   FORMAT('0',F5.0,2(1X,E14.7,2(2X,F7.4)),2(1X,E14.7),2(2X,F7.4)/(T41
191        *,E14.7,2(2X,F7.4),2(1X,E14.7),2(2X,F7.4)))
192    1    CONTINUE
193   C
194         WRITE(6,30)
195    30   FORMAT('1')
196   C
197   C    GRAPHISCHE ALGABE
198   C
199         T = 1.
200         DO 5 I = 1,RS
201         IF(AN(I).GT.125.) AN(I) = 125.
202         IF(AT(I).GT.125.) AT(I) = 125.
203         IF(AT1(I).GT.125.) AT1(I) = 125.
204         IF(AT2(I).GT.125.) AT2(I) = 125.
205         IF(AK1(I).GT.125.) AK1(I) = 125.
206         IF(AK (I).GT.125.) AK (I) = 125.
207         IF(AK2(I).GT.125.) AK2(I) = 125.
208         IT0 = INT(AT(I) + 0.5)
209         IT1 = INT(AT1(I) + 0.5)
210         IT2 = INT(AT2(I) + 0.5)
211         NI2 = INT(AN(I) + 0.5)
212         MI2 = INT(AK(I) + 0.5)
213         MI21= INT(AK1(I) + 0.5)
214         KI22= INT(AK2(I) + 0.5)
215         DO 6 L = 1,125
216    6    DZEILE(L) = 0
217         DZEILE(NI2) = IN
218         DZEILE(IT0) = IT
219         DZEILE(IT1) = IT
220         DZEILE(IT2) = IT
221         DZEILE(KI2) = IK
222         DZEILE(KI21)= IK
223         DZEILE(KI22)= IK
224         WRITE (6,40) T,(DZEILE(L),L=1,125)
225    40   FORMAT(' ',F5.1,1X,125A1)
226         T = T + 1.
227    5    CONTINUE
228   C
229   C    P L O T
230   C
231         CALL    YWBOPL(TPLOT,AN,AK,KS,DT,R,AK1,AK2,AT,AT1,AT2)
232         R = 20.
233         WRITE(6,3C)
234         GOTO3
235    4    CALL PLOT (0.0,0.0,999)
236         STOP
237         END
```

```
A FORTRAN IV (VER L41.3) SOURCE LISTING: YNECWC PROGRAM           DATE 04/14/77  TIME 0:42:00  PAGE CC03

121  C
122        WN = NZ/N
123        WK = (KZ - KA)/K
124        WK1= (KZ1- KA1)/K1
125        WK2= (KZ2- KA2)/K2
126        WT = TNZ / TN
127        WT1 =TNZ1 / TN1
128        WT2 =TNZ2 / TN2
129  C
130  C
131  C  KAPITAL
132  C
133        K = K + DT * (KZ - KA)
134        K1= K1+ DT * (KZ1- KA1)
135        K2= K2+ DT * (KZ2- KA2)
136  C
137  C  ARBEIT
138  C
139        N = N + DT * NZ
140  C
141  C  T E C H N I S C H E R   F O R T S C H R I T T
142  C
143        TN1 = TN1 + DT * TNZ1
144        TN2 = TN2 + DT * TNZ2
145        TN  = TN  + DT * TNZ
146  C
147  C  PRODUKTION
148  C
149        Y = TN**A * N**A * K**(1.-A)
150        Y1= TN1**A * N**A *K1**(1.-A)
151        Y2= TN2**A * N**A *K2**(1.-A)
152  C
153  C  LOGARITHMUS
154  C
155        AL = ALOG(AMAX1(N,0.000001))
156        KL = ALOG(AMAX1(0.00001,K))
157        KL1= ALOG(AMAX1(0.00001,K1))
158        KL2= ALOG(AMAX1(0.00001,K2))
159        TL = ALOG(AMAX1(0.00001,TN))
160        TL1= ALOG(AMAX1(0.00001,TN1))
161        TL2= ALOG(AMAX1(0.00001,TN2))
162  C
163  C  W E R T S P E I C H E R U N G
164  C
165        IF (MOD(I*IG,100).NE.0) GOTO 1
166        J = I + IG / 100
167  C
168        AK(J)   = KL * SKALE
169        AK1(J)  = KL1* SKALE
170        AK2(J)  = KL2* SKALE
171        AN(J)   = NL * SKALE
172        AT(J)   = TL * SCALE
173        AT1(J)  = TL1* SCALE
174        AT2(J)  = TL2* SCALE
175  C
176  C  U E B E R S C H R I F T E N
177  C
178        IF (MOD(J,14).EQ.0) WRITE(6,21) A,DT,( (M,MK=1,7),M=1,2)
179    21  FORMAT('1',1X,'FARAMETER',', A = ',F3.1,3X,'DT = ',F4.2,//'0',3X,'T
180       *.',7X,'N',12X,'WN',7X,'NL',8X,'TN',11X,'WT',7X,'TL',8X,'Y',14X,'K'
```

```
A FORTRAN IV (VER L41.3) SOURCE LISTING:  YWBGPL  SUBROUTINE    DATE 04/14/77   TIME 0:42:00   PAGE CC05

    1           SUBROUTINE YWBGPL(TPLOT,AN,AK,KS,DT,R,AK1,AK2,AT,AT1,AT2)
    2           DIMENSION AT1(130),AT2(130)
    3           DIMENSION AK1(KS),AK2(KS),AT(KS)
    4           DIMENSION TFLOT(KS),AN(KS),AK(KS)
    5           DO 1 I = 1,KS
    6           TPLOT(I) = I
    7         1 CONTINUE
    8           CALL PLOT  ( R ,2.0,-3)
    9           CALL AXIS(0.0,0.0,17.,90.0,-0.,5.,'JAHRE',5)
   10           CALL AXIS  (C.,0.,17.,90.,0.,2.,'LOG ARBEIT,KAPITAL',-18)
   11           CALL LINE  (TPLOT,AN,KS ,10,4,0.,5.,(.,10.)
   12           CALL LINE  (TPLOT,AK,KS ,10,5,0.,5.,C.,10.)
   13           CALL LINE  (TPLOT,AK2,KS ,10,5,0.,5.,0.,10.)
   14           CALL LINE  (TPLOT,AK1,KS ,10,5,0.,5.,0.,10.)
   15           CALL LINE  (TPLOT,AT1,KS ,10,7,0.,5.,0.,10.)
   16           CALL LINE  (TPLOT,AT2,KS ,10,7,0.,5.,0.,10.)
   17           CALL LINE  (TPLOT,AT ,KS ,10,7,0.,5.,0.,10.)
   18           CALL SYMBOL (0.,6.19,0.5,'NEOKLASSISCHES WACHSTUMSMODELL',0.0,30)
   19           CALL SYMBOL (0-8,19.,0.5,'MIT TECHNISCHEN FORTSCHRITT',0.0,28)
   20           CALL SYMBOL (1.-0,-1.5,0.3,'        = KAPITAL       = ARBEIT',0.0,24)
   21           CALL SYMBOL (0.-5,-1.3,0.5,',',C.0,-5)
   22           CALL SYMBOL (4.-5,-1.3,0.5,',',0.0,-2)
   23           CALL SYMBOL (8.-3,-1.3,0.5,',',0.0,-7)
   24           CALL SYMBOL (8.-8,-1.5,0.3,'        = TECH.FORTSCHRITT',0.0,19)
   25           CALL PLOT  (C.,-2.0,-3)
   26           RETURN
   27           END
```

```
A FORTRAN IV (VER L41.3) SOURCE LISTING:  YWBOZY  FUNCTION          DATE 04/14/77   TIME 0:42:00  PAGE 0006

         FUNCTION YWBCZY(XAE,X,Y,K)                                    2010
         DIMENSION X(K),Y(K)                                           2020
         J = 0                                                         2030
         DO 1 I = 1,K                                                  2040
         J = J + 1                                                     2050
         IF (XAE.GT.X(I)) GOTO1                                        2060
         IF (XAE.EC.X(I)) GOTO2                                        2070
         GOTO 3                                                        2080
    1    CONTINUE                                                      2090
    2    YWBOZY= Y(J)                                                  2100
         RETURN                                                        2110
         IF (I.EQ.1) GOTO2                                             2120
    3    YWBOZY= (XAE - X(I-1)) + (Y(I) - Y(I-1))/(X(I) - X(I-1)) +Y(I-1))  2130
         RETURN                                                        2140
         END                                                           2150
```

2.2 PROGRAMM ZU ANHANG 1.10

```
PROGRAM YWHOWF
C   FORRESTERS WELTMODELL
C
C   DEFINITIONEN
      INTEGER DZEILE(111)
      REAL K,KA,KZ,NK,NM1,NM2
      REAL KTAB
      REAL KM8,NM4,KM3,L,K1,KIOL,LM1,LM2,LM6,LM5,KIL,NM7
      COMMON X1(7),X2(7),X3(7),X4(7),X5(6),X6(6),X7(6),X8(5),X9(9),X10(7
     *),X11(7),X12(6),X13(11),X14(6),X15(11),X16(6),X17(5),X18(7),X19(5)
     *,X20(5),X21(6),X22(11),Y1(7),Y2(7),Y3(7),Y4(7),Y5(6),Y6(6),Y7(6),
     *Y8(5),Y9(9),Y10(7),Y11(7),Y12(6),Y13(11),Y14(6),Y15(11),Y16(6),
     *Y17(5),Y18(7),Y19(5),Y20(5),Y21(6),Y22(11)
      DIMENSION TPLOT(1250),X23(153),Y23(153)
      EQUIVALENCE (X1(1),X23(1)),(Y1(1),Y23(1))
      INTEGER IVEC(22)/4,7,3,6,5,9,2,7,6,11,6,11,6,5,7,2,5,6,11/
      DIMENSION RTAR(1250),KTAR(1250),RTAB(1250),VTAB(1250),QLTAB(1250)
      DATA IB,IK,IR,IV,IQL /'B','K','R','V','QL'/
C
C   FUNKTIONEN, PARAMETER UND ANFANGSWERTE
C
C   EINLESEN
C
      N = 0
      DO 1 J = 1,22
      IVEK = IVEC(J)
      READ (5,1000) (X23(I+N),Y23(I+N),I = 1,IVEK)
 1000 FORMAT (16F5.2)
      N = N + IVEK
    1 CONTINUE
C
C   SKALIERUNG
C
      SKALE1 = 5.E7
      SKALE2 = 2E8
      SKALE3 = 1E0
      SKALE4 = 3.E9
      SKALE5 = 1./40.
C
C   ANFANGSWERTE
C
      T = 1900
      KZ = 0.
      KA = 0.
      BZ = 0.
      BA = 0.
      L = 0.
      EK = 0.
      RR = 0.
      GD = 0.
      NK = 0.
      VG = 0.
      KIL = 0.
      H = 1.   * 10 **9
      Q = 1.65 * 10 **9
```

```
       V = J.2 * 10 **9
       K = J.4 * 10 **9
       KIOL = 0.2
       DT = 0.2
C
C      ZEITSCHLEIFE
C
       DO 5 I=1,2500
C
C      BEVOELKERUNG
C
       B = B + DT * (BZ - BA)
C
C      KAPITAL
C
       KI = K / B
       K = K + DT * (KZ - KA)
C
C      ROHSTOFFE
C
       R = R - DT * RA
C
C      VERSCHMUTZUNG
C
       V = V + DT * (VZ - VA)
C
C      HILFSVARIABLEN
C
       VG = V / (3.6 * 10. **9)
       AD=YWBOZY(VG,X1,Y1,7)
       VM1=YWBOZY(VG,X2,Y2,7)
       VM2=YWBOZY(VG,X3,Y3,7)
       VM3=YWBOZY(VG,X4,Y4,7)
       VM4 = YWBOZY( VG,X11,Y11,7)
       RR = R / (900 * 10 **9)
       RKM = R / (900 * 10 ** 6 * 26.5)
       BD = B / (135 * 10 ** 6 * 26.5)
       BDM1=YWBOZY(BD,X5,Y5,6)
       BDM2=YWBOZY(BD,X6,Y6,6)
       BDM3=YWBOZY(BD,X7,Y7,6)
       BDM4 = YWBOZY (BD,X22,Y22,11)
       KIL = (KI + KIOL) / 0.3
       KM3 = YWBOZY (KIL,X18,Y18,7)
       NK = BDM3 * VM3 * KM3
       NM1=YWBOZY(NK,X8,Y8,5)
       NM2=YWBOZY(NK,X9,Y9,5)
       NM4 = YWBOZY (NK,X19,Y19,5)
       NM7 = YWBOZY (NK,X20,Y20,5)
       EK = KI * (1 - KIOL) * RKM / (1 - 0.3)
       L = EK / 1.
       LM1 = YWBOZY (L,X12,Y12,6)
       LM2 = YWBOZY (L,X13,Y13,11)
       LM5 = YWBOZY (L,X14,Y14,6)
       LM6 = YWBOZY (L,X15,Y15,11)
       QLM4 = YWBOZY (L,X16,Y16,6)
       QKM = YWBOZY (KI,X21,Y21,6)
       QLM7 = YWBOZY (QLM4/NM4,X17,Y17,5)
       KIOL = KIOL + (DT/15.)* (NM7 * QLM7 - KIOL )
```

```
121            P = QL17*QLM7
122       C
123       C
124       C    BEVOELKERUNGSVERAENDERUNG
125       C
126            BZ = 0.04 * B * BDM1 * NM1* VM1 * LM1
127            GA = 0.028 * B * BDM2 * NM2 * VM2 *LM2
128       C
129       C    KAPITALVERAENDERUNG
130       C
131            KZ = 0.05 * B * LM5
132            KA = 0.025 * K
133       C
134       C    VERSCHMUTZUNGSVERAENDERUNG
135       C
136            VA = V/AD
137            VZ = B * KM8
138       C
139       C    ROHSTOFFVERBRAUCH
140       C
141            RA = Q * LM6
142       C
143       C    QUALITAET DES LEBENS
144       C
145            QL = 1 * QLM4 * BDM4 * VM4 * NM4
146       C
147            IF (MOD(I,2).EQ.0) GOTO 10
148            J = (I + 1) / 2
149       C
150            KTAB(J)=K
151            BTAB(J)=B
152            RTAB(J)=R
153            VTAB(J)=V
154            QLTAB(J) = QL
155       C
156    10      IF ( MOD(I,200).EQ.1) WRITE (6,2000)
157  2000      FORMAT('1',2X,'T',10X,'B',12X,'K',8X,'QL',4X,'AD',4X,'BDM1',2X,'BD
158           *M2',2X,'BDM3',2X,'BDM4',3X,'VM1',3X,'VM2',3X,'VM3',3X,'VM4',3X,'RK
159           *M',3X,'KM3',3X,'KM8',3X,'LM1',3X,'LM2',3X,'LM5',',13X,'R',12X,'V
160           *',8X,'BD',4X,'VG',4X,'QLM4',2X,'QLM7',2X,'KIO1',2X,'KIL',4X,'NM1',
161           *3X,'NM2',3X,'NM4',3X,'NK',4X,'KI',4X,'L',5X,'LM6',3X,'RR',
162           *,4X,'EK'/)
163            IF (MOD(I,10).EQ.1) WRITE (6,3000) T,B,K,QL,AD,BDM1,BDM2,BDM3,BDM
164           *4,VM1,VM2,VM3,VM4,RKM,KM3,KM8,LM1,LM2,LM5,R,V,BD,VG,QLM4,QLM7,KIO1
165           *,KIL,NM1,NM2,NM4,NM7,NK,KJ,L,LM6,RR,EK
166  3000      FORMAT('0',F5.0,('.T10,2E12.5,1X,16F6.3))
167            T = AINT(T+5+0.5)/5. + 0.2
168       C
169     5      CONTINUE
170    19      WRITE (6,5000)
171  5000      FORMAT('1')
172            T = 1900
173            DO 20 I = 1,1250,10
174            NIB=BTAB(I)/SKALE1+0.5
175            NIK=KTAB(I)/SKALE2+0.5
176            NIRRTAB(I)/SKALE3+0.5
177            NIV=VTAB(I)/SKALE4+1.5
178            NIQL = QLTAB(I)/SKALE5 + 0.5
179            DO 2 J = 1,111
180     2      DZEILE(J) = 0
```

```
A FORTRAN IV (VER L41.3) SOURCE LISTING:  YWBOWF   PROGRAM         DATE 02/17/77   TIME 16:13:51   PAGE 0004

    181          IF (NIB .LE. 111 .AND. VIB .GT. 0) DZEILE(NIB) = IB        1880
    182          IF (NIR .LE. 111 .AND. NIR .GT. 0) DZEILE(NIR) = IR        1890
    183          IF (NIK .LE. 111 .AND. NIK .GT. 0) DZEILE(NIK) = IK        1900
    184          IF (NIV .LE. 111 .AND. NIV .GT. 0) DZEILE(NIV) = IV        1910
    185          IF (NIQL.LE.111.AND.NIQL.GT.0.) DZEILE(NIQL) = IQL         1920
    186          WRITE (6,4000) T, (DZEILE(J), J = 1, 111)                  1930
    187 4000     FORMAT (' 'F5.0,4X,111A1)                                  1940
    188          T=T+4.                                                     1950
    189 200      CONTINUE                                                   1960
    190          CALL YWBOPL (TPLOT,VTAB,KTAB,RTAB,BTAB,QLTAB,SKALE1,SKALE2,SKALE3,  1970
    191         1SKALE4,SKALE5)                                             1980
    192          STOP                                                       1990
    193          END                                                        2000
```

```
A FORTRAN IV (VER L41.3) SOURCE LISTING:  Y4BOZY FUNCTION          DATE 02/17/77   TIME 16:13:51   PAGE 0005

      1          FUNCTION YWBOZY(XAE,X,Y,K)                                  2010
      2          DIMENSION X(K),Y(K)                                         2020
      3          J = 3                                                       2030
      4          DO 1 I = 1,K                                                2040
      5          J = J + 1                                                   2050
      6          IF (XAE.GT.X(I)) GOTO1                                      2060
      7          IF (XAE.EQ.X(I)) GOTO2                                      2070
      8          GOTO 3                                                      2080
      9  1       CONTINUE                                                    2090
     10  2       YWBOZY= Y(J)                                                2100
     11          RETURN                                                      2110
     12  3       IF (I.EQ.1) GOTO2                                           2120
     13          YWBOZY= (XAE - X(I-1)) * (Y(I) - Y(I-1))/(X(I) - X(I-1)) +Y(I-1)   2130
     14          RETURN                                                      2140
     15          END                                                         2150
```

```
     SUBROUTINE YWBOPL (TPLOT,VTAB,KTAB,RTAB,RTAP,QLTAB,SKALE1,SKALE2,
    1SKALE3,SKALE4,SKALE5)
     REAL KTAB
     DIMENSION BTAB(1250),KTAB(1250),RTAB(1250),VTAB(1250),QLTAB(1250)
     DIMENSION TPLOT(1250)
     DO 300 I=1,1250
     BTAB(I)=(BTAB(I)/(SKALE1*8.00))
     KTAB(I)=(KTAB(I)/(SKALE2*5.00))
     RTAB(I)=(RTAB(I)/(SKALE3*5.50))
     VTAB(I)=(VTAB(I)/(SKALE4*2.40))
     QLTAB(I) =(QLTAB(I)/(SKALE5*4.00))
     TPLOT(I)=(I/25.)
     IF (KTAB(I).GT.20.0.OR.KTAB(I).LT.0.0) KTAB(I)=KTAB(I-1)
     IF (RTAB(I).GT.20.0.OR.RTAB(I).LT.0.0) RTAE(I)=RTAB(I-1)
     IF (BTAB(I).GT.20.0.OR.BTAB(I).LT.0.0) BTAB(I)=BTAB(I-1)
     IF (QLTAB(I).GT.20.0.OR.QLTAB(I).LT.0.0) QLTAB(I) = QLTAB(I-1)
     IF (VTAB(I).GT.20.0.OR.VTAB(I).LT.0.0) VTAB(I)=VTAB(I-1)
 300 CONTINUE
     CALL ZFILE (22504006,35)
     CALL SYMBOL(2.0,0.0,0.25,'WELTMODELL:   =VERSCHMUTZUNG ',0.0,94)
    1AL  =ROHSTOFFE   =BEVOELKERUNG   =LEBENSQUALITAET',0.0,94)
     CALL SYMBOL (14.5,0.0,0.5,'B',0.0,-4)
     CALL SYMBOL ( 9.0,0.0,0.5,'K',0.0,-5)
     CALL CHPEN (2)
     CALL SYMBOL (11.5,0.0,0.5,'R',0.0,-3)
     CALL SYMBOL ( 5.0,0.0,0.5,'V',0.0,-1)
     CALL SYMBOL (18.0,0.0,0.5,'QL',0.0,-7)
     CALL CHPEN (1)
     CALL SYMBOL (0.0,17.4,0.2,'  6.4 MD B',90.0,10)
     CALL SYMBOL (0.3,17.4,0.2,' 11.5 MD V',90.0,10)
     CALL SYMBOL (0.6,17.4,0.2,' 16.0 MD K',90.0,10)
     CALL SYMBOL (0.9,17.4,0.2,'  1.6       ',90.0,10)
     CALL SYMBOL (1.2,17.4,0.2,'880.0 MD R',90.0,10)
     CALL SYMBOL (0.0, 2.0,0.2,'            ',90.0,1)
     CALL SYMBOL (0.3, 2.0,0.2,'         ',90.0,1)
     CALL SYMBOL (0.6, 2.0,0.2,'         ',90.0,1)
     CALL SYMBOL (0.9, 2.0,0.2,'         ',90.0,1)
     CALL SYMBOL (1.2, 2.0,0.2,'         ',90.0,1)
     CALL SYMBOL (0.0,11.2,0.2,'  4.0 MD B',90.0,11)
     CALL SYMBOL (0.3,11.2,0.2,'  7.2 MD V',90.0,11)
     CALL SYMBOL (0.6,11.2,0.2,' 10.0 MD K',90.0,11)
     CALL SYMBOL (0.9,11.2,0.2,'  1.0    L',90.0,11)
     CALL SYMBOL (1.2,11.2,0.2,'550.0 MD R',90.0,11)
     CALL SYMBOL (0.0, 6.2,0.2,'  2.0 MD B',90.0,11)
     CALL SYMBOL (0.3, 6.2,0.2,'  3.6 MD V',90.0,11)
     CALL SYMBOL (0.6, 6.2,0.2,'  5.0 MD K',90.0,11)
     CALL SYMBOL (0.9, 6.2,0.2,'  0.9    L',93.,11)
     CALL SYMBOL (1.2, 6.2,0.2,'225.0 MD R',90.0,11)
     CALL SYMBOL (17.,18.,.25,'FORRESTERS ORGINALMODELL',0.0,24)
     CALL AXIS (2.0,-2.0,25.,0,1900.0,20.,'JAHR ',5)
     CALL PLOT (2.0,2.0,17.,90.0,0.0,0.1,0.,'  ',-6)
     CALL PLOT (2.0,2.0,-3)
     CALL LINE (TPLOT,KTAB,1250,250,5,0,-2,0,0,-1,0)
     CALL LINE (TPLOT,BTAB,1250,250,4,0,-3,2,0,-0,1,0)
     CALL CHPEN (2)
     CALL LINE (TPLOT,RTAB,1250,250,3,0,-0,2,0,-0,1,0)
     CALL LINE (TPLOT,VTAB,1250,250,7,0,-0,2,0,-0,1,0)
     CALL LINE (TPLOT,QLTAB,1250,250,7,0,-0,2,0,-0,1,0)
     CALL PLOT (0.0,0.0,999)
     RETURN
```

```
61      END
```

3.1 SEGMENTBESCHREIBUNG ZU GIPSYD FÜR DIE PARAMETERAUSWAHL UND DIE AUSGABEVARIATION

```
* DIESES PROGRAMM ERMOEGLICHT DIE INTERAKTIVE
* SIMULATION ALTERNATIVER SYSTEM DYNAMICS MODELLE
*
* ES KOENNEN MODELLE MIT MAXIMAL 100 VARIABLEN
*                       300 REALPARAMETER UEBER
* 100 ZEITEINHEITEN SIMULIERT WERDEN
*
*
*    S E G M E N T B E S C H R E I B U N G
*
*    M E N U S
*
* HAUPTPROGRAMM = MODELLKATALOG
* MODEF         = MODELLDEFINITIONEN
* MODOUT        = MODIFY OUTPUT
*    A U S G A B E F U N K T I O N E N
* NUMERI        = NUMERISCHE AUSGABE ALLE
* NUMSEL        = NUMERISCHE AUSGABE SELEKTIV
* NUMUNE        = NUMERISCHE AUSGABE EINZELN
* GRAP          = GRAPHISCHE AUSGABE ALLE
* GRASEL        = GRAPHISCHE AUSGABE SELEKTIV
* GRAUNE        = GRAPHISCHE AUSGABE EINZELN
* AUTSKA        = AUTOMATISCHE SKALIERUNG
*
*    H I L F S F U N K T I O N   Z U   M E N U S
* SWIP          = SCHALTER
*
*    H I L F S F U N K T I O N   Z U   M O D E F
* ROLL          = ROLLING
*
*    M O D E L L E   B E I
* START  CONTINUE  NEXT STEP
* ZINS   ZONTIZ   STEPNZ    = WACHSTUMSMODELL
* INDMO1 CONTI1   STEPN1    = INDUSTRIEMODELL/I
* INDMO2 CONTI2   STEPN2    = INDUSTRIEMODELL/II
* INDMO3                    = INDUSTRIEMODELL/III
* VOLKMO                    = VOLKSWIRTSCHAFTSMODELL
*
*    M O D E L L H I L F S F U N K T I O N E N
* STEP          = TREPPENFUNKTION
* TABLE         = TABLEFUNKTION
* DELAY         = DELAYFUNKTION
*
*    H I L F S F U N K T I O N E N   Z U   M O D O U T
* AUFDAZ        = SKALIERUNGSWERTE FUER ZINSMODELL
* AUFDTI        = SKALIERUNGSWERTE FUER INDUSTRIEMODELL/I
* AUFDT2        = SKALIERUNGSWERTE FUER INDUSTRIEMODELL/II
*
```

```
*    S E G M E N T V E R K N U E P F U N G E N
*
* HP       - SWIP
* HP       - MODEF
* MODEF    - SWIP
* MODEF    - ROLL
* MODEF    - MODELLE
* MODEF    - MODOUT
* MODELLE  - MODELLHILFSFUNKTIONEN
* MODELLE  - NUMERI
* MODELLE  - GRAP
* MODOUT   - SWIP
* MODOUT   - MODOUTHILFSFUNKTIONEN
*          - AUSGABEFUNKTIONEN
```

3.2 INFO TEIL II GIPSYD

```
INFO TEIL II:  AUXILIARY FUNKTION UND PARAMETERERKLAERUNG  (GIPSYD)
FOLGENDE FUNKTIONEN WERDEN ANGEBOTEN:

X:= ENDOGENE VARIABLE
NICHT ERKLAERTE PARAMATER SIND PROGRAMMPARAMETER

(1)  D E L A Y     DELAY(O,z,D,DELT,X)

     MIT     O      ORDNUNGSGRAD DES DELAYS
             D      VERZOEGERUNGSZEIT

(2)  T A B L E     TABLE(an(i),N,X)

     MIT     N      ANZAHL DER STUETZPUNKTE

(3)  R E G         REGLER(r1,r2,r3,K,W,DELT,X)

     MIT     W      FUEHRUNGSGROESSE
             K      VERSTAERKUNGSFAKTOR

(4)  L A G         LAG(L,li,DELT,ti,X)

     MIT     L      TOTZEIT
```

(5) S T E P   STEP(T,H,ti)

    MIT   T   ZEITPUNKT DES STEPS
          H   VERSTAERKUNGSFAKTOR

(6) Z V G S E T   RN(ix)

(7) R A M P   RAMP(P,Z,ti,X)

    MIT   P   ZEITPUNKT DES BEGINNS
          Z   STEIGUNG

(8) P U L S E   PULS(A,F,ti)

    MIT   A   ZEITPUNKT DER ERSTEN EINWIRKUNG
          F   ABSTAND DER ZEITPUNKTE

(9) I M P U L S E   IMPULS(E,ti)

    MIT   E   ZEITPUNKT DES IMPULSE

(10) Z V N P A R   GAUSS(M,S,ix)
     MIT   M   MITTELWERT DER VERTEILUNG
           S   STANDARDABWEICHUNG DER VERTEILUNG

LITERATURVERZEICHNIS

Ackoff, R.L.(1964): General System Theory and Systems
Research: contrasting conceptions of
systems science;
in: Views on General Systems Theory,
hrsg. v. M.D. Mesarovič , New York e.a.,
1964, S.51-60.

Angyal, A.(1942): Foundations for a Science of
Personality; Harvard University Press
1941.

Ansoff, I./Slevin, P.D.(1968): Appreciation of industrial
dynamics;
in: Management Science Theory, Vol.14(1968),
S.383-397.

Apel, H./Fassing, W./Meißner, W./Tschirschwitz, M.(1975a):
3. Zwischenbericht zum Projekt "Ökonomische Aspekte Des Umweltproblems";
in: Forschungsprojekt "Ökonomische Aspekte
des Umweltproblems", Johann Wolfgang
Goethe-Universität, Frankfurt/Main 1975.

Apel, H.(1975b): Die Grenzen von System dynamics;
in: Wirtschaftsdienst, 1975/VIII,
S.411-414.

Apel, H.(1975c): System Dynamics als Instrument Harter
und Weicher Modellbildung sozio-ökonomischer Ansätze;
in: Forschungsprojekt "Ökonomische Aspekte
des Umweltproblems", Johann Wolfgang
Goethe-Universität, Frankfurt/Main 1975.

Apel, H.(1977): Simulation sozio-ökonimischer Zusammenhänge. Kritik und Modifikation von
"System Dynamics"; Diss., Frankfurt/Main
1977.

Asby, R.W.(1974): An Introduction to Cybernetics; 1956,
deutsche Übersetzung: Einführung in die
Kybernetik; Frankfurt a.M. 1974.

Baetge, J.(1974): Betriebswirtschaftliche Systemtheorie;
  Opladen 1974.

Bea, F./Bohnet, A./Klimesch, H.: Simulation komplexer
  dynamischer Systeme mit DYMOSYS;
  IBM-Form K1L-1128-8.76, Stuttgart 1976.

Bechmann, A.(1976): Kybernetik und Makrotheorie;
  Bern u.a. 1976.

Beckermann, W.: Schamloses Stück Unsinn;
  in: Wirtschaftswoche 43 v. 19.10.73,
  S.36.

Beer, S.(1959): Kybernetik und Management; Frankfurt
  a.M. 1959.

Bertalanffy, L.v.(1949): Zu einer allgemeinen Systemlehre;
  in: Blätter für Deutsche Philosophie,
  Vol.18(1949).

Bertalanffy, L.v.(1950): The Theory of Open Systems in
  Physics and Biology;
  in: Science, Vol.111(1950), S.23-29;
  wieder veröffentlicht in: System Thinking,
  hrsg. v. F.E. Emery 1969, S.70-85.

Bertalanffy, L.v.(1956): General System Theory;
  in: General Systems, Vol.1(1956), S.1-10.

Bertalanffy, L.v.(1968): General System Theory, Foundation,
  Development, Applications; New York 1968.

Bertalanffy, L.v.(1972a): The History and Status of
  General Systems;
  in: Trends in General Systems Theory,
  hrsg. v. G.J.Klir, New York e.a. 1972,
  S.21-42.

Bertalanffy, L.v.(1972b): Vorläufer und Begründer der
  Systemtheorie;
  in: Kurzrock, R.(Hrsg.): Systemtheorie,
  Berlin 1972, S.21.

Bombach, G.: Planspiele zum Überleben - Prophezeiungen des
  'Club of Rome';
  in: Mitteilungen der List Gesellschaft,
  3.1.73, S.3-16.

Bombach, G.(1965): Wirtschaftswachstum, Handwörterbuch
der Sozialwissenschaften, Göttingen 1965.

Boulding, K.E.(1956): General Systems Theory - The
Skeleton of Science;
in: Management Science, Vol.2(1956),
S.197-208.

Boulding, K.E.(1964): General Systems as a Point of View;
in: Views of General Systems Theory;
hrsg. v. M.D. Mesarović, New York e.a.
1964, S.25-38.

Brown, R.G.(1963): Smoothing, Forecasting and Prediction
of Discrete Time Series; Englewood
Cliffs (N.J.), 1963.

Busch, H.(1972): System Dynamics;
in: Analysen und Prognosen,9.72, S.3 f..

Buslenko, N.P.(1972): Modellierung komplizierter Systeme;
Würzburg 1972.

Clarkson, G.P.E./Simon, H.A.(1960): Simulation of Individual
and Group Behaviour;
in: American Economic Review, Vol.50(1960),
S.920-932.

Cole, H.S.D.(1973) : Die Struktur der Weltmodelle;
in: Zukunft aus dem Computer, hrsg. v.
H.S.D.Cole u.a., Neuwied u.Berlin 1973,
S.17-44.

Cole, H.S.D.,/Curnow,R.(1973): Bewertung der Weltmodelle;
in: Zukunft aus dem Computer, hrsg. v.
H.S.D. Cole u.a., Neuwied u.Berlin 1973,
S.173-212.

Coyle, R.G.(1977): Management System Dynamics;
London u.a. 1977.

Chu Kong (1969): Quantitative Methods for Business and
Economic Analysis; Scranton,Pennsylvania
1969.

Dimirowski, G.M.; Gough, N.E.;Barnett, S.(1977):
Categories in systems and control theory;
in: Int. Journal of systems science,
Vol.8, No.10(1977), S.1081-1090.

Emshoff, J.R.; Sisson, R.L.(1972): Simulation mit dem
Computer, München 1972.

Fassing, W.(1975): Zielsetzung und Stand der Arbeit des
Forschungsprojekts "Ökonomische Aspekte
des Umweltproblems";
in: Forschungsprojekt "Ökonomische Aspekte
des Umweltproblems", Johann Wolfgang
Goethe-Universität, Frankfurt/Main 1975,
Forschungsbericht 752.

Ferstl, O.(1978): Konstruktion 'Graphischer Dialog'-
Programme unter Verwendung des Graphical
Dialog Subroutine Package (GDSP);
in: Regensburger Diskussionsbeiträge zur
Wirtschaftswissenschaft Nr.103,
Regensburg 1977.

Flechtner, H.J.(1968): Grundbegriffe der Kybernetik;
Stuttgart 1968.

Föhl, C.(1957): Volkswirtschaftliche Regelkreise höherer
Ordnung in Modelldarstellung;
in: Volkswirtschaftliche Regelungsvor-
gänge im Vergleich zu Regelvorgängen der
Technik, hrsg. v. H.Geyer und W. Oppelt,
München 1957.

Forrester, J.W.(1961): Industrial Dynamics, Cambridge
(Mass.) 1961.

Forrester, J.W.(1962): Managerial Decision Making;
in: Computers and the World of the
Future, hrsg. v. M. Greenberger 1962,
S.37-68.

Forrester, J.W.(1968): Principles of Systems;
dt. Übersetzung: Grundzüge einer Systemtheorie, Wiesbaden 1972.

Forrester, J.W.(1969): Urban Dynamics, Cambridge (Mass.)
1969.

Forrester, J.W.(1971): World Dynamics; Cambridge (Mass.)
1971; dt. Übersetzung: Der Teuflische
Regelkreis, Stuttgart 1972.

Forrester, J.W.(1972): Counterintuitive Behavior of
     Social Systems;
     in: Niedereichholz, H.J.(Hrsg.): Fest-
     schrift für Walter Georg Waffen-Schmidt,
     Meisenheim am Glan 1972, S.47-75.

Forrester, J.W.(1973): The Life Cycle of Economic
     Development; Cambridge(Mass.) 1973.

Frank, H.(1964): Kybernetische Analysen subjektiver
     Sachverhalte; Quickborn 1964.

Frank, H.(1966): Kybernetik und Philosophie. Materialien
     und Grundriß zu einer Philosophie der
     Kybernetik; Berlin 1966.

Franken, R./Fuchs, H.(1974): Grundbegriffe zur Allgemei-
     nen Systemtheorie;
     in: Systemtheorie und Betrieb, hrsg.
     v. E. Grochla, Opladen 1974, S.23-49.

Freeman, C.(1973): Computer-Malthusianismus;
     in: Zukunft aus dem Computer, hrsg. v.
     H.S.D. Cole u.a., Neuwied u. Berlin 1973.

Frey, B.(1972): Das Ende des Wirtschaftswachstums;
     in: Umweltökonomie, Göttingen 1972,
     S.60-88.

Fritsch,B.(1966): Simulation als Instrument makroökono-
     mischer Prognosen;
     in: Schweizer Zeitschrift für Volkswirt-
     schaft und Statistik, 106(1966), S.409-421

Gahlen, B.(1973): Einführung in die Wachstumstheorie;
     Band 1, Tübingen 1973.

Galtung, J.(1973): Wachstumskrise und Klassenpolitik;
     in: Laviathan 1(1973), S.268-280.

Geyer, H.(1957): Einfache Modelle des volkswirtschaftli-
     chen Prozesses als Regelkreise;
     in: Volkswirtschaftliche Regelungsvor-
     gänge im Vergleich zu Regelvorgängen
     der Technik, hrsg. v. H. Geyer und
     W. Oppelt, München 1957.

Görzig, B./Hugger, W./Meier, H.(1973): Ergebnisse von
           Simulationen mit dem Welt-Modell von
           J.W. Forrester - Versuch einer endoge-
           nen Kritik;
           in: Konjunkturpolitik, 19(1973), S.175-188.

Gordon, G.(1969): System Simulation; Englewood Cliffs (N.J.)
           1969

Händle, F.; Jensen, S.(1974): Eine Systematisierung der
           Grundlagen von Systemtheorie und
           Systemtechnik;
           in: Systemtheorie und Systemtechnik;
           hrsg. v. F. Händle u.S. Jensen 1974,
           S.9-61.

Hamilton, H.R.(1969): System Simulation for Regional
           Analysis. An Application to River-Basin
           Planning, Cambride(Mass.) 1969.

Harbordt, S.(1972): Die Grenzen einer Prognose;
           in: Soziale Welt, 23(1972), S.410-431.

Harbordt, S.(1974): Computersimulation in den Sozial-
           wissenschaften; Band 1: Einführung und
           Anleitung; Band 2: Beurteilung und
           Modellbeispiele; Reinbek bei Hamburg 1974.

Holt, C.C.(1962): Diskussionsbeiträge;
           in: Computess and the world of the Future;
           hrsg. v. M. Greenberger 1962, S.68-72.

Holt, C.C.(1963): Validation and Application of Macro-
           economic Models Using Computer Simula-
           tion;
           in: The Brookings Quarterly Econometric
           Model of U.S.A., Chicago 1965, S.636-650.

Hugger, W./Meier, H.(1972): Einige Ergebnisse von Simula-
           tionen mit J.W. Forresters World Dynamics;
           in: Analysen und Prognosen, 1972, S.20-25.

Hummitzsch, P.(1965): Zuverlässigkeit von Systemen;
           Berlin 1965.

Jahoda, M.(1973): Einige abschließende Bemerkungen zum
           sozialen Wandel;
           in: Zukunft aus dem Computer, hrsg. v.
           H.S.D. Cole u.a., Neuwied u.Berlin 1973,
           S.345-356.

Jarmain, E.(Hrsg.)(1963): Problems in industrial
    dynamics; Cambridge (Mass.) 1963.

Kade, G./Hujer, R./Ipsen, D.(1971): Wirtschaftskybernetik. Eine Zwischenbilanz;
    in: Systemanalyse in den Wirtschafts-
    und Sozialwissenschaften, hrsg. v.
    K. Schenk, Berlin 1971.

Känel, S.v.(1971): Einführung in die Kybernetik für
    Ökonomen, Berlin 1971.

Kalmann, R.E.; Falb, P.L.; Arbib, M.A.(1969): Topics
    in mathematical system theory;
    New York e.a. 1969.

Kiener, E.(1973): Kybernetik und Ökonomie. Die Bedeutung
    der Kybernetik in Volkswirtschaftslehre
    und Wirtschaftspolitik; Bern, Stuttgart
    1973.

Kirchgäßner, G.(1973): Der Einbau von technischem Fortschritt in das Weltmodell von J.W.
    Forrester;
    in: Konjunkturpolitik, 19(1973), S.315-341.

Klaus, G.(1969): Wörterbuch der Kybernetik; Frankfurt
    a.M. u.a. 1969.

Klaus, H.; Liebscher, H.(1974): Systeme - Informationen -
    Strategien; Berlin 1974.

Klatt, S./Kopf, I./Kulla, B.(1974): Systemsimulation
    in der Raumplanung; Hannover 1974.

Klir, J.; Valach, M.(1965): Cybernetic Modelling;
    London 1965.

Klir, J.(1969): An Approach to General Systems Theory;
    London e.a. 1969.

König, H.(1971): Makroökonomische Modelle: Ansätze,
    Ziele, Probleme;
    in: Schweizer Zeitschrift für Volkswirtschaft und Statistik 1971, S.546-578.

Kohlhas, J.(1976): Simulationsmethoden;
    in: Computergestützte Planungssysteme,
    hrsg. v. N. Noltemeier, Würzburg 1976,
    S.223-244.

Krelle, W.; Gabisch, G.(1972): Wachstumstheorie;
    Berlin - Heidelberg - New York 1972.

Krüger, S.(1975): Simulation; Grundlagen, Techniken,
    Anwendungen; Berlin - New York 1975.

Kumm, J.(1975): Wirtschaftswachstum - Umweltschutz -
    Lebensqualität; Stuttgart 1975.

Lange, O.(1965): Wholes and Parts; A general theory
    of system behavior; engl. Übersetzung,
    Oxford 1965.

Lange, O.(1970): Einführung in die ökonomische Kyber-
    netik; Warschau 1965, dt. Übersetzung:
    Tübingen 1970.

Lehmann, G.(1975): Wirtschaftswachstum im Gleichge-
    wicht; Stuttgart 1975.

Leinfellner, W.(1965): Struktur und Aufbau wissenschaft-
    licher Theorien, eine wissenschafts-
    theoretische-philosophische Unter-
    suchung; Wien 1965.

Leonhard, W.(1972): Einführung in die Regelungstechnik;
    Lineare Regelungsvorgänge; Braun-
    schweig 1972.

Lerner, J.A.(1971): Grundzüge der Kybernetik; Berlin 1971.

Lutz, Th.(1965): Kybernetik, Struktur und Simulation;
    in: Soziale Welt, Vol.16(1965),
    S.27-45.

Lutz, Th.(1972): Taschenlexikon der Kybernetik;
    München 1972.

Mass, N.J.(1974): Economic Cycles: An Analysis of
    Underlying Causes; Cambridge (Mass.)1974.

Meadows, D./Zahn, E./Milling, P.(1972):
    Die Grenzen des Wachstums. Bericht des
    Club of Rome zur Lage der Menschheit;
    dt. Übersetzung zu 'Limits to Growth',
    New York 1972, Stuttgart 1972.

Martens, H.R./Allen, D.R.(1969): Introduction to
    Systems Theory; Columbus, Ohio 1969.

Meier, C.R./Newell, W.T./Pazer, H.L.(1969): Simulation
    in Business and Economics; Englewood
    Cliffs (N.J.) 1969.

Meissner, W.(1970): Zur Methodologie der Simulation;
    in: Zeitschrift für die gesamte Staats-
    wissenschaft, 126(1970), S.385-397.

Meissner, W./Apel, H./Fassing, W./Tschirschwitz, M.(1976):
    Ökonomische Aspekte des Umweltproblems;
    in: Overlapping Tendencies in Operations
    Research Systems Theory and Cybernetics.
    Proceedings of an International Symposium
    Universität of Fribourg, Switzerland,
    October 14-15, 1976; hrsg. v. E.Billeter,
    H.Cuenod, S.Klacko, Basel und Stuttgart
    1976.

Mertens, P.(1969): Simulation; Stuttgart 1969.

Merz, L.(1967): Grundkurs der Regelungstechnik;
    München - Wien 1967.

Mesarović, M.D.(1964): Foundation for a General Systems
    Theory;
    in: Views of General Systems Theory,
    hrsg. v. M.D. Mesarović, New York e.a.,
    1964, S.1-24.

Mesarović, M.D.(1972): A Mathematical Theory of General
    Systems;
    in: Trends in General Systems Theory,
    hrsg. v. G.J. Klir, New York e.a. 1972,
    S.251-269.

Mesarović,M.D./Macko, D./Takahara, Y.(1970): Theory
    of Hierarchical Multilevel Systems;
    New York 1970 .

Mesarović, M.D.; Pestel, E.(1974): Menschheit am Wende-
    punkt; 2. Bericht an den Club of Rome
    zur Weltlage, Stuttgart 1974.

Mesarović, M.D.; Takahara, Y.(1975): General Systems
    Theory: Mathematical Foundations; New
    York e.a. 1975.

Mirow, H.(1969): Kybernetik; Wiesbaden 1969.

Müller, A.(Hrsg.)(1964): Lexikon der Kybernetik; Quickborn bei Hamburg 1964.

Müller, W.(1969): Die Simulation betriebswirtschaftlicher Informationssysteme; Wiesbaden 1969.

Narr, W.D.(1973): Zur Weltanschauung der System dynamics; in: Leviathan, 1(1973), S.276-280.

Naylor, T.H.(1971): Computer Simulation Experiments with Models of Economic Systems; New York e.a. 1971.

Niedereichholz, J./Bey, I.(1972): Strukturelle Eigenschaften von Simulationsmodellen; in: Angewandte Informatik, 3/72, S.97-103.

Niehans, H. (1963): Economic Growth with two Endogenous Factors; in: The Quarterly Journal of Economics, Vol.77(1963), S.349-371.

Niehaus, F./Rath-Nagel, S./Voß, A.(1972): Die Kybernetische Simulationsmethode System Dynamics; in: Angewandte Informatik 12/72, S.545-552.

Niemeyer, G.(1970): Investitionsentscheidungen mit Hilfe der elektronischen Datenverarbeitung; Berlin 1970.

Niemeyer, G.(1973): Systemsimulation; Frankfurt 1973.

Niemeyer, G.(1975): Einführung in die Elektronische Datenverarbeitung; München 1975.

Niemeyer, G.(1976): Kybernetische Systeme; in: Computergestützte Planungssysteme, hrsg. v. N.Noltemeier, Würzburg - Wien 1976, S.257-289.

Niemeyer, G.(1977a): Kybernetische System- und Modelltheorie. system dynamics; München 1977

Niemeyer, G.(1977b): Modellansätze zur Betriebsinformatik;
in: Regensburger Diskussionsbeiträge
zur Wirtschaftswissenschaft Nr.74,
Regensburg 1977.

Niemeyer, G.(1978a): Dispatching mit Hilfe graphischer
Terminals;
in: Regensburger Diskussionsbeiträge
zur Wirtschaftswissenschaft Nr. 76,
Regensburg 1977.

Niemeyer, G.(1978b): Graphischer Dialog mit dem Zeichenbildschirm (Betriebswirtschaftliche
Anwendungen);
(Vorabdruck), München, vorauss.1979.

Niemeyer, G.(1978c): Graphischer Dialog mit dem Zeichenbildschirm; Vortrag von Prof. Dr. G.
Niemeyer am 1. Juni 1978 beim "Kontaktseminar Wirtschaftsinformatik 78",
Regensburg

Nordhaus, W.(1973): World Dynamics: Measurement Without
Data;
in: Economic Journal 83,2(1973),
S.1156-1183.

Nußbaum, H.(1973): "Grenzstation" oder: Vom Untergang
des Abendlandes;
in: Die Zukunft des Wachstums, hrsg. v.
H. Nußbaum, Düsseldorf 1973, S.9-13;
S.281-320.

Oertli-Cajacob, P.(1977): Praktische Wirtschaftskybernetik; München - Wien 1977.

Oppelt, W.(1957): Regelvorgänge in der Technik und
ihre Darstellung;
in: Volkswirtschaftliche Regelungsvorgänge im Vergleich zu Regelvorgängen
der Technik, hrsg. v. H. Geyer und
W.Oppelt, München 1957.

Oppelt, W.(1964): Kleines Handbuch technischer Regelvorgänge; Weinheim 1964.

Oppermann, A.(1969): Wörterbuch Kybernetik;
München 1969.

Orcutt, G.H.(1960): Simulation of Economic Systems;
in: American Economic Review, Vol.50
(1960), S.900-907.

Passow, C.(1966): Einführung in die Kybernetik für
Wirtschaft und Industrie; Quickborn 1966.

Pestel, E.(1972): Ein Weltmodell statt Flickwerkpolitik;
in: J.W. Forrester: Der teuflische
Regelkreis, Stuttgart 1972, S.9-13.

Pestel, E.(1973): Was will und kann die MIT-Studie aussagen?;
in: Nußbaum, H.(Hrsg.): Die Zukunft
des Wachstums, Düsseldorf 1973, S.227-280.

Pichler, F.(1975): Mathematische Systemtheorie. Dynamische Konstruktionen; Berlin - New York
1975.

Pichler, H.J.(1967): Modellanalyse und Modellkritik.
Darstellung und Versuch der Beurteilung
vom Standpunkt der ganzheitlichen Wirtschaftslehre; Berlin 1967.

Pressler, G.(1967): Regelungstechnik; Mannheim 1967.

Pugh, A.L.(1973): Dynamo II User's Manual;
Cambridge (Mass.) 1973.

Ratnatunga, A.K.(1975): DYSMAP Users Manual; Bradford 1975.

Rieger, F./Voss, K.(1971): Mengentheoretische Beschreibung dynamischer Systeme;
in: Biokybernetik, Band III, hrsg. v.
H. Drischel u. N. Tischt, Leipzig 1971,
S.97-99.

Sachse, H.(1974): Einführung in die Kybernetik; Reinbek
1974.

Samal, E.(1967): Grundriß der praktischen Regelungstechnik; München 1967.

Schiemenz, B.(1972): Regelungstheorie und Entscheidungsprozesse; Wiesbaden 1972.

Schönfeld, P.(1969): Methoden der Ökonometrie; Berlin, Frankfurt 1969.

Schuster, H.(1973): Keynes Disequilibrium Analysis; in: Kyklos(1973), S.512 ff.

Schwarz, H.(1969): Theorie geregelter Systeme, Einführung in die moderne Systemtheorie; Braunschweig 1969.

Shubik, M.(1960): Simulation of the Industry and the Firm; in: American Economic Review, Vol.50 (1960), S.908-919.

Simmons, H.(1973): System Dynamics und Technokratie; in: Zukunft aus dem Computer?; hrsg. v. H.S.D. Cole u.a., Neuwied u. Berlin 1973, S.317-343.

Solow, R.(1956): A Contribution to the Theory of Economic Growth; in: The Quarterly Journal of Economics, Vol.70(1956), S.65-94.

Stachowiak, H.(1965): Denken und Erkennen im Kybernetischen Modell; Wien 1965.

Steinbach, K.(1976): Ein Beitrag zur kombinierten Anwendung von System dynamics und exakten Verfahren des Operations Research; in: Overlapping Tendencies in Operations Research Systems Theory and Cybernetics. Proceedings of an International Symposium, Universität of Fribourg, Switzerland, Oct.14-15,1976; hrsg. v. E. Billeter, M. Cuenod, S. Klacko, Basel u.Stuttgart 1976

Thoma, M.(1973): Theorie linearer Regelsysteme; Braunschweig 1973.

Ulrich, H.(1975): Der allgemeine Systembegriff; in: Grundlagen der Wirtschafts- und Sozialkybernetik. Betriebswirtschaftliche Kontrolltheorie, hrsg. v. J. Baetge, Opladen 1975, S.33-39.

Umbach, F.W.(1972): A General Systems Model Concept;
 in: Annals of Systems Research,
 2(1972), S.93-116.

Unbehauen, R.(1971): Systemtheorie. Eine Einführung für
 Ingenieure; München - Wien 1971.

Vester, F.(1973): Kybernetisches Denken in der Technologie;
 in: Nußbaum, H.(Hrsg.): Die Zukunft
 des Wachstums, Düsseldorf 1973, S.59-75.

Vogt, W.(1968): Theorie des wirtschaftlichen Wachstums;
 Berlin und Frankfurt a.M. 1968.

Wiener, N.(1948): Cybernetics - Communication and
 Control in the Animal and the Machine;
 New York 1948.

Wintgen, G.(1970): Zur mengentheoretischen Definition
 und Klassifizierung Kybernetischer
 Systeme;
 in: Statistische Hefte, 11(1970),
 S.261-298.

Zadeh, L.A./Desoer, C.A.(1963): Linear System Theory;
 New York e.a. 1963.

Zadeh, L.A.(1964): The Concept of State in System Theory;
 in: Views on general systems theory,
 hrsg. v. M.D. Mesarović, 1964, S.39-50.

Zahn, E.(1972): Wachstum - ein schmutziger Lorbeer?;
 in: Plus 5/72.

Zahn, E.(1973): Systemanalyse als Instrument der Planung;
 Vortrag beim IBM FORUM 73 für Wissenschaft
 und Verwaltung vom 10. bis 14.
 September 1973, Universität Mannheim.

Zeigler, B.P.(1976): Theory of Modelling and Simulation;
 New York e.a. 1976.

Zwicker, E.(1972): System Dynamics. Ein neuer Weg zur
 Analyse sozialer Systeme?, unveröffentlichter
 Beitrag, 1972.

DISSERTATIONEN
DIPLOMARBEITEN
FACHVERÖFFENTLICHUNGEN

sollten unbedingt
im Verlag veröffentlicht werden!

Im Rahmen unserer Dissertations-Reihen bieten wir Doktoranden die Möglichkeit, ihre Arbeit zu günstigen Bedingungen zu veröffentlichen.

Die wichtigsten Vorteile:

- niedrige Herstellungskosten
- schnelle Veröffentlichung
- Autorenhonorar
- Einführung als Autor

Normalerweise muß der Doktorand eine hohe Zahl an Pflichtexemplaren an der Hochschule abgeben, die er auf seine Kosten drucken läßt. Erscheint die Dissertation dagegen im Verlag, reduziert sich die Zahl der abzugebenden Pflichtexemplare – es werden Exemplare zum Verkauf frei. Am Verkaufserlös wird der Doktorand angemessen beteiligt. Er spart also nicht nur durch unsere günstigen Druckkostenzuschüsse, sondern bekommt durch das Honorar noch Geld dazu.

Fordern Sie kostenlos und unverbindlich unser Informationsmaterial an:

Rita G. Fischer Verlag, Abt. Dissertationen,
Alt Fechenheim 75, D-6000 Frankfurt 61

* *Im Rahmen unserer „edition fischer" veröffentlichen wir auch ausgewählte belletristische Werke. Nähere Auskunft erhalten Sie über die „edition fischer" im Rita G. Fischer Verlag.*